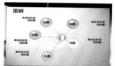 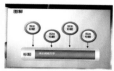  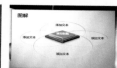

 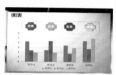  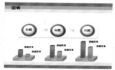 

   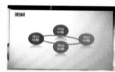 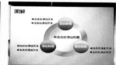

   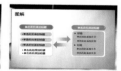 

   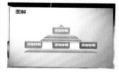 

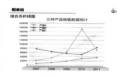 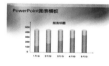 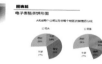 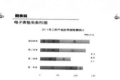

 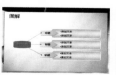   

赠送PowerPoint 案例模板展示

高效办公

Word/Excel/PPT
2010
办公技巧

神龙工作室 崔立超 编著

人民邮电出版社
北京

图书在版编目（CIP）数据

Word/Excel/PPT 2010办公技巧 / 崔立超编著. --
北京 : 人民邮电出版社, 2014.4（2021.1重印）
ISBN 978-7-115-34807-4

Ⅰ. ①W… Ⅱ. ①崔… Ⅲ. ①文字处理系统②表处理
软件③图形软件 Ⅳ. ①TP391

中国版本图书馆CIP数据核字（2014）第032065号

内 容 提 要

本书是指导初学者学习 Word、Excel 和 PPT 2010 办公技巧的入门书籍。书中详细地介绍了初学者使用 Word、Excel 和 PPT 2010 办公时常用的一些简单而实用的技巧。全书共分 3 篇 15 章，Word 篇主要介绍文档的编辑与排版、表格与图形、页面设置与打印、邮件合并与文档安全、宏、VBA 与域等方面的技巧；Excel 篇主要介绍工作表基本操作、数据处理、图表与图形、数据分析、数据透视表和透视图、公式与函数等方面的技巧；PPT 篇主要介绍 PPT 编辑、模板和母版应用、动画设计与幻灯片放映、幻灯片设计等方面的技巧。

本书附带一张精心开发的专业级 DVD 格式的多媒体电脑教学光盘。光盘采用全程语音讲解、情景式教学等方式，对书中知识点进行深入讲解，引导读者掌握使用 Word、Excel 和 PPT 进行日常办公的各种操作与应用，提供长达 10 个小时的与本书内容同步的视频教学演示。此外光盘中还附有书中所有实例对应的原始文件、素材文件以及最终效果文件；并赠送一个超值大礼包，内含 8 小时 Windows 7 基础知识和精彩实例讲解、办公设备和常用软件的视频教学、900 套 Word/Excel/PPT 2010 实用模板、包含 1200 个 Office 2010 应用技巧的电子文档、财务/人力资源/行政/文秘等岗位的日常工作手册、电脑日常维护与故障排除常见问题解答等内容。

本书既适合 Word、Excel 和 PPT 初学者阅读，又可以作为大中专院校或者企业的培训教材，同时对于在 Word、Excel 和 PPT 方面有实战经验的用户也有很高的参考价值。

◆ 编　著　神龙工作室　崔立超
　　责任编辑　马雪伶
　　责任印制　程彦红

◆ 人民邮电出版社出版发行　　北京市丰台区成寿寺路 11 号
　　邮编　100164　　电子邮件　315@ptpress.com.cn
　　网址　http://www.ptpress.com.cn
　　涿州市京南印刷厂印刷

◆ 开本：787×1092　1/16
　　印张：23　　　　　　　　　彩插：1
　　字数：561 千字　　　　　　2014 年 4 月第 1 版
　　印数：18 001-18 400 册　　2021 年 1 月河北第 13 次印刷

定价：49.80 元（附光盘）

读者服务热线：（010）81055410　印装质量热线：（010）81055316
反盗版热线：（010）81055315
广告经营许可证：京东市监广登字 20170147 号

前　言

随着企业信息化的不断发展，Office 办公软件已经成为企业日常办公中不可或缺的工具。它目前已经广泛地应用于文秘、行政、人事、财务、统计、市场营销和金融等众多领域。为了满足广大办公人员高效办公的需求，我们组织多位办公软件应用专家和资深职场人士，结合日常办公的实际需求，精心编写了本书。

本书特色

内容全面，重点突出：本书以 Office 2010 版本讲解，不仅详细地介绍了 Word/Excel/PPT 所涉及的各个功能的办公技巧，而且把办公过程中常用的 Word/Excel/PPT 功能中所涉及的办公技巧作为重点内容突出讲解。

双栏排版，超大容量：本书采用双栏排版的格式，内容紧凑、信息量大，力求在有限的篇幅内为读者奉献更多的理论知识和实战案例。

一步一图，以图析文：本书采用图文结合的讲解方式，每一个操作步骤的后面均附有对应的插图，读者在学习的过程中能够更加直观、清晰地看到操作的效果，更易于理解和掌握。在讲解的过程中还穿插了各种提示技巧和注意事项，使讲解更加细致。

来源实践，实用至上：本书所有的办公技巧都来源于企业办公的实际工作，并按照实用至上并且能提高办公效率的原则进行了筛选，为办公人员提高工作效率打下了坚实基础。

光盘特色

时间超长，容量更大：本书配套光盘采用 DVD 格式，讲解时间长达 10 个小时，容量更大，不仅包含视频讲解，书中所有实例涉及的素材文件、原始文件和最终效果文件，还包含一个超值大礼包。

书盘结合，通俗易懂：本书配套光盘全部采用书中的实例讲解，是书本内容的可视化教程；本光盘采用情景互动式教学模式，操作更加人性化，实用性更强；讲解语言轻松活泼，内容通俗易懂，有利于加深读者对书本内容的理解。

超值奉送，贴心实用：光盘中不仅包含 10 小时的与书中内容同步的视频讲解，同时还赠送了 8 小时 Windows 7 基础知识和精彩实例讲解、办公设备和常用软件的视频教学；同时赠送多个实用的电子文件，包括财务、人力资源、生产、文秘与行政等岗位日常工作手册，1200 个 Office 2010 应用技巧，900 套 Word/Excel/PPT 2010 实用模板，电脑日常维护与故障排除常见问题解答等实用内容。

光盘使用说明

（1）将光盘印有文字的一面朝上放入光驱中，几秒钟后光盘就会自动运行。

（2）若光盘没有自动运行，在光盘图标 上单击鼠标右键，在弹出的快捷菜单中选择【自动播放】菜单项（Windows XP 系统），或者选择【安装或运行程序】菜单项（Windows 7 系统），光盘就会运行。

（3）建议将光盘中的内容安装到硬盘上观看。在光盘主界面中单击【安装光盘】按钮 ，弹出【选择安装位置】对话框，从中选择合适的安装路径，然后单击 确定 按钮即可安装。

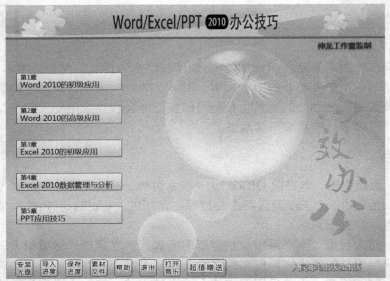

（4）以后观看光盘内容时，只要单击【开始】按钮➤【所有程序】➤【高效办公】➤【《Word/Excel/PPT 2010 办公技巧》】菜单项就可以了。如果光盘演示画面不能正常显示，请双击光盘根目录下的 tscc.exe 文件，然后重新运行光盘即可。

（5）如果想要卸载本光盘，依次单击【开始】➤【所有程序】➤【高效办公】➤【卸载《Word/Excel/PPT 2010 办公技巧》】菜单项即可。

本书由神龙工作室组织编写，崔立超编著，参与资料收集和整理工作的有纪美清、姜楠、孙冬梅、史凌云、左效荣等。由于时间仓促，书中难免有疏漏和不妥之处，恳请广大读者不吝批评指正。

本书提供教学 PPT 课件，如有需求，请发邮件至 shenlonggxbg6@163.com 索取。

本书责任编辑的联系信箱：maxueling@ptpress.com.cn。

编者
2014 年 2 月

目　录

第一篇　Word 篇

第 2 章

表格与图形

第 3 章

页面设置与打印

第二篇　Excel篇

第6章

工作表基本操作

第7章

数据处理

第8章

图形与图表

第三篇　PowerPoint 篇

第 12 章

PPT 编辑技巧

（第 13~第 15 章的具体内容参见本书光盘）

第 13 章

模板和母版应用

Word 篇

Microsoft Word 是目前办公领域常用的一款文字处理、图文混排以及打印输出软件。Word 不仅具有强大的文字处理功能，而且集创作、排版于一身。

本篇以 Word 2010 为例，介绍 Word 各种功能的使用技巧和方法，以便用户提高工作效率。

第 1 章
文档编辑与排版

文档编辑是 Word 2010 的基本功能之一，主要包括对文档的基本操作。为了使 Word 文档更加美观，用户还需要对 Word 文档进行美化设置，还要掌握一些排版技巧。

要 点 导 航

- 快速调整显示比例
- 巧用剪贴板
- 快速分页
- 一次性删除文档中所有的空格
- 快速设置快捷键

技巧 1　快速调整显示比例

　　使用 Word 制作文件时，通常需要浏览文件的制作效果，用户除了通过打印预览查看预览效果外，可以通过以下方法快速地查看预览效果。

本实例的原始文件和最终效果所在位置如下。	
原始文件	素材\原始文件\01\绩效考核管理制度.docx
最终效果	无

1.　鼠标和键盘调整

❶打开本实例的原始文件，按住【Ctrl】键不放，同时滚动鼠标的滚轮。

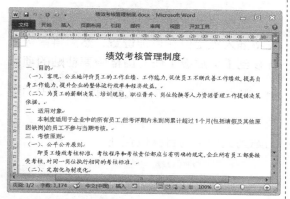

❷向下滚动，页面的显示比例会以 10%的比例递减缩小。

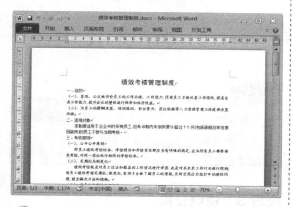

❸向上滚动，页面的显示比例会以 10%的比例递增放大。

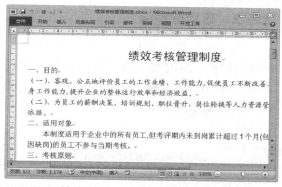

2.　单击缩小或放大按钮

❶打开本实例的原始文件，在状态栏中单击【缩小】按钮，页面的显示比例会以 10%的比例递减缩小。

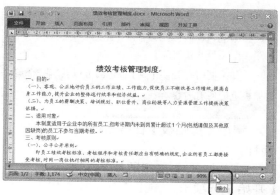

❷单击【放大】按钮，页面的显示比例同样会以 10%的比例递增放大。

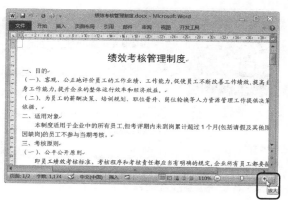

技巧 2　巧用剪贴板

用户在编辑文档时经常需要重复输入相同的对象，这时可以将其剪切或者复制到 Office 剪贴板中，编辑时需要哪个对象，直接单击剪贴板中相应的项目即可将其插入到文档中。

本实例的原始文件和最终效果所在位置如下。	
原始文件	素材\原始文件\01\绩效考核管理制度.docx
最终效果	无

提示

Office 剪贴板中可容纳文本、图片、自选图形、编辑公式和剪贴画等，最多可容纳 24 个项目，当复制或剪贴的项目超过 24 个时，系统会自动地从第 1 个项目开始清除。

如果同时打开多个文档，它们可以共享一个剪贴板上的所有内容。

调出【剪贴板】任务窗格的方法有以下两种。

（1）打开本实例的原始文件，切换到【开始】选项卡，单击【剪贴板】组右下角的【对话框启动器】按钮，弹出【剪贴板】任务窗格。

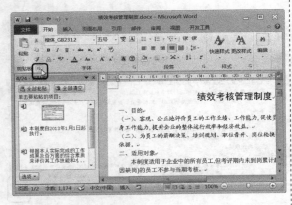

（2）连续按下【Ctrl】+【C】组合键两次，即可自动调出【剪贴板】任务窗格。

使用该方法调出【剪贴板】任务窗格的前提条件是：单击【剪贴板】任务窗格中的【选项】按钮 选项▼，从弹出的下拉列表中选择【按 Ctrl+C 两次后显示 Office 剪贴版】选项。

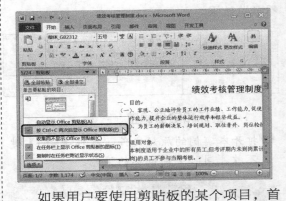

如果用户要使用剪贴板的某个项目，首先将插入点定位在目标位置，然后将鼠标指针移到【剪贴板】任务窗格中要粘贴的项目上，单击其右侧的下箭头按钮，从弹出的下拉列表中选择【粘贴】选项，即可将该项目粘贴到文档中的目标位置处。

提示

单击 全部清空 按钮可以将 Office 剪贴板中的所有项目都删除。

技巧 3　快速分页

在通常情况下，用户编排的文档或图形排满一页时会自动插入一个分页符进行分页。但如果用户有某种特殊需要，也可以进行人工强制分页。

本实例的原始文件和最终效果所在位置如下。	
原始文件	素材\原始文件\01\绩效考核管理制度.docx
最终效果	无

插入分页符的方法有以下 4 种。

1. 利用功能区【页面布局】

❶ 打开本实例的原始文件，切换到【页面布局】选项卡，在【页面设置】组中单击【插入分页符和分节符】按钮 ，从弹出下拉列表框中选择【分页符】选项。

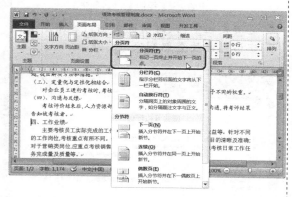

❷ 此时即可看到在插入点后面的内容被分到了下一页中，效果如图所示。

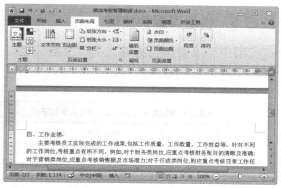

2. 利用功能区【插入】

打开本实例的原始文件，切换到【插入】选项卡，在【页】组中单击 按钮即可插入一个分页符。

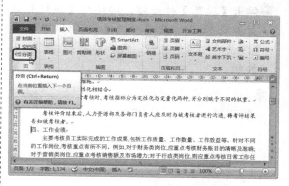

3. 快捷键法

打开本实例的原始文件，将插入点定位到要强制分页的段落前面，然后按下【Ctrl】+【Enter】组合键，即可插入一个分页符。

提示

如果要删除插入的分页符，需将插入点定位在强制分页的段落前面，然后按下两次【Ctrl】+【Backspace】组合键即可。

4. 对多处进行快速分页

如果用户有特殊需要，要对文档的每一段都进行分页，使用上面的方法就会比较麻烦，此时可以使用【段落】对话框中的换行和分页功能来完成。

❶ 打开本实例的原始文件，按下【Ctrl】+【A】组合键，将文章全部选中。

❷弹出【段落】对话框，切换到【换行和分页】选项卡，在【分页】组合框中选中【段前分页】复选框，然后单击 确定 按钮。

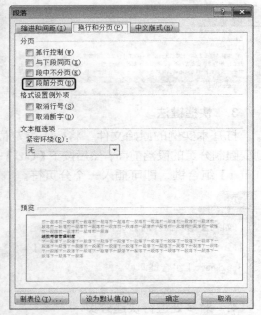

❸此时文档中的每一段都是一页。如果要对某几段进行这样的分页，可以先选中要分页的几段内容，再进行上述的操作。

技巧4 一次性删除文档中的所有空格

Word 文档中经常有一些多余的空格，一个个删除比较麻烦，用户可以使用以下方法一次性删除文档中的所有空格。

本实例的原始文件和最终效果所在位置如下。	
原始文件	素材\原始文件\01\绩效考核管理制度.docx
最终效果	素材\最终效果\01\绩效考核管理制度1.docx

❶打开本实例的原始文件，选择要删除空格的文档内容，按下【Ctrl】+【H】组合键，弹出【查找和替换】对话框，系统自动切换到【替换】选项卡，在【查找内容】下拉列表文本框中输入一个空格，然后单击 全部替换(A) 按钮将所有的空格

替换为空值，即删除所有空格。

❷弹出【Microsoft Word】对话框，提示用户完成替换的总数，这里依次单击【关闭】按钮 ✕ 。

❸返回文档中，此时所选文档内容中所有的空格已经被全部删除。

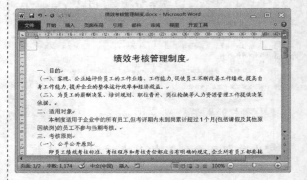

技巧5 快速设置快捷键

用户可以使用快捷键来操作文档，也可以根据需要来新建快捷键。

本实例的原始文件和最终效果所在位置如下。	
原始文件	素材\原始文件\01\绩效考核管理制度1.docx
最终效果	无

❶打开本实例的原始文件，按下【Ctrl】+【Alt】+【+】组合键，鼠标指针呈"❀"形状，此时将其移到功能区的某个命令按钮上，这里移到【段落】组中的【对话框启动器】按钮 上，并单击鼠标左键。

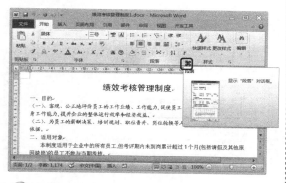

❷弹出【自定义键盘】对话框，在【请按新快捷键】文本框中输入自己设置的快捷键即可，这里依次按下【Ctrl】和【P】两个字母键，此时在该文本框中显示【Ctrl+P】快捷键，然后单击 指定(A) 按钮。

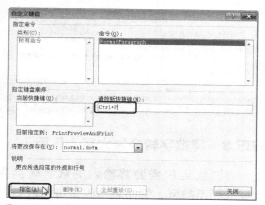

❸返回【自定义键盘】对话框，单击 关闭 按钮即可完成快捷键的设置。

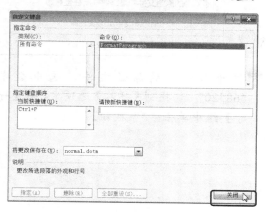

技巧 6　避免输入的字覆盖后面的内容

有时用户在编辑文档时会遇到一种情况，即刚输入的字会覆盖后面的内容，这是因为打开了 Word 的"改写"功能，即输入的字会覆盖后面的内容。如果用户不想让输入的字覆盖后面的内容，可以通过以下 3 种方法将其关闭。

（1）在打开的 Word 文档中，按下【Insert】键。

（2）单击状态栏上的 改写 按钮，使其变为 插入 按钮，即可关闭 Word 文档的改写功能。

（3）单击 文件 按钮，从弹出的下拉列表中选择【选项】选项，弹出【Word 选项】对话框，切换到【高级】选项卡，在【编辑选项】组合框中撤选【使用改写模式】复选框，然后单击 确定 按钮即可。

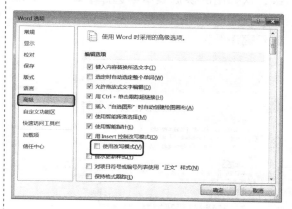

技巧 7　使用 Word 自带的翻译功能

用户在编辑或阅览某些外文文档时，有时可能需要翻译软件将其翻译成自己熟悉是语言，这里可以用 Word 自带的翻译功能。

本实例的原始文件和最终效果所在位置如下。		
◎	原始文件	素材\原始文件\01\绩效考核管理制度 1.docx
	最终效果	无

具体方法有以下 3 种。

（1）按下【Alt】键，在要翻译的字或词前面单击鼠标左键。打开本实例的原始文件，按住【Alt】键不放，然后在"工作业绩"前面单击鼠标左键，此时即可调出【信息检索】任务窗格并显示翻译结果。

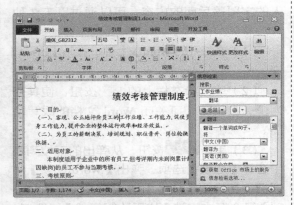

（2）选中词"对象"，然后单击鼠标右键，从弹出的快捷菜单中选择【翻译】菜单项，此时同样调出【信息检索】任务窗格并显示翻译结果。

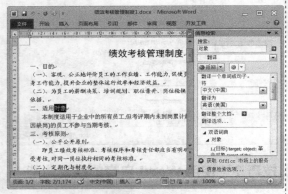

（3）切换到【审阅】选项卡，在【语言】组中单击【翻译】按钮，从弹出的下拉列表中选择【翻译屏幕提示［英语助手：简体中文］】选项。

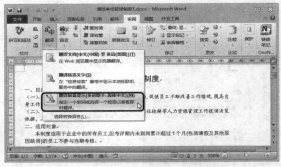

此时将鼠标指针移至文档中的任何一个字或词上都会显示对应的英语翻译。

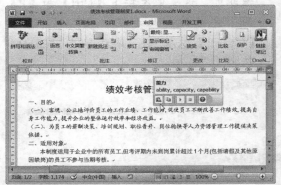

技巧 8　将数字转换为大写人民币

有时候用户需要将输入的数字转换为大写人民币类型，例如填写收条或者收款凭证时。

本实例的原始文件和最终效果所在位置如下。		
◎	原始文件	素材\原始文件\01\收条.docx
	最终效果	素材\最终效果\01\收条 1.docx

1 打开本实例的原始文件，选中数字"68520"，切换到【插入】选项卡，在【符号】组中单击 编号 按钮。

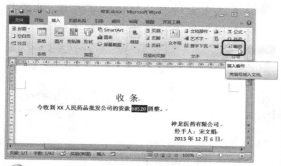

② 弹出【编号】对话框，在【编号类型】列表框中选择【壹，贰，叁…】选项，然后单击 确定 按钮。

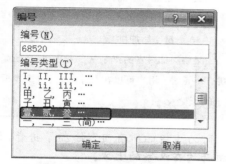

③ 返回文档中，即可看到设置后的效果。

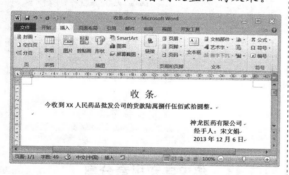

技巧 9　调整下划线与字体的距离

通常情况下，给文字插入的下划线是紧靠着文字的，为了使下划线显示地更明显，用户可以根据需要适当地调整下划线与字体的距离。

本实例的原始文件和最终效果所在位置如下。		
◎	原始文件	素材\原始文件\01\收条 1.docx
	最终效果	素材\最终效果\01\收条 2.docx

① 打开本实例的原始文件，在带下划线文字的前后各插入一个空格，选中空格及文字，切换到【开始】选项卡，在【字体】组中单击 U 按钮，即可为选中的空格及文字加上下划线。

② 选中文字（不包括在文字前后插入的空格），切换到【开始】选项卡，单击【字体】组右下角的【对话框启动器】按钮 。

③ 弹出【字体】对话框，切换到【高级】选项卡，在【位置】下拉列表中选择【提升】选项，在【磅值】微调框中输入"2 磅"，然后单击 确定 按钮。

④ 设置后的效果如图所示。

技巧 10　给汉字添加拼音

用户在 Word 文档中需要输入汉字拼音时，可以运用 Word 2010 提供的"拼音指南"功能来为汉字自动添加拼音。

本实例的原始文件和最终效果所在位置如下。	
原始文件	素材\原始文件\01\古诗.docx
最终效果	素材\最终效果\01\古诗 1.docx

① 打开本实例的原始文件，选择"静夜思"，然后切换到【开始】选项卡，在【字体】组中单击【拼音指南】按钮 ｗ。

② 弹出【拼音指南】对话框，单击 组合(G) 按钮，然后单击 确定 按钮即可。

③ 接着选中古诗中其他的所有内容，在【字体】组中单击【拼音指南】按钮 ｗ。

提示

使用 Word 2010 的"拼音指南"功能一次性只能为 1~50 个汉字添加拼音。

如果要添加拼音的汉字是多音字，且系统添加的拼音不正确，用户可以在【拼音文字】文本框中进行修改。

④ 此时为古诗的所有内容添加了拼音，且其拼音均在汉字的上方。

技巧 11　将汉字和拼音分离

用户有时需要将汉字和拼音分离，尤其是在制作小学语文试题时。这里可以运用"复制—选择性粘贴"方法来实现汉字和拼音分离。

本实例的原始文件和最终效果所在位置如下。	
原始文件	素材\原始文件\01\古诗 1.docx
最终效果	素材\最终效果\01\古诗 2.docx

❶ 打开本实例的原始文件,选中古诗中所有的内容,按下【Ctrl】+【C】组合键,接着在下方单击鼠标右键,从弹出的快捷菜单中选择【粘贴选项】➤【只保留文本】菜单项。

❷ 此时即可将汉字和拼音分离。

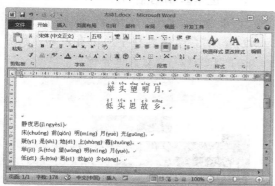

提示

将汉字和拼音分离的另一种方法是:用户选中古诗,按下【Ctrl】+【C】组合键,将其粘贴到记事本中,然后将其从记事本中复制粘贴到目标位置即可。

技巧 12 在 Word 文档中插入对象

用户可以在文档中插入对象,即可将其他 Word 文档或 Excel 表格中的内容整体移动到一个新的文档中。

本实例的素材文件、原始文件和最终效果所在位置如下。		
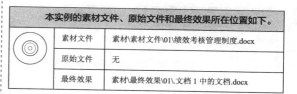	素材文件	素材\素材文件\01\绩效考核管理制度.docx
	原始文件	无
	最终效果	素材\最终效果\01\文档 1 中的文档.docx

在 Word 文档中插入对象有以下 3 种方法。

1. 运用【对象】对话框

❶ 启动 Word 2010,新建一个 Word 文档"文档 1",切换到【插入】选项卡,在【文本】组中单击【插入对象】按钮。

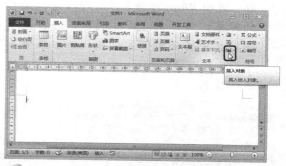

❷ 弹出【对象】对话框,切换到【由文件创建】选项卡,单击 浏览(B)... 按钮。

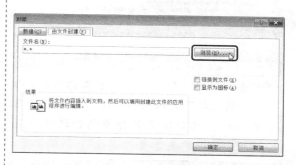

❸ 弹出【浏览】对话框,找到要插入文档所保存的位置,选中该文档,然后单击 插入(S) 按钮。

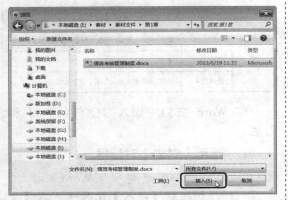

④ 返回【对象】对话框，单击 **确定** 按钮，返回 Word 文档窗口，即可看到插入的对象，该对象以图片的形式存在，单击对象中的任意位置，在状态栏里会显示"双击可打开 Microsoft Word 文档"的提示信息。

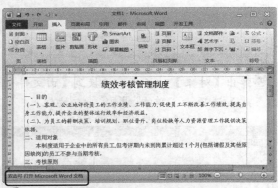

⑤ 双击该对象，即可弹出一个名称为"文档1 中的文档"的新文档，用户可以对其进行编辑，然后将其另存为到合适的位置即可。

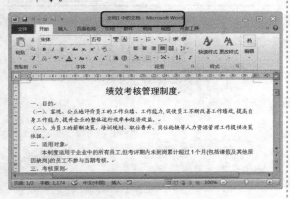

2. 运用【资源管理器】

启动 Word 2010，新建一个 Word 文档"文档 1"，然后按下【Windows】+【E】组合键，打开【资源管理器】窗口，用户找到要插入文档所保存的位置，选中该文档，然后按住鼠标左键将其拖放到"文档 1"窗口中即可。

3. 运用复制粘贴功能

① 打开素材文件"绩效考核管理制度.docx"，选中文档中的所有内容，然后按下【Ctrl】+【C】组合键。

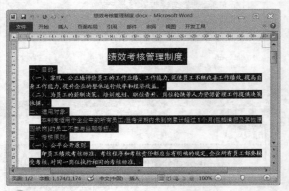

② 接着在"文档 1"中，切换到【开始】选项卡，在【剪贴板】组中单击【粘贴】按钮，从弹出的下拉列表中选择【选择性粘贴】选项。

③弹出【选择性粘贴】对话框，在【形式】列表框中选择【Microsoft Word 文档对象】选项，然后单击 确定 按钮。

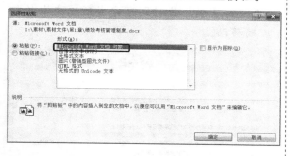

技巧 13　合并多个文档

在编辑文档时，如果用户需要将其他文档的内容合并到当前文档中，除了使用复制粘贴功能外，用户还可以使用 Word 2010 提供的相关功能来实现。

启动 Word 2010,新建一个 Word 文档"文档 1"，切换到【插入】选项卡，在【文本】组中单击【插入对象】按钮右侧的下三角按钮，从弹出的下拉列表中选择【文件中的文字】选项。在弹出的【插入文件】对话框中选择需要的文件，可以按下【Ctrl】或【Shift】键来选择多个文件，然后单击 插入(S) 按钮即可。

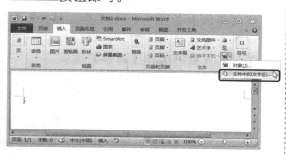

技巧 14　快速调整字号

在编辑文档时，用户有时需要将文本的字号缩小或放大，用户可以使用键盘上的快捷键来快速调整字号。

选中要调整字号大小的文本，按下【Ctrl】+【[】组合键，将缩小字号，每按一次字号缩小一磅；按下【Ctrl】+【]】组合键，将增大字号，每按一次字号增大一磅。另外，用户也可以选中要调整字号大小的文本，按下【Ctrl】+【Shift】+【<】组合键来快速缩小字号；按下【Ctrl】+【Shift】+【>】组合键来快速增大字号。

技巧 15　快速调整行间距

用户在编辑文档时，一般是在【段落】对话框中设置行间距，这里用户可以通过按快捷键来快速调整行间距。

选中要调整行间距的文本，按下【Ctrl】+【1】组合键可将行间距设置为单倍行距，按下【Ctrl】+【2】组合键可将行间距设置为双倍行距，按下【Ctrl】+【5】组合键可将行间距设置为 1.5 倍行距。

技巧 16　使用鼠标快速复制

在文档中复制某些内容时，用户一般都习惯运用功能区的复制粘贴按钮，或者在键盘上按下【Ctrl】+【C】和【Ctrl】+【V】组合键来完成。

这里用户可以使用鼠标来快速完成复制。

（1）选中要复制的文本，按下【Ctrl】键不放，把鼠标指针移到该文本上并按住鼠标左键向目标位置移动，然后同时释放【Ctrl】键和鼠标左键；或者先释放鼠标左键，再释放【Ctrl】键。

提示

如果先释放【Ctrl】键，再释放鼠标左键，系统会将文本剪切并粘贴到目标位置。

（2）选中要复制的文本，将鼠标指针移到该文本上，然后按住鼠标右键并拖动到目标位置，释放鼠标右键，此时弹出如下快捷菜单，选择【复制到此位置】菜单项即可。

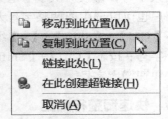

（3）这种方法也是用户经常使用的，即选中要复制的文本，单击鼠标右键，从弹出的快捷菜单中选择【复制】菜单项，然后将鼠标指针移到目标位置，单击鼠标右键，从弹出的快捷菜单中选择【粘贴】菜单项。

技巧 17 精确移动文本

在编辑文档时，经常需要将某些文本的位置进行移动，通常用户是选中要移动的文本，然后用鼠标拖曳的方式将其移动到目标位置，如果在长文档中进行操作就比较麻烦，这里可以使用【F2】键来进行精确移动。具体的操作方法如下。

本实例的原始文件和最终效果所在位置如下。		
	原始文件	素材\原始文件\01\人力资源规划书.docx
	最终效果	素材\最终效果\01\人力资源规划书1.docx

❶打开本实例的原始文件，选中"销售部"的岗位职责，然后按下【F2】键，此时在状态栏的左下角会显示"移至何处？"的提示信息。

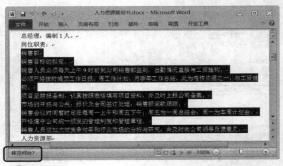

❷接着用户将鼠标指针移至目标位置，这里移到文本"总经理"的前面，然后按下【Enter】键，此时即可完成所选文本的精确移动。

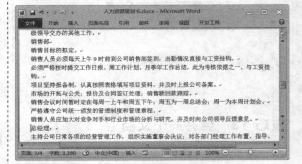

技巧 18 改变文本框的形状

在文档中插入的文本框一般都是矩形，用户也可以根据需要更改文本框的形状，具体的操作步骤如下。

本实例的原始文件和最终效果所在位置如下。		
	原始文件	素材\原始文件\01\文档1.docx
	最终效果	素材\最终效果\01\文档2.docx

❶打开本实例的原始文件，选中要改变形状的文本框，在【绘图工具】栏中，切换到【格式】选项卡，在【插入形状】组中单击【编辑形状】按钮，从弹出的下拉列表框中选择【椭圆】选项。

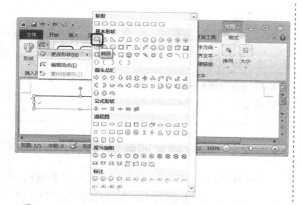

❷此时文本框的形状变为椭圆形。

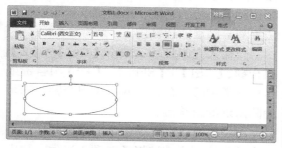

技巧 19　快速插入漂亮的封面

为了美观，需要在文档中插入一个封面时，用户可以使用 Word 2010 提供的内置封面样式来快速地插入封面。

本实例的原始文件和最终效果所在位置如下。	
原始文件	素材\原始文件\01\人力资源规划书 1.docx
最终效果	素材\最终效果\01\人力资源规划书 2.docx

❶打开本实例的原始文件，将光标定位到文档的开始，切换到【插入】选项卡，在【页】组中单击 图封面▼ 按钮，从弹出的下拉列表框中选择一种合适的样式。

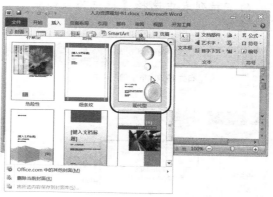

❷此时即可在文档中插入封面，然后在【标题】文本框中输入"人力资源规划书"，在【副标题】文本框中输入"神龙医药有限公司"，一个漂亮的封面就完成了。

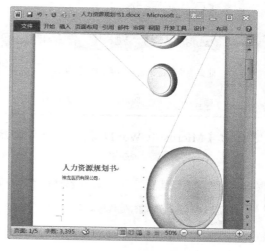

技巧 20　将文档标记为最终状态

当完成一篇文档时，防止他人对其进行修改，可以将文档标记为最终状态。具体的操作步骤如下。

本实例的原始文件和最终效果所在位置如下。	
原始文件	素材\原始文件\01\绩效考核管理制度.docx
最终效果	素材\最终效果\01\绩效考核管理制度.docx

❶打开本实例的原始文件，单击 文件 按钮，从弹出的下拉列表中选择【信息】选项，然后单击【保护文档】按钮 ，从弹出

的下拉列表中选择【标记为最终状态】选项。

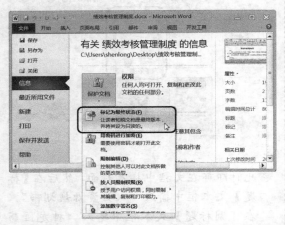

❷ 弹出【Microsoft Word】警告对话框，然后单击 确定 按钮。

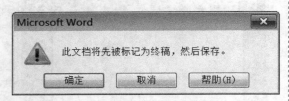

❸ 弹出【Microsoft Word】提示对话框，然后单击 确定 按钮。

❹ 此时标题栏显示【只读】两字，表示文档处于【只读】形式，切换到【开始】选项卡，此时不能对文档进行任何修改。

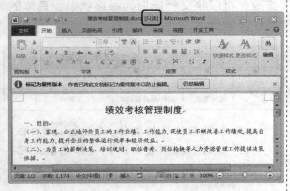

提示

将文档标记为最终状态并不是对文档起到真正的保护作用，只是提示其他用户该文档已是最终状态，如果用户单击提示框中的 仍然编辑 按钮，仍然可以对文档进行编辑或修改。

技巧 21 消除网址的超链接

当用户在 Word 文档中输入网址时，Word 会自动产生超链接，单击该网址可以直接进入相应的网页，但是有时候用户并不想要这种超链接的功能，用户可以运用以下方法来消除网址的超链接。

当输入完网址后，按下【Ctrl】+【Z】组合键、【Ctrl】+【Shift】+【F9】组合键或者按下【Alt】+【Backspace】组合键，均可消除网址的超链接。

用户也可以在文档中单击 文件 按钮，从弹出的下拉列表中选择【选项】选项，弹出【Word 选项】对话框，切换到【校对】选项卡，单击 自动更正选项(A)... 按钮。

此时弹出【自动更正】对话框，切换到【键入时自动套用格式】选项卡，在【键入时自动替换】组合框中，撤选【Internet 及网络路径替换为超链接】复选框，然后依次单击 确定 按钮即可。

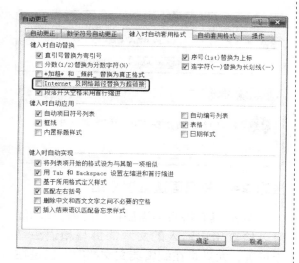

技巧 22　快速去除回车等特殊设置

当用户从网上或者其他文档中复制文档时，常会出现格式混乱的情况，这是因为在复制文档时复制了内容的同时也复制了其格式，用户可以通过以下方法将其格式去除。

1.　使用"选择性粘贴"

这里以从网页上复制相应的内容为例进行介绍。将网页中的内容复制以后，在要粘贴到的文档中，切换到【开始】选项卡，在【剪贴板】组中单击【粘贴】按钮，弹出【选择性粘贴】对话框，在【格式】列表框中选择【无格式文本】或者【无格式的Unicode文本】选项，然后单击 确定 按钮即可。

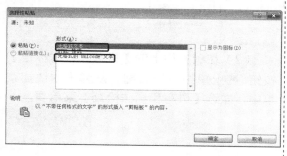

2.　使用"记事本"

使用"记事本"功能去除回车等特殊设置，首先要将已复制的内容粘贴到记事本中，然后从记事本中将其复制，最后粘贴到目标文档中。

技巧 23　使用剪贴板进行替换

通常在文档中查找和替换内容时，用户一般在【查找内容】和【替换为】文本框中直接输入相应的文本。如果要替换的文本是表格、图片或者文字较多时，用户可以使用剪贴板进行替换。

	本实例的原始文件和最终效果所在位置如下。
原始文件	素材\原始文件\01\Word 2010 操作技巧.docx
最终效果	素材\最终效果\01\Word 2010 操作技巧 1.docx

❶ 打开本实例的原始文件，首先选中将要替换为的内容" 确定 "图片，然后按下【Ctrl】+【C】组合键，将其复制到剪贴板上。切换到【开始】选项卡，单击【剪贴板】组中右下角的【对话框启动器】按钮，在弹出的【剪贴板】窗口中即可看到刚刚复制的内容。

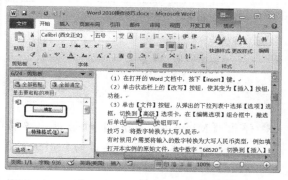

❷ 按下【Ctrl】+【H】组合键，弹出【查找和替换】对话框，在【查找内容】文本框中输入要被替换的文本"【确定】"，然后将光标定位到【替换为】文本框中，单击 特殊格式(E)▼ 按钮，从弹出的下拉列

表中选择【"剪贴板"内容】选项。

❸ 此时在【替换为】文本框中显示符号"^c"，它表示是剪贴板内容，然后单击 全部替换(A) 按钮。

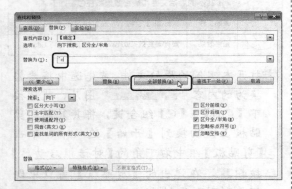

提示

对于一些经常用到的符号表示法，用户要熟知，例如"^t"表示制表符，"^="表示短划线，"^+"表示长划线，"^m"表示手动分页符，"^p"表示硬回车。

❹ 弹出【Microsoft Word】对话框，单击 是(Y) 按钮，接着在弹出的【Microsoft Word】对话框中单击 确定 按钮，即可将文档中所有的"【确定】"替换为图片" 确定 "。

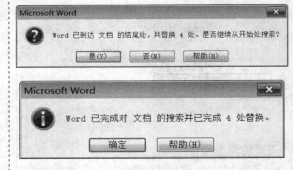

技巧 24 关闭语法错误标记

Word 具有拼写和语法检查功能，该功能可以检查用户输入的文本的拼写和语法是否正确，尤其是在编辑英文文档时，但是在页面上经常会看见红红绿绿的波浪线，会影响视觉效果，用户可以通过以下 2 种方法关闭该功能。

（1）单击 文件 按钮，从弹出的下拉列表中选择【选项】选项，弹出【Word 选项】对话框，切换到【校对】选项卡，在【在 Word 中更正拼写和语法时】组合框中，撤选【键入时标记语法错误】复选框，然后单击 确定 按钮。

（2）在状态栏上的【拼写和校对标记】按钮 上单击鼠标右键，从弹出的快捷菜单中，撤选【拼写和语法检查】菜单项。

技巧 25　给文档加上漂亮的边框

用户可以根据需要给某些文档添加漂亮的边框，具体的操作方法如下。

本实例的原始文件和最终效果所在位置如下。		
	原始文件	素材\原始文件\01\绩效考核管理制度.docx
	最终效果	素材\最终效果\01\绩效考核管理制度 1.docx

❶打开本实例的原始文件，切换到【开始】选项卡，在【段落】组中单击【下框线】按钮田右侧的【下三角】按钮，从弹出的下拉列表中选择【边框和底纹】选项。

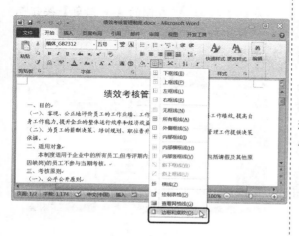

❷弹出【边框和底纹】选项卡，切换到【页面边框】选项卡，在【艺术型】下拉列表框中选择合适的样式，然后单击 确定 按钮。

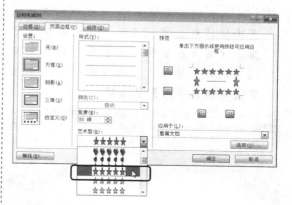

提示

如果用户想对首页或本节添加边框，可以在【应用于】下拉列表中选择相应的选项。

技巧 26　在多个打开的文档间快速切换

当打开的文档较多时，用户可以通过以下 2 种方法快速地在打开的文档间进行切换。

（1）按下【Ctrl】+【Shift】+【F6】组合键依次切换到打开的每一个文档。

（2）按下【Ctrl】+【Tab】组合键，也可以在打开的多个文档间进行切换。

技巧 27　分别设置奇偶页的页眉和页脚

在编辑文档时，有时需要为文档设置适当的页眉或页脚，一般情况下奇偶页的页眉和页脚是相同的，这里介绍一下分别设置奇偶页的页眉和页脚的具体步骤。

本实例的原始文件和最终效果所在位置如下。		
	原始文件	素材\原始文件\01\行政管理制度手册.docx
	最终效果	素材\最终效果\01\行政管理制度手册1.docx

❶打开本实例的原始文件,在文档的页眉或页脚区域双击鼠标左键,此时在功能区显示【页眉和页脚工具】栏,默认切换到【设计】选项卡,在【选项】组中选中【奇偶页不同】复选框。

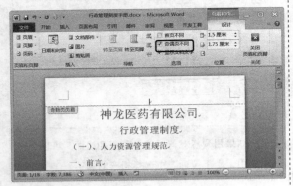

提示

　　如果首页不需要添加页眉和页脚,例如首页是封面,或者首页的页眉和页脚与其他页面的页眉和页脚不同时,此时可以选中【首页不同】复选框。

❷在【奇数页页眉】处添加文本"神龙医药有限公司",然后在【导航】组中单击【转至页脚】按钮。

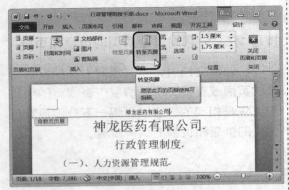

❸光标自动切换到【奇数页页脚】的位置,在【页眉和页脚】组中单击 页码 按钮,

从弹出的下拉列表中选择【页面底端】➤【普通数字1】选项。

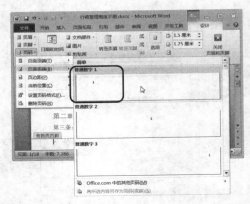

❹接着按照同样的方法,在【偶数页页眉】处添加文本"行政管理制度",设置【偶数页页脚】是【普通数字3】。

技巧28　去除页眉中的横线

　　用户在 Word 文档中插入页眉时,在页眉的下方经常会出现一条直线,为了文档更加美观,可以去除页眉中的横线。

本实例的原始文件和最终效果所在位置如下。		
	原始文件	素材\原始文件\01\行政管理制度手册1.docx
	最终效果	素材\最终效果\01\行政管理制度手册2.docx

❶打开本实例的原始文件,切换到【开始】选项卡,在【段落】组中单击【边框和底纹】按钮右侧的【下三角】按钮,从弹出的下拉列表中选择【边框和底纹】选项。

②弹出【边框和底纹】选项卡，切换到【边框】选项卡，在【设置】组合框中选择【无】选项，在【应用于】下拉列表中选择【段落】选项，然后单击 确定 按钮即可去除页眉中的横线。

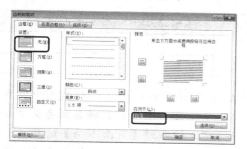

技巧 29 巧妙隐藏文件内容

为了防止别人看自己编辑的文档，这里用户可以通过以下两种方法将文件的内容隐藏起来。

本实例的原始文件和最终效果所在位置如下。		
	原始文件	素材\原始文件\01\行政管理制度手册 2.docx
	最终效果	素材\最终效果\01\行政管理制度手册 3.docx

1. 设置字体颜色为白色

打开本实例的原始文件，按下【Ctrl】+【A】组合键选中文档中的所有内容，或者选择部分要隐藏的内容，切换到【开始】选项卡，在【字体】组中单击【字体颜色】按钮右侧的【下三角】按钮，从弹出的下拉列表中选择【白色，背景1】选项。

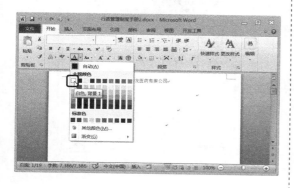

2. 插入文本框

用户也可以使用插入文本框或自选图形的方法来隐藏文件内容，具体的操作步骤如下。

①打开本实例的原始文件，将光标定位到要插入文本框的位置，这里将光标定位到文本"一、前言"之前，然后切换到【插入】选项卡，在【文本】组中单击【文本框】按钮，从弹出的下拉列表框中选择【绘制文本框】选项。

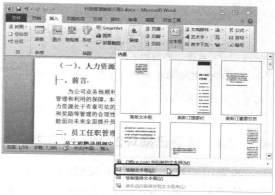

②在文档中绘制一文本框，拖动文本框周围的 8 个控制点，将文本"一、前言"所在段落的内容文本覆盖，然后在【绘图工具】栏中，默认切换到【格式】选项卡，单击【大小】按钮，从弹出的下拉列表中单击【对话框启动器】按钮。

③弹出【布局】对话框，切换到【位置】选项卡，在【选项】组合框中，撤选【对象随文字移动】复选框，然后单击 确定 按钮。

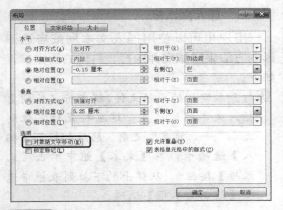

[提示]

　　如果不撤选【对象随文字移动】复选框，当在文本"一、前言"之前插入其他的文本时，文本框的位置不变，而文本框中所覆盖的内容会自动向下移动，从而显露出来。

技巧 30　修复已损坏的 Word 文档

　　如果用户在编辑 Word 文档时，突然遇到意外死机、程序运行错误等特殊情况，导致文档损坏，这时用户可以使用 Word 系统提供的修复已损坏 Word 文档的功能来进行修复。

　　按下【Ctrl】+【O】组合键，弹出【打开】对话框，选择素材文件中的"绩效考核管理制度.docx"，然后单击 打开(O) 右侧的【下三角】按钮，从弹出的下拉列表中选择【打开并修复】选项。

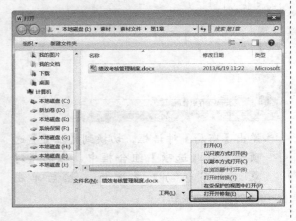

技巧 31　设置并应用样式来提高工作效率

　　用户可以将经常用到的文档形式设置为一类样式，以后需要使用此类文档时，将其打开使用即可，这样可以提高工作效率。

本实例的原始文件和最终效果所在位置如下。		
	原始文件	无
	最终效果	素材\最终效果\01\会议通知.docx

❶ 启动 Word 2010 程序，新建一个空白的 Word 文档"文档 1"，将其保存为"会议通知"，切换到【页面布局】选项卡，单击【页面设置】组右下角的【对话框启动器】按钮 。

❷ 弹出【页面设置】对话框，分别切换到【页边距】和【纸张】选项卡，设置需要的页边距和纸张大小，然后单击 确定 按钮。

3 切换到【开始】选项卡，单击【样式】组右下角的【对话框启动器】按钮，弹出【样式】任务窗格，然后单击下方的【新建样式】按钮。

4 弹出【根据格式设置创建新样式】对话框，在【属性】组合框的【名称】文本框中输入"会议通知标题"，在【格式】组合框中设置【字体】为【楷体-GB2312】，【字号】为【小二】，并单击【加粗】按钮和【居中】按钮，然后单击 确定 按钮。

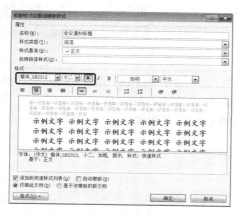

5 按照步骤 **3** 和步骤 **4** 的操作方法，设置【会议通知正文】样式为【华文宋体】、【小四】，然后单击 格式(O)▼ 按钮，从弹出的下拉列表中选择【段落】选项。

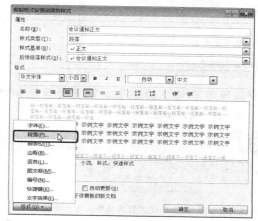

6 弹出【段落】对话框，在【缩进】组合框的【特殊格式】下拉列表中选择【首行缩进】选项，在右侧的【磅值】微调框中输入"2 字符"，然后依次单击 确定 按钮。

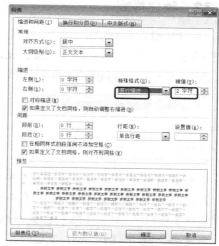

7 返回文档，在文档的第 1 行输入会议通知标题，将插入点置于会议通知标题所在的段落，然后单击【样式】任务窗格中的【会议通知标题】样式，即可看到效果。

⑧按照步骤⑦中的方法，设置会议通知的正文格式，效果如下。

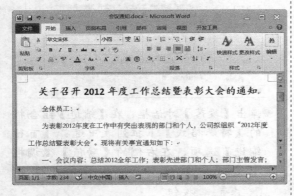

技巧 32　锁住样式

对于已经设置好样式的文本，如果用户不希望被别人修改，可以设置修改权限，锁住自己的文本样式。具体的操作步骤如下。

本实例的原始文件和最终效果所在位置如下。	
原始文件	素材\原始文件\01\会议通知.docx
最终效果	素材\最终效果\01\会议通知1.docx

❶打开本实例的原始文件，切换到【开发工具】选项卡，在【保护】组中单击【限制编辑】按钮，弹出【限制格式和编辑】任务窗格，选中【限制对选定的样式设置格式】复选框，接着单击【设置…】链接。

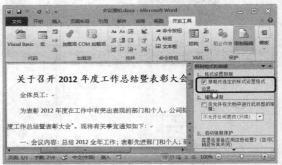

❷弹出【格式设置限制】对话框，在【样式】组合框中，单击【当前允许使用的样式】列表框下方的　无(N)　按钮，撤选列表框中所有的复选框，然后选择该文档中使用的样式。

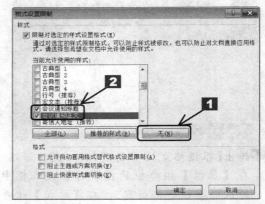

❸单击　确定　按钮，弹出【Microsoft Word】信息提示框。

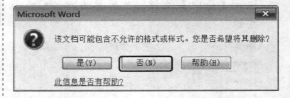

❹单击　否(N)　按钮，返回文档中，然后在【限制格式和编辑】任务窗格中单击　是,启动强制保护　按钮。

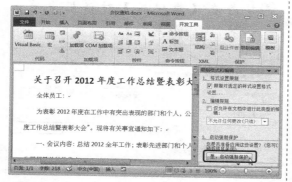

5 弹出【启动强制保护】对话框，在【新密码（可选）】和【确认新密码】文本框中输入密码"123"。

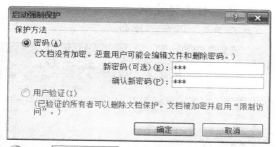

6 单击 确定 按钮返回文档，保护文档的操作就完成了。

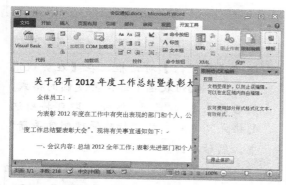

7 切换到【开始】选项卡，单击【样式】组右下角的【对话框启动器】按钮，弹出【样式】任务窗格，此时用户可以发现未保护的样式绝大多数不显示，也不能应用到文档中，且功能区的工具大多数处于非激活的状态。

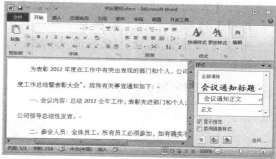

提示

如果用户要取消文档的保护，切换到【开发工具】选项卡，在【保护】组中单击【限制编辑】按钮，弹出【限制格式和编辑】任务窗格，单击 停止保护 按钮，弹出【取消保护文档】对话框，在【密码】文本框中输入密码"123"，然后单击 确定 按钮。

技巧 33　将样式复制其他文档中

在编辑文档时，如果要求两个文档的格式一致，用户可以将一个已经编辑好的文档的格式复制到其他文档中，下面以将文档"会议通知"中的格式复制到文档"行政管理制度手册"中为例介绍具体的操作步骤。

本实例的原始文件和最终效果所在位置如下。

素材文件	素材\素材文件\01\会议通知.docx
原始文件	素材\原始文件\01\行政管理制度手册.docx
最终效果	素材\最终效果\01\行政管理制度手册 4.docx

1 打开本实例的原始文件，单击 文件 按钮，从弹出的下拉列表中选择【选项】选项。

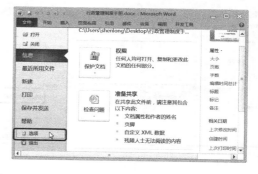

② 弹出【Word 选项】对话框，切换到【加载项】选项卡，在【管理】下拉列表中选择【模板】选项，然后单击 转到(G) 按钮。

③ 弹出【模板和加载项】对话框，默认切换到【模板】选项卡，然后单击 管理器(O)... 按钮。

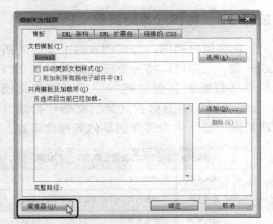

④ 弹出【管理器】对话框，默认切换到【样式】选项卡，单击右侧的 关闭文件(E) 按钮。

⑤ 接着在【管理器】对话框中单击 打开文件(E)... 按钮。

⑥ 弹出【打开】对话框，首先在下方的【文档类型】下拉列表中选择【Word 文档（*docx）】，然后选择要打开的文件，这里选择素材文件中的"会议通知"文档，然后单击 打开(O) 按钮。

⑦ 返回【管理器】对话框，在【在会议通知.docx 中】列表框中选择要复制的格式，然后单击 <- 复制(C) 按钮，即可将所选的格式复制到文档"行政管理制度手册"中，然后单击 关闭 按钮。

技巧 34　窗口元素的使用技巧

Word 2010 窗口由许多元素组成，包括标题栏、功能区和状态栏等，用户单击或双击某些元素能进行很多操作。

（1）在 Word 窗口中的水平标尺或垂直标尺上双击鼠标左键，会弹出【页面设置】对话框。

（2）在标题栏上的任意空白位置双击鼠标左键，可以将当前窗口缩小。

（3）双击水平标尺两端的任意一个缩进标记，会弹出【段落】对话框。

技巧 35　标记格式不一致的问题

用户编辑文档时，当遇到格式相似但不相同的文本时，用户不容易察觉，此时用户可以启用 Word 的"编辑格式不一致错误"功能。

单击 文件 按钮，从弹出的下拉列表中选择【选项】选项，弹出【Word 选项】对话框，切换到【高级】选项卡，在【编辑选项】组合框中，选中【保持格式追踪】和【标记格式不一致错误】两个复选框，然后单击 确定 按钮即可。

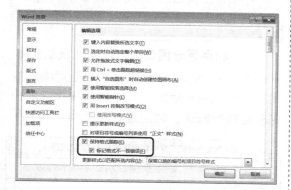

技巧 36　让长文档自动缩页

在实际工作中，编写完一篇文档后，若发现写了一页零几行，那后面的几行排在第 2 页中比较浪费纸张，此时用户可以将长文档缩放到一页中。

切换到【开始】选项卡，单击【段落】组右下角的【对话框启动器】按钮，弹出【段落】对话框，切换到【换行和分页】选项卡，在【分页】组合框中选中【孤行控制】复选框，然后单击 确定 按钮。

技巧 37　新建窗口与拆分窗口的应用

1.　新建窗口实现快速浏览和编辑

在查看编辑长文档时，来回拖动垂直滚动条很麻烦，用户可以新建一个窗口来查看或编辑。

本实例的原始文件和最终效果所在位置如下。

原始文件	素材\原始文件\01\行政管理制度手册.docx
最终效果	无

❶ 打开本实例的原始文件，切换到【视图】选项卡，在【窗口】组中单击 新建窗口 按钮。

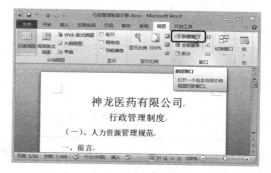

❷ 系统自动创建一个与原文档一模一样的窗口，这里原文档标题显示为"行政管理制度手册.docx: 1"，新文档标题显示为"行政管理制度手册.docx: 2"。

❸ 在文档"行政管理制度手册.docx: 2"中，切换到【视图】选项卡，在【窗口】组中单击【并排查看】按钮🗔。

❹ 弹出【并排比较】对话框，在【并排比较】列表中选择比较项"行政管理制度手册.docx: 1"，然后单击 [确定] 按钮。

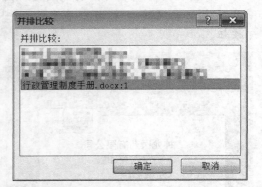

❺ 两个文档即可并排显示在窗口中，在【窗口】组中单击 [同步滚动] 按钮，两窗口就可

同步滚动。

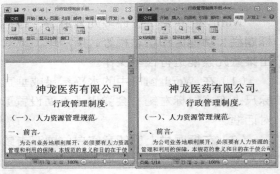

❻ 此时在文档"行政管理制度手册.docx: 2"中做的修改并保存，系统会自动保存在文档"行政管理制度手册.docx: 1"中。

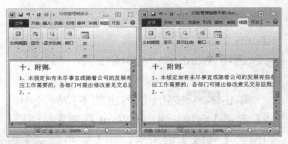

提示

> 用户可以通过以上方式新建多个文档窗口，在其中任意窗口中的编辑和保存操作，都会保存显示到原文档中。

2. 利用拆分窗口的方法快速复制文本

在编辑 Word 文档时，有时要对相同的句子和段落进行复制，而通过鼠标来回地选择和复制很麻烦，特别是对长文档。

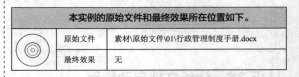

本实例的原始文件和最终效果所在位置如下。		
	原始文件	素材\原始文件\01\行政管理制度手册.docx
	最终效果	无

❶ 打开本实例的原始文件，将鼠标指针移动到垂直滚动条的顶端的拆分条上，鼠标指针呈双向箭头"➗"。

❷ 按住鼠标左键不放向下拖动,然后释放鼠标左键,此时窗口就变成上下两个窗口。把上面的窗口作为选择文本的窗口,下面的窗口作为需要复制到的文本窗口,这样就可以把需要复制的句子和段落移到相应的位置上了。

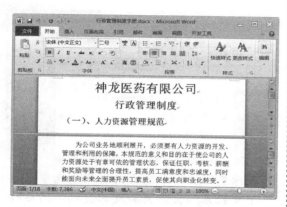

提示

如果要取消拆分窗口状态,将鼠标指针移向两个文档间的分界线上,待鼠标指针呈双向箭头"↕"时,双击鼠标即可。

技巧 38 利用书签快速定位

在对长文档进行编辑时,如果在某一位置暂停,为了以后方便查找,用户可在本位置插入一个书签。具体的操作步骤如下。

本实例的原始文件和最终效果所在位置如下。	
原始文件	素材\原始文件\01\行政管理制度手册.docx
最终效果	无

❶ 打开本实例的原始文件,将光标定位至文本"第六章"中,然后切换到【插入】选项卡,在【链接】组中单击 书签 按钮。

❷ 弹出【书签】对话框,在【书签名】文本框中输入文本"第六章",然后单击 添加(A) 按钮。

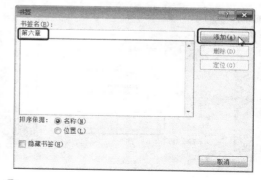

❸ 当要使用该书签定位文本"第六章"时,按下【Ctrl】+【H】组合键,弹出【查找和替换】对话框,切换到【定位】选项卡,在【输入页号】文本框中输入"第六章",然后单击 定位(T) 按钮,此时系统会自动跳转到用书签标记的内容所在的位置。

技巧 39　在任意页插入页码

　　用户在为文档插入页码时，一般从首页直接插入页码，或者从第二页插入页码（前提是设置首页不同），如果要在第三页，或者其他任意页中插入页码，可以通过下面介绍的具体步骤来完成。

	本实例的原始文件和最终效果所在位置如下。	
	原始文件	素材\原始文件\01\行政管理制度手册.docx
	最终效果	素材\最终效果\01\行政管理制度手册 5.docx

❶ 打开本实例的原始文件，将光标定位到要插入页码的首页的最首位置，这里将光标定位到第 3 页的最首位置，然后切换到【页面布局】选项卡，在【页面设置】组中单击【插入分页符和分节符】按钮，从弹出的下拉列表框中选择【分节符】组合框中的【下一页】选项。

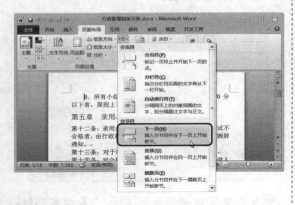

提示

　　此时可能在文档中自动添加了一页，用户只要把光标定位到新添加的一页中，按下【Backspace】键即可。

❷ 双击任意页的页脚区域，使页脚处于可编辑状态，此时系统自动在功能区弹出【页眉和页脚工具】栏中，默认切换到【设计】选项卡，在【页眉和页脚】组中，单击【页码】按钮，从弹出的下拉列表中选择【页面底端】➤【普通数字 1】选项。

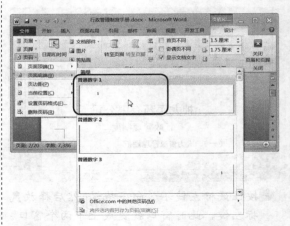

❸ 取消分节链接。将光标定位到第 2 节的首页的页脚处，然后在【导航】组中单击【链接到前一条页眉】按钮，将链接到前一条页眉取消掉，此时该按钮呈灰色显示。

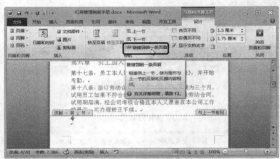

❹ 删除前面页中不需要的页码。选中第 1 节中任意一页中页脚处的页码，然后按下【Delete】键，此时即可发现第 1 节中所有页脚处的页码都被删除，而第 2 节的页码保持不变。

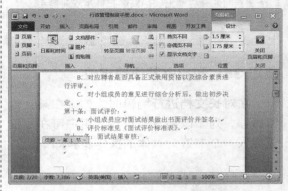

⑤ 重新设置第 2 节的起始页码。选中第 2 节首页的页脚处的页码，然后在【页眉和页脚】组中单击 页码 按钮，从弹出的下拉列表中选择【设置页码格式】选项。

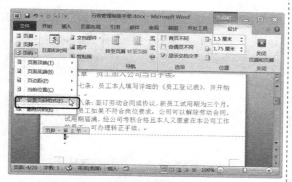

⑥ 弹出【页码格式】对话框，在【页码编号】组合框中选中【起始页码】单选钮，将数字设置为"1"，然后单击 确定 按钮即可。

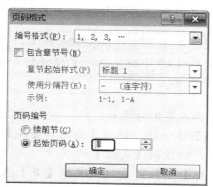

⑦ 单击【关闭页眉和页脚】按钮，返回文档中，即可看到从文档的第三页开始显示页码。

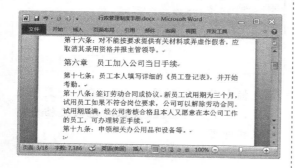

技巧 40　Word 文档中的虚拟文本

Word 系统提供了"虚拟文本"的功能，使用它可以在文档中快速生成很多文本，具体的操作方法如下。

本实例的原始文件和最终效果所在位置如下。	
原始文件	无
最终效果	素材\最终效果\01\虚拟文本.docx

① 新建一个空白 Word 文档，在文档的空白处输入"=rand()"（其中的所有字符都必须为英文半角）。

② 按下【Enter】键，即可在文档中自动显示很多文本。

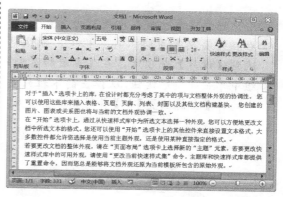

用户也可以输入"=rand(p,s)"，即输入指定段落数和句数的文本，其中参数"p"表示段落数，参数"s"表示句数。用户自行设置段落数和句数。

技巧 41　在页面的任意位置插入页码

在 Word 2010 文档中，单击 页码 按钮插入的页码一般都是固定位置，例如页码在页脚的左侧、中间或右侧。这里用户可以使用文本框的功能来实现在页面的任意位置插入页码。

	本实例的原始文件和最终效果所在位置如下。	
	原始文件	素材\原始文件\01\行政管理制度手册.docx
	最终效果	无

❶ 打开本实例的原始文件，双击页脚区域，使页眉和页脚处于可编辑状态，然后在页脚处插入一个文本框，将其调整到合适的大小。

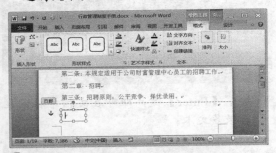

❷ 用户可以将其边框颜色设置为"无"，然后在【页眉和页脚工具】栏中，默认切换到【设计】选项卡，在【页眉和页脚】组中单击 页码 按钮，从弹出的下拉列表中选择【当前位置】➤【普通数字】选项。

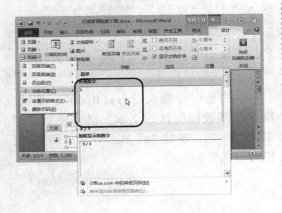

❸ 此时单击页码，会显示虚线文本框，将鼠标指针移至虚线文本框上，待鼠标指针呈"⬚"形状显示时，按住鼠标左键不放拖动文本框，页码也随之移动。

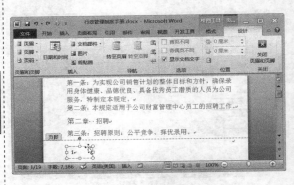

技巧 42　快速查找较长文档的页码

在编辑长文档时，使用鼠标翻页查找比较麻烦，用户可以使用页码定位的方法快速查找较长文档中的页码。

	本实例的原始文件和最终效果所在位置如下。	
	原始文件	素材\原始文件\01\行政管理制度手册 1.docx
	最终效果	无

❶ 打开本实例的原始文件，按下【Ctrl】+【H】组合键，弹出【查找和替换】对话框，切换到【定位】选项卡，在【定位目标】下拉列表框中选择【页】选项，在【输入页号】文本框中输入"10"，然后单击 定位(T) 按钮。

❷ 光标自动定位到第 10 页的首行的最首位置，单击 关闭 按钮，返回文档进行编辑即可。

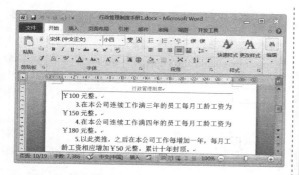

技巧 43 标题级别的调整

Word 2010 自带的标题文字格式有"标题 1"、"标题 2"等，用户可以根据需要直接调整标题级别。

本实例的原始文件和最终效果所在位置如下。	
原始文件	素材\原始文件\01\行政管理制度手册 1.docx
最终效果	无

将光标定位到某段落中，切换到【开始】选项卡，单击【样式】组右下角的【对话框启动器】按钮，从弹出的【样式】任务窗格中选择所需的标题级别即可。

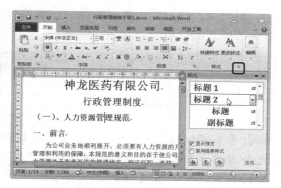

技巧 44 自动生成目录

运用 Word 2010 可以快速自动地生成目录，下面介绍具体的操作步骤。

本实例的原始文件和最终效果所在位置如下。	
原始文件	素材\原始文件\01\行政管理制度手册.docx
最终效果	素材\最终效果\01\行政管理制度手册 7.docx

① 打开本实例的原始文件，在任务栏中单击【大纲视图】按钮。

② 切换到【大纲视图】窗口，设置文档各标题的大纲级别，然后使用格式刷功能将格式复制到其他相同级别的标题中，单击【关闭大纲视图】按钮。

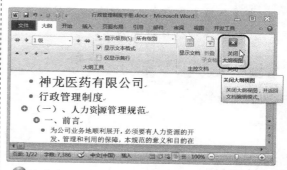

③ 将光标定位到首页的最首位置，然后切换到【页面布局】选项卡，在【页面设置】组中单击【插入分页符和分节符】按钮，从弹出的下拉列表框中选择【分节符】组合框中的【下一页】选项。

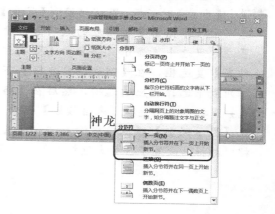

❹ 此时在文档首页的前面插入一个空白页，然后按照前面介绍的方法在第 2 节中插入起始页码为"1"的页码，单击【关闭页眉和页脚】按钮。

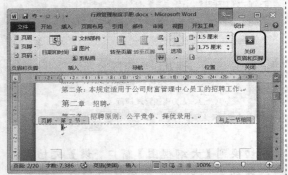

❺ 将光标定位到刚插入的首页的首行，切换到【引用】选项卡，在【目录】组中单击【目录】按钮，从弹出的下拉列表框中选择【插入目录】选项。

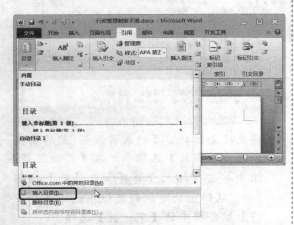

❻ 弹出【目录】对话框，默认切换到【目录】选项卡，根据需要对相应的选项进行设置，这里选中【显示页码】和【页码右对齐】复选框，在【制表符前导符】下拉列表中选择相应的选项，然后在【格式】下拉列表中选择【来自模板】选项，在【显示级别】微调框中输入"3"（文档中对标题设置了 3 个大纲级别）。

❼ 单击 确定 按钮返回文档中，此时目录已经插入到文档中。

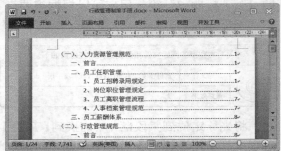

技巧 45 修改目录样式

　　用户插入目录后，可以根据实际需要对目录的样式进行修改。

本实例的原始文件和最终效果所在位置如下。		
	原始文件	素材\原始文件\01\行政管理制度手册 7.docx
	最终效果	素材\最终效果\01\行政管理制度手册 8.docx

❶ 打开本实例的原始文件，打开【样式】任务窗格，在文档中选中大纲级别为"1"的目录文字，在【样式】任务窗格中对应显示为【目录 1】，然后单击其右侧的下三角按钮，从弹出的下拉列表中选择【修改】选项。

② 弹出【修改样式】对话框，在【格式】组合框中，设置【字号】为【小三】，【字形】为【加粗】，然后单击 确定 按钮。

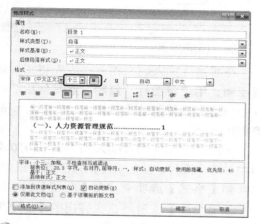

③ 返回文档中，即可看到设置的效果。

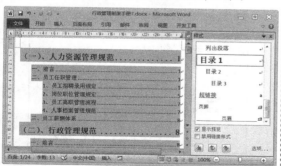

④ 按照同样的方法设置【目录2】和【目录3】的样式。

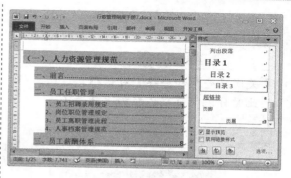

技巧46 为目录的页码添加括号

默认情况下，自动生成的目录的页码是没有括号的，用户可以根据需要进行设置，具体的操作步骤如下。

本实例的原始文件和最终效果所在位置如下。		
	原始文件	素材\原始文件\01\行政管理制度手册 8.docx
	最终效果	素材\最终效果\01\行政管理制度手册 9.docx

① 打开本实例的原始文件，选中目录中的所有文本，按下【Ctrl】+【H】组合键，弹出【查找和替换】对话框，切换到【替换】选项卡，单击 更多(M) >> 按钮，展开更多选项，在【查找内容】文本框中输入"(【0-9】{1, })"，在【替换为】文本框中输入"(\1)"，在【搜索】下拉列表中选择【向上】选项，选中【使用通配符】复选框，然后单击 全部替换(A) 按钮。

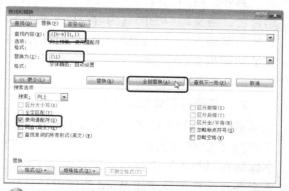

② 弹出【Microsoft Word】提示对话框，单击 否(N) 按钮。

③关闭【查找和替换】对话框,返回文档,此时目录的页码已经加上括号了。

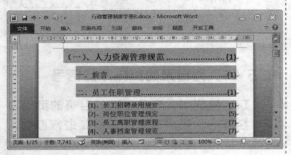

技巧 47　缩减 Word 文档大小

Word 文档要记录各种信息,包括文本、表格和图片等,使得 Word 的体积变大,用户可以通过以下几种方法缩减 Word 文档大小。

1．使用"另存为"功能

Word 在保存文档时,只是将后来输入的信息存入,这样即使你删除了文件中的部分内容也会使文件越来越大,如果用户使用"另存为"功能来保存文件,Word 则会重新整理并存盘,这样就可以有效地减小 Word 文件的容量。

另外,用户也可以按下【Ctrl】+【A】组合键,将文档中的所有内容选中,将其复制到剪贴板上,然后新建一个空白文档,将其粘贴到新文档中,此时用户也会发现 Word 的大小变小了。

2．取消将字体嵌入文件

不同用户的电脑所用的字体会有区别,用户为了使在自己电脑上编辑文档所用的字体能在其他电脑上打开,就会设置字体嵌入文件,这样可以增加 Word 的体积。

在文档中单击 文件 按钮,从弹出的下拉列表中选择【选项】选项,弹出【Word 选项】对话框,切换到【保存】选项卡,撤选【将字体嵌入文件】复选框,然后单击 确定 按钮。

3．压缩图片

在将图片插入到文档前,应先将图片进行压缩,用户将图片"复制"到其他绘图软件中再另存为体积较小的格式(如*.gif、*.jpg 等)的图片后,再插入到文档中。

用户也可以将图片插入到 Word 2010 文档中,选中图片,然后在【图片工具】栏中,切换到【格式】选项卡,在【调整】组中单击【压缩图片】按钮,在弹出的【压缩图片】对话框中进行设置即可。

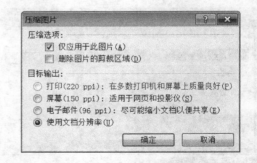

技巧 48　轻松选取文件列

在文档中选择行可以有很多方法,其实选择列也很简单,将光标定位到要选取的列首和列尾,按住【Alt】键不放,拖动鼠标进行选取即可。

技巧49 【Ctrl】+【Z】组合键的妙用

用户都知道【Ctrl】+【Z】组合键可以在文档编辑时进行撤消操作，按下一次可以撤消上一个操作，按下多次可以恢复到以前的某一步。其实，该组合键还有其他的特殊功能。

1. 取消自动编号

例如，在没有改变 Word 缺省设置（默认设置）的情况下，在文档中输入一行文本"1、神龙医药有限公司"，然后按下【Enter】键，系统会自动将其变为项目编号的形式，并在下一行显示"2、"的形式，如果用户按下【Backspace】键，只是删除了"2、"的项目编号，并不能消除第一行中的项目编号形式，即以后在文档中输入开头是编号的文本时，系统仍然会自动将其变为项目编号形式；如果用户在文档中输入一行文本"1、神龙医药有限公司"，然后按下【Enter】键，接着按下【Ctrl】+【Z】组合键，此时在文档中输入开头是编号的文本时，系统不会自动将其变为项目编号形式。

2. 自动更正文本

如果在某种情况下，用户需要输入一个错误的成语，例如，在文档中输入"不径而走"，此时系统会自动更正为"不胫而走"，此时用户按下【Ctrl】+【Z】组合键，系统会自动变为原来的"不径而走"，而不需要重新修改"胫"字。

技巧50 取消自动产生的编号

在没有改变 Word 默认设置的情况下，系统会自动将文档中的编号变为项目编号形式，如果用户不需要，可以将其删除。

具体的操作步骤如下。

1 在打开的文档中，单击 文件 按钮，从弹出的下拉列表中选择【选项】选项，弹出【Word选项】对话框，切换到【校对】选项卡，在【自动更正选项】组合框中单击 自动更正选项(A)... 按钮。

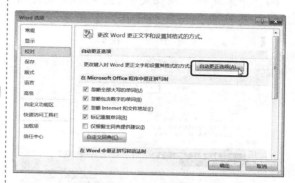

2 弹出【自动更正】对话框，切换到【键入时自动套用格式】选项卡，在【键入时自动应用】组合框中撤选【自动编号列表】复选框，然后依次单击 确定 按钮即可。

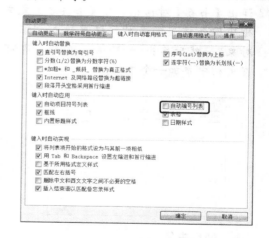

技巧51 在文档中添加和使用书签

用户在编辑文档时，一般在标识和命名文档中的某一特定位置或选择的文本时使用书签，可以定义多个书签。使用书签可以帮助用户在文本中直接定位到书签所在的位置，还可以在定义书签的文档中随时引用书签中的内容。

1. 添加书签

本实例的原始文件和最终效果所在位置如下。	
原始文件	素材\原始文件\01\绩效考核管理制度.docx
最终效果	素材\最终效果\01\绩效考核管理制度4.docx

❶打开本实例的原始文件,选中要定义为书签的区域,切换到【插入】选项卡,在【链接】组中单击 书签 按钮。

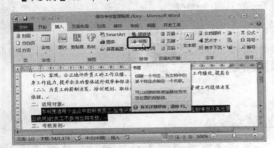

提示

　　如果在定义书签时,不选中任何区域,那么被定义的区域就是插入点所在的位置。

❷弹出【书签】对话框,在【书签名】文本框中输入适当的名称,这里输入"适用对象",然后单击 添加(A) 按钮,即可在文档中添加一个书签。

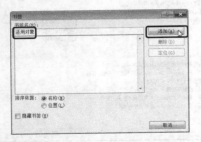

2. 使用书签

本实例素材文件、原始文件和最终效果所在位置如下。	
原始文件	素材\原始文件\01\绩效考核管理制度4.docx
最终效果	素材\最终效果\01\绩效考核管理制度5.docx

● **定位书签**

❶打开本实例的原始文件,按照前面介绍的方法打开【书签】对话框,在已定义的书签中选择要查找内容的书签名称,这里选择【适用对象】书签项,然后单击 定位(G) 按钮。

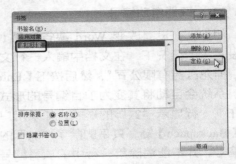

❷此时在文档中可以看到,系统自动地找到该书签定义内容所在的位置,单击 关闭 按钮即可。

● **引用书签**

❶打开本实例的原始文件,将插入点定位到要应用书签内容的位置处,这里定位到文章的末尾,然后切换到【插入】选项卡,在【链接】组中单击 交叉引用 按钮。

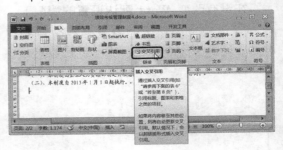

❷弹出【交叉引用】对话框，在【引用类型】下拉列表中选择【书签】选项，在【引用哪一个书签】列表框中选择【适用对象】书签项，然后单击 插入(I) 按钮。

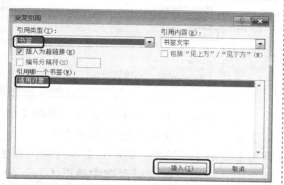

❸此时即可看到将【适用对象】书签所对应的内容已插入到文档中，然后单击 关闭 按钮即可。

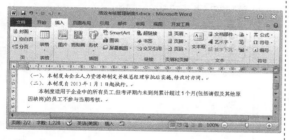

❹用户也可以在要引用书签的位置处，按下【Ctrl】+【F9】组合键，此时即可在此位置处输入一对【{}】域符号。

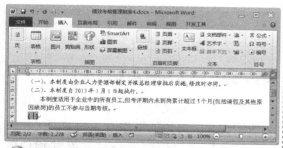

❺在域符号中输入要引用的书签的名称，例如输入"适用对象"。

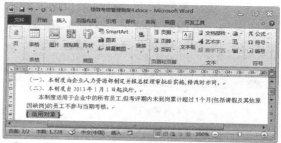

❻因为域的更新不是及时的，所以需要用户在其上面单击鼠标右键，从弹出的快捷菜单中选择【更新域】菜单项，或者按下【F9】键，将被引用的内容显示出来。

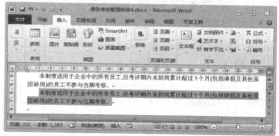

技巧 52　隐藏两页面间的空白

为了使文档中的两个页面看起来更连贯，用户可以将两页面间的灰色区域隐藏起来，主要有两种操作方法。

（1）在文档中单击 文件 按钮，从弹出的下拉列表中选择【选项】选项，弹出【Word选项】对话框，切换到【显示】选项卡，在【始终在屏幕上显示这些格式标记】组合框中，撤选【段落标记】复选框，然后单击 确定 按钮。

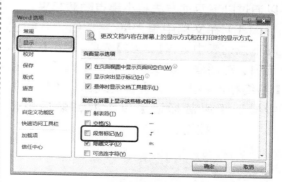

（2）直接将鼠标指针移至两页面之间的灰色区域，待鼠标指针呈"⊣⊢"形状时，双击鼠标左键即可将灰色区域隐藏起来。

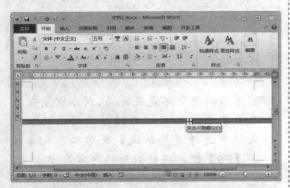

如果要恢复原样，将鼠标指针移至两页面间，待鼠标指针呈"⊣⊢"形状时，双击鼠标左键即可。

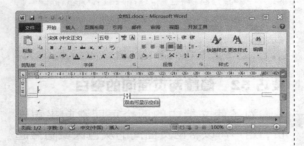

技巧 53　取消段落前的小黑点

对段落应用了样式后，有时会在段落的前面出现小黑点，尤其是对标题段落设置样式后经常会出现小黑点。

虽然这些小黑点不会被打印出来，但是为了使文档的内容显示得更加清晰，用户可以通过以下两种方法将小黑点隐藏起来。

（1）在文档中单击 文件 按钮，从弹出的下拉列表中选择【选项】选项，弹出【Word选项】对话框，切换到【显示】选项卡，在【始终在屏幕上显示这些格式标记】组合框中撤选【段落标记】复选框，然后单击 确定 按钮。

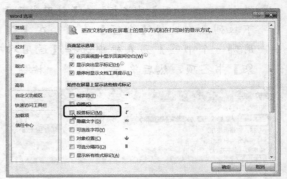

（2）切换到【开始】选项卡，单击【段落】组右下角的【对话框启动器】按钮，弹出【段落】对话框，切换到【换行和分页】选项卡，在【分页】组合框中撤选【与下段同页】、【段中不分页】和【段前分页】等复选框即可。

技巧 54　选择格式相似的文本

用户在编辑文档时，有时需要选择格式相似的文本，具体的操作方法如下。

将光标定位到要选择与其格式相似的文本段落中，然后单击鼠标右键，从弹出的快捷菜单中选择【样式】➤【选择格式相似的文本】菜单项。

技巧 55 巧制试卷填空题

在公司经常需要制作各种培训试卷，特别是在制作填空题时，用户经常为留多大的空间而烦恼。用户可以在制作试卷填空题时，直接输入答案，以确定要为答案预留的空间大小，这里介绍两种既快速又精确的方法来制作试卷填空题。

1. 将括号及其内容替换成下划线

为了使打印出来的试卷不显示答案，这里用户可以将括号及其中所包含的文字替换为无文字的等长下划线，即将文字的颜色设置为白色，以后需要时再将其替换回来即可。

本实例的原始文件和最终效果所在位置如下。	
原始文件	素材\原始文件\01\培训试卷.docx
最终效果	素材\最终效果\01\培训试卷 2.docx

❶ 打开本实例的原始文件，按下【Ctrl】+【A】组合键选中所有填空题，然后按下【Ctrl】+【H】组合键，弹出【查找和替换】对话框，切换到【替换】选项卡，单击 更多(M) >> 按钮，在【搜索】下拉列表中选择【全部】选项，选中【使用通配符】复选框，在【查找内容】文本框

中输入 "(*)"，然后将光标定位到【替换为】文本框中，单击 格式(O) ▼ 按钮，从弹出的下拉列表中选择【字体】选项。

提示

这里在【查找内容】文本框中输入的括号是全角的，否则查找不到需要的内容。

❷ 弹出【替换字体】对话框，默认切换到【字体】选项卡，在【字体颜色】下拉列表中选择【白色，背景1】选项，在【下划线类型】下拉列表框中选择一种合适的直线型，在【下划线颜色】下拉列表中选择【黑色，文字1】选项。

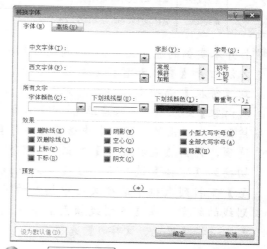

❸ 单击 确定 按钮返回【查找和替换】对话框，然后单击 全部替换(A) 按钮，

弹出【Microsoft Word】信息对话框，单击 否(N) 按钮。

④ 返回【查找和替换】对话框，单击 关闭 按钮，返回文档即可看到设置的效果。

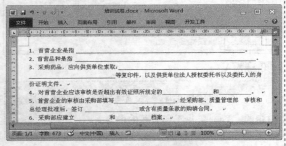

2. 将下划线上的内容隐藏

用户在制作试卷填空题时，也可以使用下划线将答案标识出来，然后将答案隐藏起来。

本实例的原始文件和最终效果所在位置如下。	
原始文件	素材\原始文件\01\培训试卷 1.docx
最终效果	素材\最终效果\01\培训试卷 2.docx

❶ 打开本实例的原始文件，按照前面介绍的方法打开【查找和替换】对话框，切换到【替换】选项卡，将光标定位到【查找内容】文本框中，然后单击 格式(O)▼ 按钮，从弹出的下拉列表中选择【字体】选项，弹出【查找字体】对话框，默认切换到【字体】选项卡，在【下划线线型】下拉列表框中选择文档中插入的下划线的线型，在【下划线颜色】下拉列表中选择【黑色，文字 1】选项。

❷ 单击 确定 按钮，返回【查找和替换】对话框，将光标定位到【替换为】文本框中，然后单击 格式(O)▼ 按钮，从弹出的下拉列表中选择【字体】选项，弹出【查找字体】对话框，默认切换到【字体】选项卡，在【字体颜色】下拉列表中选择【白色，背景 1】选项，在【下划线类型】下拉列表框中选择原文档中的下划线线型，在【下划线颜色】下拉列表中选择【黑色，文字 1】选项。

❸ 单击 确定 按钮，返回【查找和替换】对话框，单击 全部替换(A) 按钮，弹出【Microsoft Word】信息对话框，单击 确定 按钮即可。

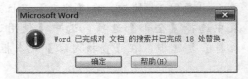

提示

在【查找和替换】对话框中，如果用户要删除在【查找内容】文本框中设置的格式，可以将光标定位到该文本框中，然后单击 不限定格式(T) 按钮即可，使用同样的方法删除【替换为】文本框中设置的格式。

技巧 56　自定义批注框文本

用户可以对添加的批注，自定义批注框文本效果。具体的操作步骤如下。

本实例的原始文件和最终效果所在位置如下。		
	原始文件	素材\原始文件\01\绩效考核管理制度.docx
	最终效果	素材\最终效果\01\绩效考核管理制度6.docx

① 打开本实例的原始文件，选中要添加批注的文本，然后切换到【审阅】选项卡，在【批注】组中单击【新建批注】按钮。

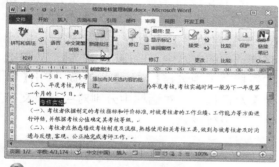

② 此时即可在文档中插入相应的批注文本框，然后输入批注内容即可，这里输入文本"可以具体到考核实施的方案吗？"。

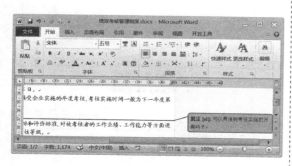

③ 切换到【开始】选项卡，单击【样式】组右下角的【对话框启动器】按钮，弹出【样式】任务窗格，此时系统自动显示名称为"批注框文本"的样式，单击其右侧的下三角按钮，从弹出的下拉列表中选择【修改】选项。

④ 弹出【修改样式】对话框，单击 格式(O) ▾ 按钮，从弹出的下拉列表中选择【字体】选项。

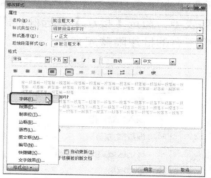

⑤ 弹出【字体】对话框，将【字体】设置为【楷体-GB2312】，【字号】设置为【五号】，【字体颜色】设置为【浅蓝】。

❻单击 [确定] 按钮返回【修改样式】对话框，单击 [确定] 按钮返回文档即可看到设置的效果。

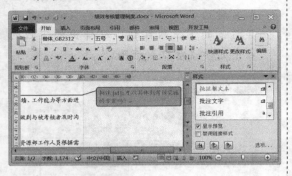

技巧 57 　隐藏批注

在文档中添加较多的批注，会使文档看起来杂乱无章，如果用户不想将其删除，可以将批注隐藏起来。

在文档中，切换到【审阅】选项卡，在【修订】组中单击 [显示标记▾] 按钮，从弹出的下拉列表中，撤选【批注】复选框，即可将文档中所有的批注隐藏起来。

技巧 58 　改变 Word 度量单位

用户在编辑 Word 文档时，有时可能用到 "厘米"、"毫米" 等度量单位，而 Word 系统默认的度量单位是 "磅"，可以通过以下方法来改变 Word 的度量单位。

在文档中单击 [文件] 按钮，从弹出的下拉列表中选择【选项】选项，弹出【Word 选项】对话框，切换到【高级】选项卡，在【显示】

组合框中，单击【度量单位】右侧的下三角按钮，从弹出的下拉列表中选择一种合适的度量单位，然后单击 [确定] 按钮。

技巧 59 　设置中、英文两类字体

用户在编辑文档时，可以将中英文两类字体一起设置，也可以分开设置。

1. 一起设置中、英文两类字体

选中要设置字体的所有文本，切换到【开始】选项卡，单击【字体】组右下角的【对话框启动器】按钮 ，或者将鼠标指针移到选中的文本中，单击鼠标右键，从弹出的快捷菜单中选择【字体】菜单项，弹出【字体】对话框，在对话框中分别对中、英文字体格式进行设置。

2. 单独设置中、英文两类字体

在文档中，用户单独设置中、英文两类字体时，如果先设置英文字体格式，再设置中文字体格式，为了使后设置的中文字体格式不影响先设置的英文字体格式，用户可以通过以下方法进行设置。

在文档中单击 文件 按钮，从弹出的下拉列表中选择【选项】选项，弹出【Word 选项】对话框，切换到【高级】选项卡，在【编辑选项】组中，撤选【中文字体也应用于西文】复选框，然后单击 确定 按钮。

技巧 60　【F4】键的妙用

在 Word 文档中，【F4】键的功能是重复上一步操作，可以提高用户编辑文档的效率，例如在文档中重复刚输入的内容、合并单元格等重复性的操作。下面举两个例子进行具体的介绍。

（1）在文档中输入叠词。新建一个 Word 文档，输入文本"平"字，然后按下【F4】键重复输入一个"平"字，同样的方法输入文本"静静"。

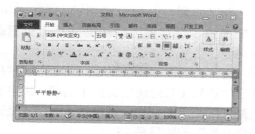

（2）快速合并多个单元格。下面新建一个文档，并以插入其中的表格为例进行介绍【F4】键的功能。

❶ 新建一个 Word 文档，切换到【插入】选项卡，在【表格】组中单击【表格】按钮，从弹出的下拉列表中，手动拖动鼠标指针选取一个 6 行 9 列的表格区域。

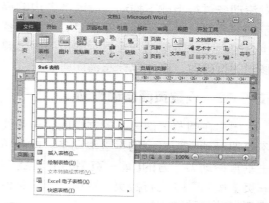

❷ 选中左上方横向的两个单元格，单击鼠标右键，从弹出的快捷菜单中选择【合并单元格】菜单项，然后选中其他要合并的单元格（单元格的数目可以为两及两个以上），然后按下【F4】键即可。

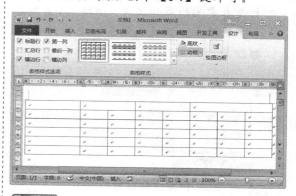

> **提示**
>
> 在 Word 中除了【F4】键具有重复上一步操作的功能外，【Ctrl】+【Y】组合键、【Alt】+【Enter】组合键也具有此功能，用户可以根据自身的需要进行选择。

技巧 61　快速翻页

如果文档中有很多页，要快速的翻到需要的页面，除了使用 Word 的定位功能外，用户可以通过以下方法来实现快速翻页。

首先把鼠标指针移到文档右侧的垂直滚动条上，按住鼠标左键不放，并根据需要对滚动条进行上或下拖动，滚动条旁边的提示框便会显示页码和标题等信息，页面内容也会随之上或下滚动。当显示的页码为想要移到的页码时，释放鼠标左键即可。

技巧 62　设置页面自动滚动

用户在阅览页面较多的文档时，一般要不停地滑动文档右侧的垂直滚动条，或者单击垂直滚动条下方的【前一页】按钮或【下一页】按钮来进行翻页，这里介绍一种使页面自动滚动的方法。

本实例的原始文件和最终效果所在位置如下。	
原始文件	素材\原始文件\01\行政管理制度手册.docx
最终效果	无

❶打开本实例的原始文件，切换到【开发工具】选项卡，在【代码】组中单击【宏】按钮。

❷弹出【宏】对话框，在【宏的位置】下拉列表中选择【Word 命令】选项，然后在上方的列表框中选择【AutoScroll】命令，单击 运行(R) 按钮。

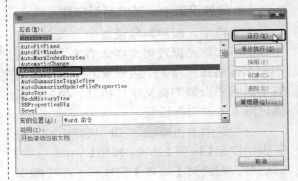

❸此时文档中显示了一个呈双箭头" "形状的图标，鼠标指针呈" "形状显示，将鼠标指针与双箭头图标平行，文档页面处于静止状态。将鼠标指针向双箭头图标上方移动一小段距离，页面则自动向上滚动，反之页面自动向下滚动。鼠标指针移动的距离离双箭头图标越远，页面自动滚动的速度就越快。用户单击鼠标左键即可停止页面地自动滚动，同时双箭头图标也消失了。

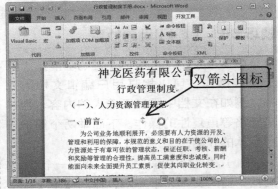

技巧 63　删除文档历史记录

为了方便打开最近使用的文档，Word 系统提供了保存最近使用的文档历史记录的功能。

在文档中单击 文件 按钮，从弹出的下拉列表中选择【最近所用文件】选项，即可看到最近所使用的文档。系统默认显示"最近使用文档"的数目是 25。

在文档中单击【文件】按钮，从弹出的下拉列表中选择【选项】选项，弹出【Word 选项】对话框，切换到【高级】选项卡，在【显示】组中，在【显示此数目的"最近使用的文档"】微调框中输入"0"，然后单击【确定】按钮，即可删除文档历史记录。

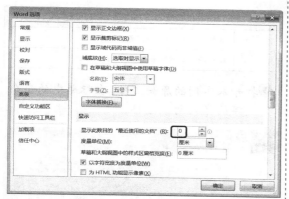

技巧 64　比较两处文本的格式差异

当用户在查看文档中两个不同位置上文本的格式是否存在差异时，可利用 Word 系统提供的比较格式差异的功能。

本实例的原始文件和最终效果所在位置如下。		
◎	原始文件	素材\原始文件\01\行政管理制度手册.docx
	最终效果	无

❶打开本实例的原始文件，按下【Shift】+【F1】组合键，弹出【显示格式】任务窗格。

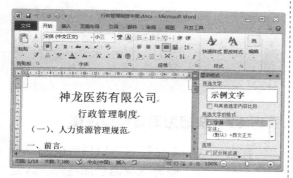

❷选中要进行比较的文本之一，然后在【显示格式】任务窗格中，选中【与其他选定内容比较】复选框。

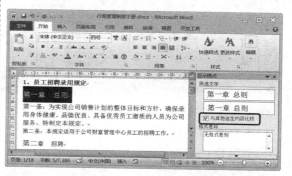

❸接着选中要与刚才选中的文本进行比较的文本，此时在【格式差异】列表框中即可显示两个比较文本直接的具体格式差异。

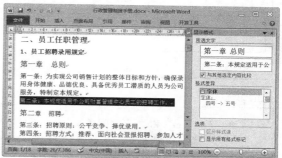

技巧 65　同时输入上标和下标

在创建含有化学方程式、数学公式等文档时，经常需要用到上、下标，对于单独输入上标或下标，在功能区有对应的设置上标和下标的按钮，这里不再赘述，下面主要介绍一下在文档中同时输入上标和下标的方法。

❶新建一个 Word 文档，在文档中输入"Amn"，然后选中"mn"，切换到【开始】选项卡，在【段落】组中单击【中文版式】按钮，从弹出的下拉列表中选择【双行合一】选项。

2 弹出【双行合一】对话框，在【文字】文本框中的字符"m"和"n"之间插入一个空格。

提示

　　如果不在"m"和"n"之间插入空格，系统会将"mn"变成字符"A"的下标。

　　另外，用户也可以选中"m"，按下【Ctrl】+【Shift】+【=】组合键将其设为上标，然后选中"n"，按下【Ctrl】+【=】组合键将其设为下标。

3 单击 确定 按钮返回文档，此时字符"m"和"n"分别变成"A"的上标和下标。

技巧 66　快速给文字添加下划线

　　若在文档中有一段带有空格的文本，用户只想给文本中的文字添加下划线，忽略其中的空格，用户可以按照以下方法快速给文字添加下划线。

本实例的原始文件和最终效果所在位置如下。		
	原始文件	素材\原始文件\01\古诗.docx
	最终效果	素材\最终效果\01\古诗 3.docx

1 打开本实例的原始文件，在标题中的每个文字间插入两个空格。

2 选中标题文本，按下【Ctrl】+【Shift】+【W】组合键，即可为选中的文本中的文字添加下划线，而忽略其中的空格（再次按下【Ctrl】+【Shift】+【W】组合键，即可删除文字下面的下划线）。

技巧 67　快速为词语添加注释

　　在编辑 Word 文档时，用户可以为专业性较强或者难以理解的词语添加注释，以便于其他阅读者理解，具体的操作步骤如下。

本实例的原始文件和最终效果所在位置如下。	
原始文件	素材\原始文件\01\古诗.docx
最终效果	素材\最终效果\01\古诗 4.docx

❶ 打开本实例的原始文件，将光标定位到需要添加注释的文本之后，切换到【引用】选项卡，在【脚注】组中单击【插入脚注】按钮。

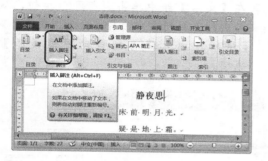

❷ 光标自动切换到页面底端，并在该词语的上标处和页面的底端均出现编号【1】，用户在页面底端输入注释即可。

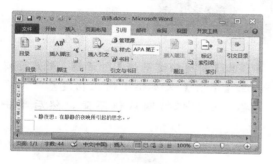

技巧 68　在 Word 中快速发送文档

Word 提供了快速发送文档的功能，具体的操作步骤如下。

本实例的原始文件和最终效果所在位置如下。	
原始文件	素材\原始文件\01\行政管理制度手册.docx
最终效果	无

❶ 打开本实例的原始文件，单击 文件 按钮，从弹出的下拉列表中选择【保存并发送】选项，然后切换到【使用电子邮件发送】选项卡，单击【作为附件发送】按钮。

❷ 弹出发送邮件窗口，在【收件人】地址栏中输入收件人的邮箱地址，用户也可以在下方的下拉列表框中添加一些祝福或者是说明性的文本，然后单击【发送】按钮即可。

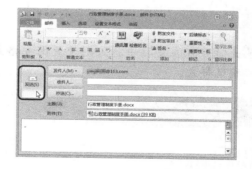

技巧 69　快速设置稿纸文档

Word 提供了快速设置各种稿纸文档的功能，具体的操作方法如下。

❶ 新建一个 Word 文档，然后切换到【页面布局】选项卡，在【稿纸】组中单击【稿纸设置】按钮。

② 弹出【稿纸设置】对话框，用户可以根据需要进行相应的设置。这里在【格式】下拉列表中选择【方格式稿纸】选项，在【页脚】下拉列表中选择【第 X 页共 Y 页】选项，然后单击 确定 按钮。

③ 此时即可在文档中插入刚设置的方格式稿纸样式。

技巧 70　快速插入自动图文集

　　Word 2010 提供了快速插入自动图文集的功能，即用户可以事先将需要重复使用的文本或者图形设置为自动图文集，当需要时直接插入即可，非常方便，具体的操作步骤如下。

本实例的原始文件和最终效果所在位置如下。	
原始文件	素材\原始文件\01\绩效考核管理制度.docx
最终效果	无

① 打开本实例的原始文件，选择需要的文本或图片，然后切换到【插入】选项卡，在【文本】组中单击 文档部件 按钮，从弹出的下拉列表中选择【自动图文集】➢【将所选内容保存到自动图文集库】选项。

② 弹出【新建构建基块】对话框，用户可以在【名称】文本框中输入构建基块的名称，这里保持默认值不变，然后单击 确定 按钮。

③ 在需要插入相应的文本或者图片时，用户可以将光标定位到插入点，输入构建基块名称，或者其前两个字符，然后按下【Enter】键或者【F3】键即可快速插入自动图文集。

技巧 71　扩大视图区

Word 2010 功能区替代了传统的"菜单"和"工具栏"的操作方式，它带来操作方便的同时，不免占用一定的窗口空间。为了扩大 Word 编辑区窗口，用户可以对功能区进行隐藏。下面介绍隐藏功能区的几种方法。

（1）单击功能区右上角的【功能区最小化】按钮 。

（2）在选中的任意一个选项卡上双击鼠标左键即可。

（3）按下【Ctrl】+【F1】组合键。

（4）在功能区的任意位置单击鼠标右键，从弹出的快捷菜单中选择【功能区最小化】菜单项。

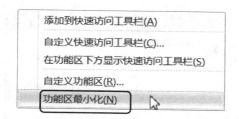

技巧 72　自制日历

用户可以根据实际需要自己动手在 Word 中制作一个有个性的日历，具体的操作步骤如下。

本实例的原始文件和最终效果所在位置如下。		
	原始文件	无
	最终效果	素材\最终效果\01\班级日历.docx

❶ 新建一个 Word 文档，在文档中单击 文件 按钮，从弹出的下拉列表中选择【新建】选项，单击【日历】按钮 。

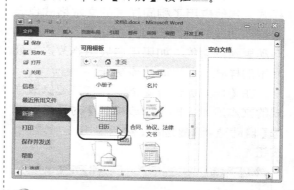

❷ 在弹出的列表框中选择合适的选项，这里单击【其他日历】按钮 ，从列表框中单击【班级日历】选项，然后单击【下载】按钮 。

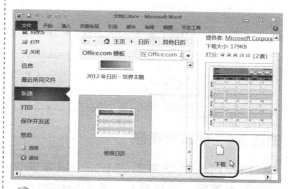

❸ 系统会自动将选择的模板下载到该文档中，效果如图所示。用户也可以根据需要自己进行设计。

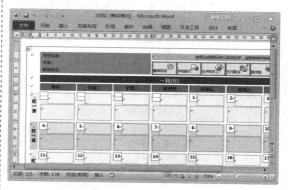

技巧 73 取消样式的自动更新

在编辑文档时，当用户更改一处文本的样式，其他应用了相同样式的文本格式也会跟着自动改变，这是因为 Word 使用了样式自动更新的功能，如果用户只想修改这一处文本的样式，可以取消该功能。

在【样式】任务窗格中，打开要修改样式的文本所对应的【修改样式】对话框，撤选【自动更新】复选框，然后单击 确定 按钮。

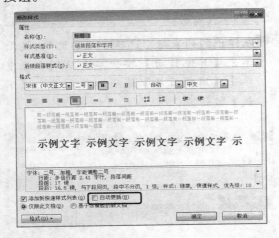

技巧 74 设置大图标

用户可以根据需要使电脑中显示的图标变为大图标，尤其是对于视力较弱的人。具体的操作步骤如下。

❶在桌面的空白处单击鼠标右键，从弹出的快捷菜单中选择【个性化】菜单项。

❷弹出【个性化】窗口，单击【显示】链接。

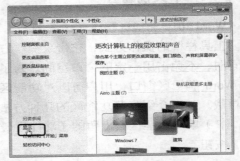

❸弹出【显示】窗口，选择【较大（L）-150%】单选钮，然后单击 应用(A) 按钮。

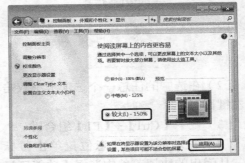

❹弹出【Microsoft Windows】警告对话框，接着单击 立即注销(L) 按钮。

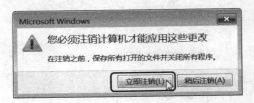

❺将电脑注销后，待电脑重新启动进入系统时，用户可以启动 Word 2010，此时新建一个文档，效果如图所示。

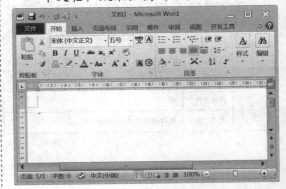

❻这里再展示一下没设置之前的效果，这样可以形成鲜明的对比。

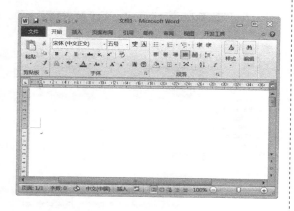

技巧 75　缩短中英文混合内容之间的距离

在文档中，如果中文和英文单词之间的距离较大，会影响文档的整体美观，用户可以通过以下方法进行设置。

切换到【开始】选项卡，单击【段落】组右下角的【对话框启动器】按钮，弹出【段落】对话框，切换到【中文版式】选项卡，在【换行】组合框中，选中【允许西文在单词中间换行】复选框，然后单击 确定 按钮。

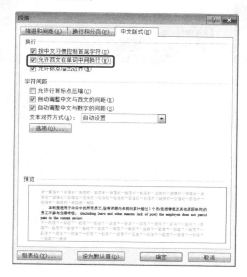

技巧 76　巧妙设计双行合一

所谓双行合一，就是把选中的文字合并，变作两行排列的样式。如政府机关中常见的联合行文、红头文件，婚庆典礼的请帖、带有中英文名称的公司公告等经常用到该功能。

设置双行合一的具体步骤如下。

❶新建一个 Word 文档，输入文档的标题，然后选中公司的中英文名称，切换到【开始】选项卡，在【段落】组中单击【中文版式】按钮，在弹出的下拉列表中选择【双行合一】选项。

❷弹出【双行合一】对话框，然后参照预览效果，在【文字】文本框中要拆分的字符间加入适当的空格，使其分成上下对齐的两行。

❸单击 确定 按钮，返回 Word 文档，效果如图所示。

技巧 77 合并多个文档

通常情况下，用户在合并文档时，通常是使用复制、粘贴的方式来完成的，但是当合并文档比较多又比较长时，复制、粘贴不仅费时费力还有可能出错，下面我们来介绍一种更好的方法。

❶ 新建一个 Word 文档，切换到【插入】选项卡，在【文本】组中，单击【对象】按钮 对象 右侧的下三角按钮，在弹出的下拉列表中选择【文件中的文字】选项。

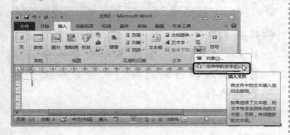

❷ 弹出【插入文件】对话框，选中所有需要合并的文档。

❸ 单击 插入(S) 按钮，返回 Word 文档，选中的所有文档的内容已经插入到当前文档，效果如图所示。

第 2 章
表格与图形

在日常工作中，有些内容在 Word 文档中只用文字是无法形象、直观地表达的，此时添加必要的表格和图形会使内容更容易被理解和接受，也会使文档内容更加丰富，增强可视性。

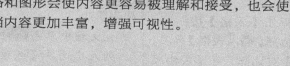

■ 插入表格的 3 种方法
■ 增加与删除表格的行或列
■ 拆分表格

技巧 1　插入表格的 3 种方法

在文档中插入表格可以使数据显示得更清晰。插入表格主要有以下 3 种方法。

1.　使用鼠标拖动法

新建一个 Word 文档,切换到【插入】选项卡,在【表格】组中单击【表格】按钮,从弹出的下拉列表中有一个列表,用户可以在其中移动鼠标指针选择需要的行列数,这里选择【6×5 表格】选项,然后在其右下角单击鼠标即可在文档中插入一个 5 行 6 列的固定宽度的表格。

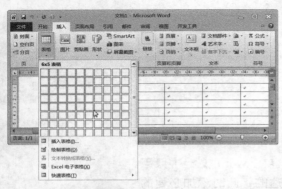

2.　使用对话框

在【表格】组中单击【表格】按钮,从弹出的下拉列表中选择【插入表格】选项,弹出【插入表格】对话框,在【表格尺寸】组合框中,在【列数】和【行数】的微调框分别输入数值 6 和 5,其他选项保持不变,然后单击 确定 按钮。

3.　使用"+"和"-"符号

使用"+"和"-"符号可以快速插入简单的表格,例如要在文档中插入 1 行 4 列的表格,用户可以在文档的空白位置输入"+--------+--------+--------+--------+",然后按下【Enter】键,系统会自动插入一个 1 行 4 列的表格。

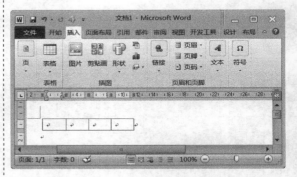

该处的加号"+"表示插入表格的列线,减号"-"的多少表示插入表格的列宽,这里的"+"和"-"都是半角状态下输入的。

如果用户在文档中输入形如"+---+---+"的符号,按下【Enter】键系统没有自动插入一个 1 行 2 列的表格,用户可以通过以下方法来解决。

❶ 在文档中单击 文件 按钮,从弹出的下拉列表中选择【选项】选项,弹出【Word 选项】对话框,切换到【校对】选项卡,单击 自动更正选项(A)... 按钮。

❷ 弹出【自动更正】对话框,切换到【键入时自动套用格式】选项卡,在【键入时

自动应用】组合框中，选中【表格】复选框，然后单击 确定 按钮。

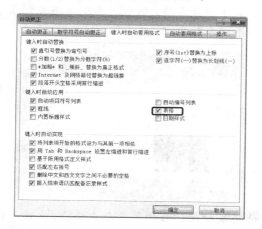

技巧 2　增加与删除表格的行或列

用户在编辑表格时经常要增加与删除表格的行或列。下面介绍几种增加与删除表格的行或列的方法。

1.　增加行或列

（1）增加行。用户可以将光标定位到表格的某行中，在【表格工具】栏中，切换到【布局】选项卡，在【行和列】组中单击 在下方插入 按钮，在表格的不同方向插入行；将光标定位到某行右端的边框外，按下【Enter】键即可增加一行；若用户只在表格的最末行插入一行，可以将光标定位到最后一个单元格或者末行右端的边框外，然后按下【Tab】键即可。

（2）增加列。用户可以选中某列，然后在【行和列】组中单击 在左侧插入 等按钮，在表格的不同方向插入列。

2.　删除行或列

用户除了通过右键菜单或者功能区的命令删除行或列外，用户也可以选中要删除的行或列，按下【Backspace】或按下【Shift】+【Delete】组合键。

技巧 3　拆分表格

1.　上下拆分表格

有时需要将表格拆分成上下两个表格，主要有以下几种方法。

● 使用【拆分表格】按钮

❶ 新建一个 Word 文档，在其中插入一个 4 行 6 列的表格，将光标定位到要成为第 2 个表格的首行的某个单元格内，然后在【表格工具】栏中，切换到【布局】选项卡，在【合并】组中单击 拆分表格 按钮。

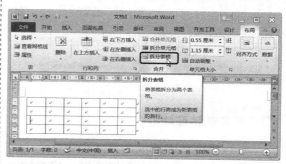

❷ 此时即可将表格拆分成上下两个表格。

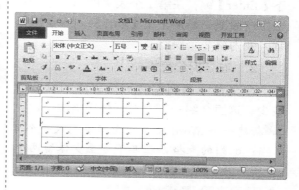

● 使用组合键

将光标定位到要成为第 2 个表格的首行的某个单元格内，然后按下【Ctrl】+【Shift】+【Enter】组合键。

● 插入分栏符

将光标定位到要成为第 2 个表格的首行的某个单元格内，切换到【页面布局】选项卡，在【页面设置】组中单击【插入分页符和分节符】按钮 🔳▾，从弹出的下拉列表框中选择【分栏符】选项。

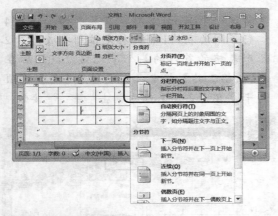

● 使用复制粘贴功能

在表格中选中要成为第 2 个表格的所有行，按下【Ctrl】+【X】组合键，接着按一下【Enter】键，在第 1 个表格的后面添加一个空白段落，最后按下【Ctrl】+【V】组合键，变为第 2 个表格。

2. 左右拆分表格

在文档中遇到左右拆分表格的情况比较少，这里介绍一下左右拆分表格的方法。

❶ 新建一个 Word 文档，在其中插入一个 4 行 6 列的表格，在其下方至少保留两个回车符。

❷ 从表格中选中要成为第 2 个表格的行和列，为了方便起见，这里选中要拆分的右半部分表格，然后将其整体拖放到第 2 个回车符中。

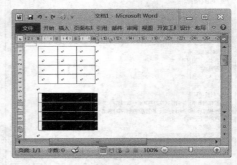

❸ 将鼠标指针移到第 2 个表格上，此时表格的左上角出现 "✛" 标记，将鼠标指针移到该标记上，待鼠标指针呈 "🔁" 形状时，按住鼠标左键将其拖动到表格 1 的后面，然后释放鼠标左键，此时即将表格拆分成为左右两个表格。

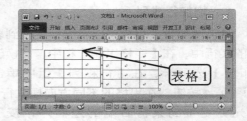

❹ 用户会发现刚拆分的两个表格在水平方向上不是对齐的，可以选中第 2 个表格，然后单击鼠标右键，从弹出的快捷菜单中选择【表格属性】菜单项，弹出【表格属性】对话框，切换到【表格】选项卡，然后单击 定位(P)... 按钮。

⑤弹出【表格定位】对话框，在【垂直】组合框的【位置】文本框中输入合适的数值，然后依次单击 确定 按钮即可。

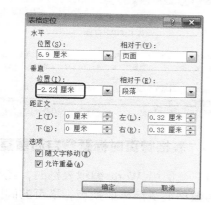

技巧4　让表格跨页不断行

在制作的表格中输入内容时，有时候会使表格的部分行及内容移到下一页中，这样既不方便用户查看也不美观，用户可以对表格设置一下，具体的操作步骤如下。

本实例的原始文件和最终效果所在位置如下。		
	原始文件	素材\原始文件\02\岗位说明书1.docx
	最终效果	素材\最终效果\02\岗位说明书1.docx

①打开本实例的原始文件，如果在"培训方向"所对应的项目上再添加一些内容，此时"备注"及其所对应的项目就会自动移到下一页。

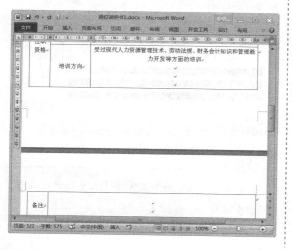

②此时用户可以选中某一行，单击鼠标右键，从弹出的快捷菜单中选择【表格属性】菜单项。

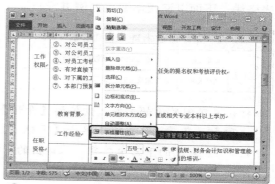

③弹出【表格属性】对话框，切换到【行】选项卡，取消【指定高度】和【允许跨页断行】复选框，然后单击 确定 按钮。

④此时光标所选中的行将被调整到合适的高度以使整个表格显示在同一个页面中，其他行的高度保持不变。

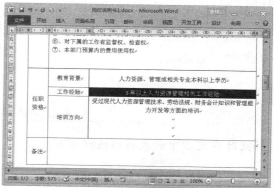

技巧 5　使表格没有表格线

有时文档需要多列排列，但又不需要有表格线。下面以请假申请表为例进行介绍。

	本实例的原始文件和最终效果所在位置如下。	
	原始文件	素材\原始文件\02\请假申请表.docx
	最终效果	素材\最终效果\02\请假申请表.docx

❶打开本实例的原始文件，切换到【开始】选项卡，在【段落】组中单击【下框线】按钮 右侧的下三角按钮，从弹出的下拉列表中选择【边框和底纹】选项。

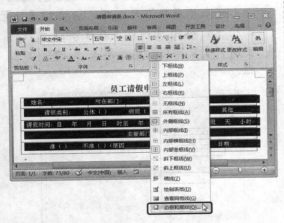

❷弹出【边框和底纹】选项卡，切换到【边框】选项卡，在【设置】组合框中选择【无】选项，然后单击 确定 按钮。

❸此时在文档中的表格框线就消失了。

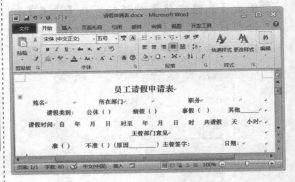

技巧 6　表格跨页时标题行自动重复

用户在使用 Word 编辑表格时，经常因为表格数据很多而需要换页，换页的同时第一页的标题行需要重新输入到第 2 页以及后面的页，如果用户依次重新输入比较麻烦。下面介绍一种表格跨页时标题行自动重复的操作方法。

	本实例的原始文件和最终效果所在位置如下。	
	原始文件	素材\原始文件\02\岗位说明书 1.docx
	最终效果	素材\最终效果\02\岗位说明书 2.docx

❶打开本实例的原始文件，选中要重复的标题行，这里选中表格的前三行，在【表格工具】栏中，切换到【布局】选项卡，在【数据】组中单击【重复标题行】按钮 。

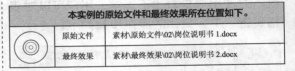

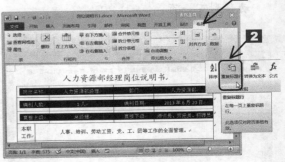

> **提示**
>
> 如果用户选中整个表格，然后设置标题行重复是行不通的。

❷ 因为重复标题行的功能只对跨页表格有效，所以将光标定位到表格的最后一行的任意一个单元格中，按下几次【Enter】键，使表格自动跨页，此时在下一页自动出现刚才选中的重复标题行。

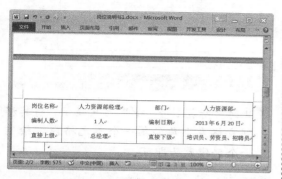

另外，用户选中表格，然后单击鼠标右键，从弹出的快捷菜单中选择【表格属性】菜单项，弹出【表格属性】对话框，切换到【行】选项卡，在【选项】组合框中，选中【在各页顶端以标题行形式重复出现】复选框，然后单击 确定 按钮即可。

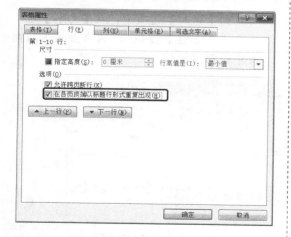

技巧 7　在文档的第一段的表格前添加空段

用户经常会遇到在文档的第一段插入表格后，又想在表格的前面插入一个空白段落，以便输入一些说明性的文字等。下面介绍几种在文档的第一段的表格前添加空段的方法。

（1）将光标定位到第一行的任意一个单元格内，然后按下【Ctrl】+【Shift】+【Enter】组合键即可。

（2）将光标定位到第一行的任意一个单元格内，按下【Ctrl】+【Enter】组合键，然后按下【Backspace】键。

（3）将光标定位到第一行的任意一个单元格内，在【表格工具】栏中，切换到【布局】选项卡，在【合并】组中单击 拆分表格 按钮。

（4）选中整个表格，按下【Shift】+【Alt】+【↓】组合键即可。

（5）运用复制粘贴功能，选中整个表格，按下【Ctrl】+【X】组合键将该表格剪切到剪切板上，按【Enter】键插入一个空白段落，然后按下【Ctrl】+【V】组合键，将该表格粘贴到空白段落的下方。

技巧 8　制作斜线表头

在绘制表格的时候，有时需要绘制斜线表头，下面介绍制作斜线表头的方法。

1.　插入斜线表头

本实例的原始文件和最终效果所在位置如下。	
原始文件	无
最终效果	素材\最终效果\02\斜线表头.docx

❶ 新建一个空白 Word 文档，插入一个 4 行 5 列的表格，将光标定位到表格左上角的第一个单元格内，然后在【表格工具】栏中，切换到【设计】选项卡，在【表格样式】组中单击【下框线】按钮右侧的下三角按钮，从弹出的下拉列表中选择【斜下框线】选项。

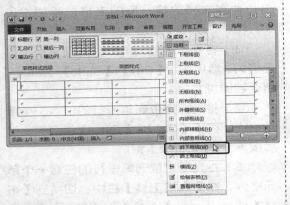

② 此时即可在表格中插入斜线表头。在其中输入文本"品名金额"。

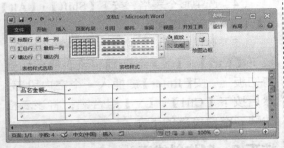

③ 将光标定位到"品名"和"金额"之间，并添加适量的空格，效果如图所示。

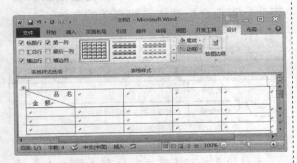

2. 绘制斜线表头

本实例的原始文件和最终效果所在位置如下。		
	原始文件	无
	最终效果	素材\最终效果\02\斜线表头1.docx

① 新建一个空白 Word 文档，插入一个 4 行 5 列的表格，将光标定位到表格中的任意

一个单元格中，然后在【表格工具】栏中，切换到【设计】选项卡，在【绘图边框】组中单击【绘制表格】按钮。

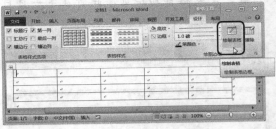

② 此时鼠标指针呈"✏"形状显示，将其移到表格左上角的第一个单元格内，绘制一个斜线表头即可。

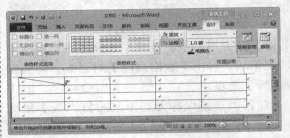

③ 切换到【插入】选项卡，在【文本】组中单击【文本框】按钮，从弹出的下拉列表中选择【绘制文本框】选项。

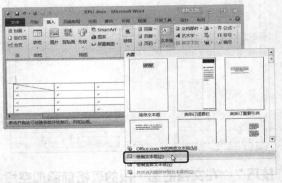

④ 此时鼠标指针呈"十"形状显示时，按住【Shift】键，拖动出一个大小合适的正方形。

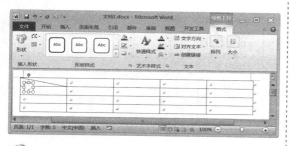

5 接着复制 3 个文本框，将其调整到表格中左上角第一个单元格中合适的位置，在其中输入相应的文本，并设置文本框为【无轮廓】。

提示

如果用户在文本框中输入的文本显示不完整，可以在文本框上单击鼠标右键，从弹出的快捷菜单中选择【设置形状格式】菜单项，弹出【设置形状格式】对话框，切换到【文本框】选项卡，在【内部边距】组合框中设置【上】、【下】、【左】和【右】微调框的值都为 0 即可。

6 选中所有的文本框，在【绘图工具】栏中，切换到【格式】选项卡，在【排列】组中单击【组合】按钮，从弹出的下拉列表中选择【组合】选项即可。

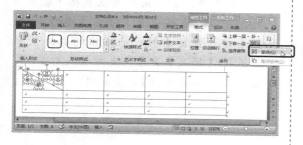

技巧 9　防止表格被"撑"变形

用户在表格的单元格中输入文字内容或插入图片时，往往会出现由于输入的文字过多或图片过大而造成单元格的列宽或行高自动调整的现象，如果用户需要保持原来的列宽或行高不变，具体的操作步骤如下。

1 选中整个表格或部分单元格，单击鼠标右键，从弹出的快捷菜单中选择【表格属性】菜单项，弹出【表格属性】对话框，切换到【表格】选项卡，单击 选项(O)... 按钮。

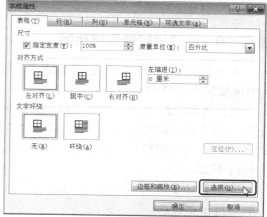

2 弹出【表格选项】对话框，撤选【自动重调尺寸以适应内容】复选框，然后单击 确定 按钮。

3 返回【表格属性】对话框，如果需要固定行高，可以切换到【行】选项卡，选中【指定行高】复选框，在其后的微调框中设置具体的数值，并在【行高值是】下

拉列表中选择【固定值】选项，然后单击
确定 按钮。

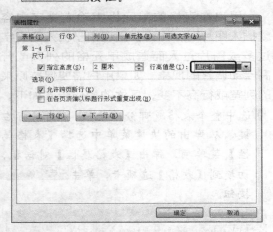

技巧 10　使用快捷键调整列宽

下面介绍【Ctrl】、【Alt】和【Shift】等
3 个快捷键在调整表格列宽中的作用。

按住【Ctrl】键的同时拖动鼠标，框线
左侧一列的宽度会发生变化，框线右侧各列
的宽度会发生均匀变化，而整个表格的宽度
则保持不变。

按住【Alt】键的同时拖动鼠标，可以对
框线进行微调。

按住【Shift】键的同时拖动鼠标，边框
左侧一列的宽度会发生变化，并且整个表格
的宽度也随之变化。

技巧 11　让文字自动适应单元格大小

如果用户要在一个单元格内输入较多
的文本，且希望单元格的行高和宽度固定不
变，可以让文字自动适应单元格的大小。具
体的操作步骤如下。

❶选中要设置的单元格，单击鼠标右键，从
弹出的快捷菜单中选择【表格属性】菜
单项，弹出【表格属性】对话框，切换
到【单元格】选项卡，单击 选项(O)... 按
钮。

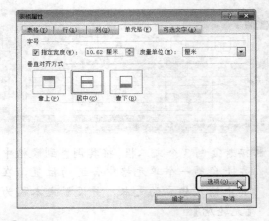

❷弹出【单元格选项】对话框，选中【适应
文字】复选框，然后单击 确定 按钮。
此时在单元格中的文本下方会有一条青
绿色的亮线。

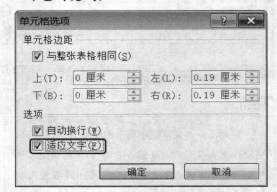

技巧 12　一次插入多行或多列

用户在编辑表格时经常要插入多行或
多列，下面介绍几种在表格中一次插入多行
或多列的方法。

1.　使用右键菜单

❶新建一个空白 Word 文档，插入一个 5 行
6 列的表格，如果用户要在表格中插入 3
行，可以在表格中选中任意连续的 3 行，
然后单击鼠标右键，从弹出的快捷菜单
中选择【插入】➤【在上方插入行】（或
者【在下方插入行】）菜单项。

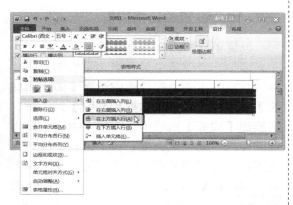

❷此时即可在选中的 3 行的上方插入 3 行空
白行。

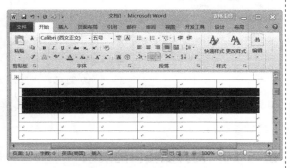

按照同样的方法，可以一次插入多列。

2. 使用【Ctrl】键拖放法

选中表格中连续的 3 行，按住【Ctrl】
键不放，将光标移到选中的连续的 3 行中，
单击鼠标左键将这几行拖动到要插入表格
的位置，然后释放鼠标左键即可。

3. 使用复制粘贴功能

选中表格中连续的 3 行，按下【Ctrl】+
【C】组合键，然后将光标定位到要插入表格
的位置，按下【Ctrl】+【V】组合键即可。

技巧 13　选中整个表格的方法

在 Word 文档中全选表格有以下几种方
法。

（1）将鼠标指针移到表格中，待表格的
左上角出现"✛"形状的控制柄时，将鼠标
指针移到该控制柄上，待其呈"↖"形状时
单击鼠标左键即可选中整个表格。

（2）将光标定位到表格中的任意一个单
元格中，在【表格工具】栏中，切换到【布
局】选项卡，在【表】组中单击 选择 按钮，
从弹出的下拉列表中选择【选择表格】选项。

（3）将光标定位到表格中的任意一个单
元格中，然后按下【Alt】+【5】（按下
【NumLock】键将小键盘的指示灯关闭，然
后按下小键盘上的数字"5"）组合键。

（4）将鼠标指针移到表格左侧框线外，
待鼠标指针呈"↗"形状时，拖动鼠标即可
选中整个表格。

技巧 14　制作三线表

在 Word 文档中，用户可以新建一个三
线表的样式，然后自动套用到表格中。下面
介绍制作三线表的具体操作步骤。

本实例的原始文件和最终效果所在位置如下。		
◎	原始文件	素材\原始耳机\02\请假申请表.docx
	最终效果	素材\最终效果\02\请假申请表 2.docx

❶打开本实例的原始文件，将光标定位到表
格中的任意一个单元格中，在【表格工
具】栏中，切换到【设计】选项卡，在
【表格样式】组中单击【其他】按钮 ▾，
从弹出的下拉列表中选择【新建表样式】
选项。

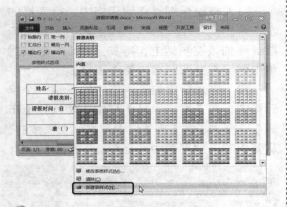

② 弹出【根据格式设置创建新样式】对话框，在【名称】文本框中输入【三线表】，单击【边框】按钮 囲▼ 右侧的下三角按钮，从弹出的下拉列表中选择【上框线】、【下框线】和【内部横框线】选项，然后单击 确定 按钮。

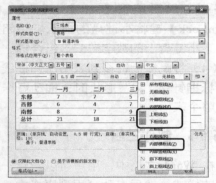

③ 在【表格样式】组中单击【其他】按钮 ▼，从弹出的下拉列表中选择【自定义】组合框中的【三线表】选项。

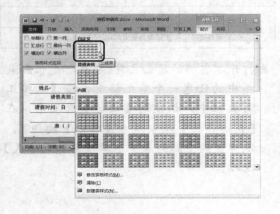

技巧 15　设置单元格边框

设置单元格边框的方法如下。

选中一个或多个单元格，然后单击鼠标右键，从弹出的快捷菜单中选择【边框和底纹】菜单项，弹出【边框和底纹】对话框，切换到【边框】选项卡，用户在中间选择需要的样式、颜色或宽度，在【预览】区进行上下左右边框的设置，在【应用于】下框列表中选择【单元格】选项，然后单击 确定 按钮即可。

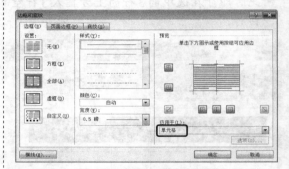

技巧 16　对齐表格内的线条

当用户在文档中手动绘制一个表格时，经常会遇到表格上下不对齐的情况，用户可以将鼠标指针移到表格中需要调整的竖线条上，待鼠标指针呈"╫"形状时，按住【Alt】键不放，同时拖动鼠标左键就可以实现线条位置的精确调整，此时系统自动显示水平标尺，并且会显示精确的数值。

另外，用户也可以同时按下鼠标左右键来实现线条位置的精确调整。

技巧 17　表格与文本之间的转换

用户可以根据需要在 Word 中表格与文本之间可以自由地转换。

1.　表格转换成文本

本实例的原始文件和最终效果所在位置如下。	
原始文件	素材\原始文件\02\岗位说明书 1.docx
最终效果	素材\最终效果\02\岗位说明书 3.docx

下面以文档"岗位说明书 1"为例，介绍将表格转换成文本的具体操作步骤。

❶打开本实例的原始文件，将光标定位到要转换成文本的表格中，在【表格工具】栏中，切换到【布局】选项卡，在【数据】组中单击【转换为文本】按钮。

❷弹出【表格转换成文本】对话框，用户可以根据实际情况选择合适的文字分隔符，这里保持系统默认的文字分隔符【制表符】不变，然后单击 确定 按钮。

2.　文本转换成表格

本实例的原始文件和最终效果所在位置如下。	
原始文件	素材\原始文件\02\岗位说明书 3.docx
最终效果	素材\最终效果\02\岗位说明书 4.docx

❶打开本实例的原始文件，选中要转换为表格的文本，切换到【插入】选项卡，在【表格】组中，从弹出的下拉列表中选择【文本转换成表格】选项。

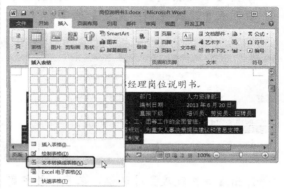

❷弹出【将文字转换成表格】对话框，根据文本的特点设置合适的选项，这里保持系统的默认值不变，然后单击 确定 按钮。

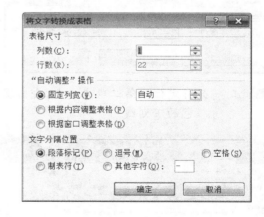

技巧 18　调整文字的宽度

如果用户希望含有字符不等的几行文本两端对齐，可以使用 Word 系统提供的"调整宽度"功能来实现。

本实例的原始文件和最终效果所在位置如下。	
原始文件	无
最终效果	素材\最终效果\02\调整文字的宽度.docx

❶ 新建一个 Word 空白文档，在其中分别输入两段文本"神龙医药有限公司"和"行政管理制度"。为了使两段文本两端对齐，这里选中"行政管理制度"，然后切换到【开始】选项卡，在【段落】组中单击【中文版式】按钮，从弹出的下拉列表中选择【调整宽度】选项。

❷ 弹出【调整宽度】对话框，在【新文字宽度】微调框中输入"8 字符"，使其与第一段文本中的字符数相同，然后单击 确定 按钮。

❸ 此时将光标定位到第二段文本中,会出现一条青绿色的下划线。

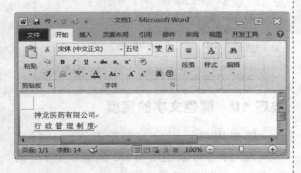

技巧 19　表格错行的制作方法

　　用户在编辑表格时，有时会遇到设置表格错行的情况。下面分两种情况介绍表格错行的制作方法。

本实例的原始文件和最终效果所在位置如下。	
原始文件	无
最终效果	素材\最终效果\02\表格错行.docx

1.　左列 4 行右列 5 行

❶ 新建一个 Word 空白文档，插入一个 4 行 2 列的表格，选中右侧的所有单元格，在【表格工具】栏中，切换到【布局】选项卡，在【合并】组中单击 合并单元格 按钮。

❷ 将光标定位到合并的单元格中，在【表】组中单击 属性 按钮。

❸弹出【表格属性】对话框，切换到【单元格】选项卡，单击 选项(O)... 按钮。

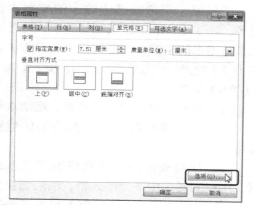

❹弹出【单元格选项】对话框，撤选【与整张表格相同】复选框，将上、下、左、右边距均设为 0，然后依次单击 确定 按钮。

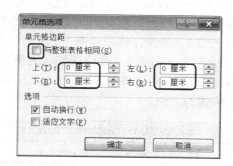

❺在合并的单元格中插入一个5行1列的表格，选中该表格，将其外边框设置为无，保留内部边框。

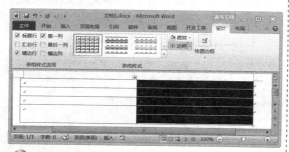

❻全选表格，在表格上单击鼠标右键，从弹出的快捷菜单中选择【平均分布各行】菜单项即可。

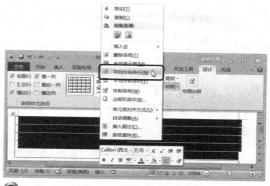

❼设置后的效果如图所示。

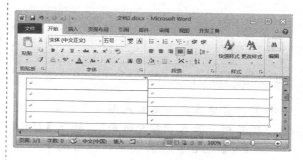

2. 左列5行右列4行

如果用户要设置左列5行右列4行的错行的表格，用户可以先在文档中插入一个 4 行 2 列的表格，将左列的表格合并单元格，然后按照插入左列4行右列5行的错行表格一样的方法操作即可。

最终效果如图所示。

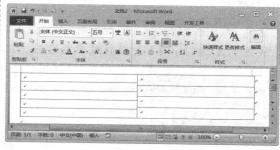

技巧 20 批量填充单元格

使用 Word 编辑表格的时候，用户还可以利用以下方法完成表格的批量填充，具体的操作步骤如下。

本实例的原始文件和最终效果所在位置如下。	
原始文件	无
最终效果	素材\最终效果\02\批量填充.docx

❶ 按下【Ctrl】+【N】组合键，新建一个空白文档，在其中插入一个 5 行 6 列的表格。

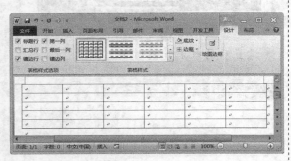

❷ 复制需要填充的文本或图片等对象，这里在文档中输入"神龙医药"，按下【Ctrl】+【V】组合键将其复制，然后选中所有需要填充的单元格。

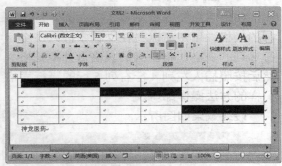

❸ 按下【Ctrl】+【V】组合键粘贴即可。

技巧 21　设置表格内文本缩进

如果用户在单元格中输入的文本内容较多，为了使 Word 排版比较美观，可以设置首行缩进的格式，主要有以下 3 种方法。

（1）将光标定位到单元格内，按下【Ctrl】+【Tab】组合键。

（2）将光标定位到单元格内，拖动水平标尺上的首行缩进符"▽"到合适的位置即可。

（3）如果要对多个单元格设置文本缩进，可以同时选中多个单元格，然后切换到【开始】选项卡，单击【段落】组右下角的【对话框启动器】按钮 ▣。

技巧 22　制作最后一页底端的表格

公司内部发送电子文稿，例如"通知"、"通报"等文档时，在文档的最后一页会出现固定的文本格式，例如含有"主题词"、"抄送"等字样，下面以"会议通知"为例，介绍运用表格的方式来制作文档末尾的固定文本格式的方法。

本实例的原始文件和最终效果所在位置如下。	
原始文件	素材\原始文件\02\会议通知.docx
最终效果	素材\最终效果\02\会议通知1.docx

❶ 打开本实例的原始文件，按下【Ctrl】+【End】组合键，将光标移到文档的末尾，然后在文档的末尾插入一个 3 行 2 列的表格。

❷ 在【表格工具】栏中，切换到【布局】选项卡，在【表】组中单击 屬性 按钮，弹

出【表格属性】对话框。切换到【表格】选项卡，设置【文字环绕】方式为【环绕】，然后单击 定位(P)... 按钮。

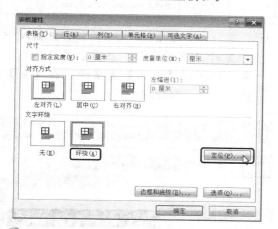

❸ 弹出【表格定位】对话框，在【垂直】组合框中的【位置】下拉列表中选择【底端】选项，在【相对于】下拉列表中选择【页边距】选项，然后依次单击 确定 按钮。

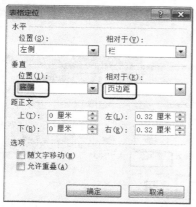

❹ 在表格中输入相应的内容，并适当调整单元格的列宽。

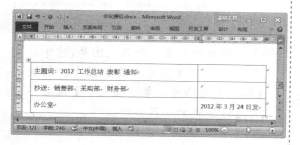

❺ 只保留表格的内部横框线即可。

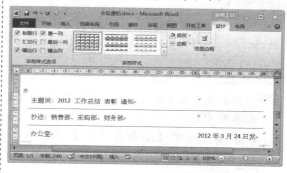

技巧 23　设置小数点对齐

对于 Word 表格中的带有小数点的数据，除了应用左对齐、居中对齐等格式设置外，还可以设置小数点对齐方式，具体的操作步骤如下。

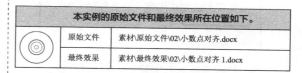

本实例的原始文件和最终效果所在位置如下。		
	原始文件	素材\原始文件\02\小数点对齐.docx
	最终效果	素材\最终效果\02\小数点对齐 1.docx

❶ 打开本实例的原始文件，选中表格中要进行对齐的数据，切换到【开始】选项卡，单击【段落】组右下角的【对话框启动器】按钮 。弹出【段落】对话框，切换到【缩进和间距】选项卡，单击 制表位(T)... 按钮。

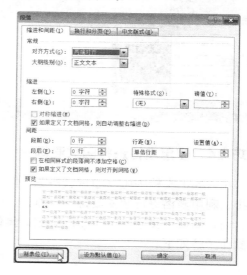

提示

用户也可以切换到【页面布局】选项卡，单击【段落】组右下角的【对话框启动器】按钮，打开【段落】对话框。

② 弹出【制表位】对话框，在【制表位位置】文本框中输入"2字符"，在【对齐方式】组合框中选中【小数点对齐】单选钮，单击 设置(S) 按钮，然后单击 确定 按钮。

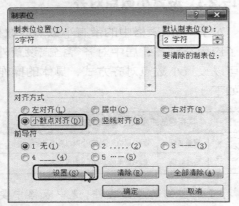

③ 此时即可看到数据以小数点对齐了。

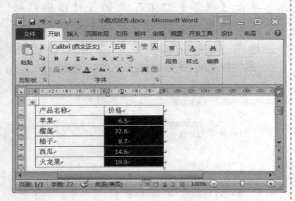

技巧 24 使用表格进行图文混排

在 Word 文档中可以通过表格进行图文混排，利用表格进行图文混排不但方便、快捷，而且图片、文字的位置相对固定。具体的操作步骤如下。

<table>
<tr><td colspan="2">本实例的原始文件和最终效果所在位置如下。</td></tr>
<tr><td>原始文件</td><td>素材\素材文件\02\01.jpg、02.jpg</td></tr>
<tr><td>最终效果</td><td>素材\最终效果\02\图文混排.docx</td></tr>
</table>

① 新建一个空白 Word 文档，在其中插入一个 2 行 2 列的表格，在【表格工具】栏中，切换到【布局】选项卡，在【表】组中单击 属性 按钮。

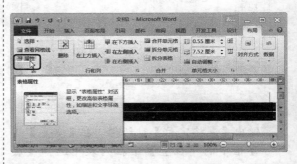

② 弹出【表格属性】对话框，切换到【表格】选项卡，在【对齐方式】组合框中选择【居中】选项，在【文字环绕】组合框中选择【无】选项，然后单击 确定 按钮。

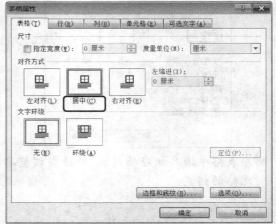

③ 在表格中输入文字和插入图片，选中其中的图片，在【图片工具】栏中，切换到【格式】选项卡，单击【大小】组右下角的【对话框启动器】按钮。

④ 弹出【布局】对话框，切换到【文字环绕】选项卡，在【环绕方式】组合框中选择【浮于文字上方】选项，然后单击 确定 按钮。

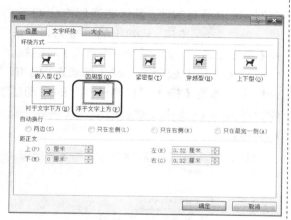

⑤ 用同样的方法将其他图片的环绕方式设置为【浮于文字上方】，接着调整图片的大小。

⑥ 选中整个表格，将其边框设置为无，效果如图所示。

技巧 25　在表格中进行求和计算

在 Word 中创建好表格后，用户可以在表格中进行求和和求平均值运算，具体的操作步骤如下。

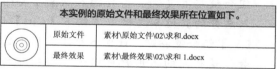

本实例的原始文件和最终效果所在位置如下。	
原始文件	素材\原始文件\02\求和.docx
最终效果	素材\最终效果\02\求和 1.docx

① 打开本实例的原始文件，将光标定位于要输入求和值的单元格内，在【表格工具】栏中，切换到【布局】选项卡，在【数据】组中单击【公式】按钮。

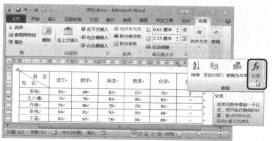

②弹出【公式】对话框，此时在【公式】文本框中可以看到"=SUM（LEFT）"公式，用户可以根据需要在【编号格式】下拉列表中选择合适的格式。

③单击 确定 按钮返回文档，即可看到求得的总分值。

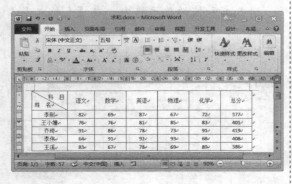

④选中刚计算的结果，按下【Ctrl】+【C】组合键将其复制，再将插入点置于要输入总分的其他单元格中，按下【Ctrl】+【V】组合键粘贴，此时5个单元格中的数值是相同的，用户可以选中刚粘贴的数值，按下【F9】键。

提示

在 Word 表格中通过公式计算出来的数值实质上都是域，因此要按下【F9】键更新域，域在第4章将进行详细的介绍。

技巧 26　关闭绘图画布

用户在 Word 文档中插入自选图形时，系统会自动创建一块绘图画布。绘图画布是圈定的一块区域，在该区域中可以放置多个图形，它们作为一个统一的对象，可以对其进行一起移动，一起调整大小。

如果用户不需要系统自动显示绘图画布时，可以将其关闭。具体的操作方法如下。

单击 文件 按钮，从弹出的下拉列表中选择【选项】选项，弹出【Word 选项】对话框，切换到【高级】选项卡，在【编辑选项】组合框中，撤选【插入"自选图形"时自动创建绘图画布】复选框，然后单击 确定 按钮即可。

技巧 27　一次插入多个图片

在 Word 中插入图片时，可以一次插入多个图片，具体的操作步骤如下。

本实例的原始文件和最终效果所在位置如下。		
	原始文件	素材\素材文件\02\03.jpg~05.jpg
	最终效果	素材\最终效果\02\一次插入多个图片.docx

①新建一个 Word 空白文档，切换到【插入】选项卡，在【插图】组中单击【图片】按钮。

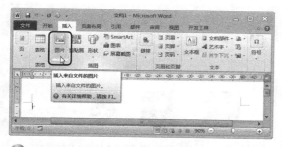

② 弹出【插入图片】对话框，按住【Ctrl】键的同时，依次单击要添加的图片，将其全部选中，然后单击 插入(S) 按钮。

③ 返回文档即可看到插入的多个图片。

技巧 28　精确地排列图片或图形

如果用户想把插入到文档中的多个图形或图片精确地排列在一条直线上，可以使用下面介绍的方法进行操作。

本实例的原始文件和最终效果所在位置如下。		
	原始文件	素材\原始文件\02\精确排列图片.docx
	最终效果	素材\最终效果\02\精确排列图片 1.docx

① 打开本实例的原始文件，选中要参与排列的图片，在【图片工具】栏中，切换到【格式】选项卡，单击【大小】组右下角的【对话框启动器】按钮 。

② 弹出【布局】对话框，切换到【文字环绕】选项卡，在【环绕方式】组合框中选择【浮于文字上方】选项，然后单击 确定 按钮。

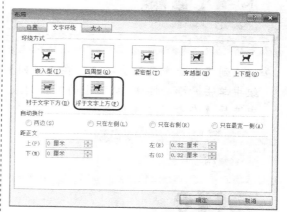

提示

默认情况下，插入文档中的图片的环绕方式是嵌入型，因为嵌入型的图片是不能任意移动的，所以对于嵌入型的图片只能按照对齐字符的方式进行排列。如果用户要按照其他方式排列图片，首先要改变图片的环绕方式。

③ 此时刚更改图片环绕方式的图片会自动显示到嵌入型图片的上方。

④用户可以将其移到其他的空白位置，然后按照同样的方法依次设置其他图片的环绕方式。

⑤切换到【页面布局】选项卡，在【排列】组中单击【对齐】按钮，从弹出的下拉列表中选择【查看网格线】选项。

⑥选择那些需要精确排列的图形或图片，然后利用网格线作为参考线即可完成对这些图形或图片的精确排列。

另外，用户也可以选中文档中所有的图片，在【图片工具】栏中，切换到【格式】选项卡，在【排列】组中单击【对齐】按钮，从弹出的下拉列表中选择合适的对齐方式即可。

技巧 29　为图片设置阴影

在文档中插入剪贴画或自选图形后，有时还需要为图片添加阴影并对阴影进行编辑，具体的操作步骤如下。

本实例的原始文件和最终效果所在位置如下。	
原始文件	素材\原始文件\02\为图片设置阴影.docx
最终效果	素材\最终效果\02\为图片设置阴影1.docx

①打开本实例的原始文件，选中要设置阴影的图片，在【图片工具】栏中，切换到【格式】选项卡，在【图片样式】组中单击【图片效果】按钮，从弹出的下拉列表中选择【阴影】选项，在弹出的下拉列表框中选择【透视】➤【左上对角透视】选项即可。

② 如果用户要对阴影进行相应的设置,可以按照步骤①的方法,单击【图片效果】按钮 ，从弹出的下拉列表中选择【阴影】➤【阴影选项】选项。

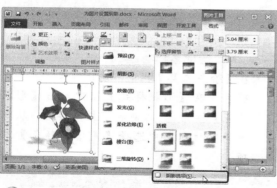

③ 弹出【设置图片格式】对话框,用户可以根据需要设置阴影的大小、颜色等选项,然后单击 关闭 按钮。

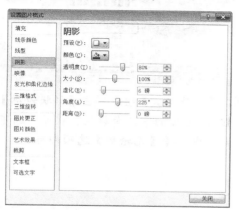

技巧 30 给剪贴画染色

用过 Word 剪贴画的用户都知道,剪贴画中的图片有些是彩色的,有些则没有颜色。下面介绍给图片染色的小技巧。

本实例的原始文件和最终效果所在位置如下。	
原始文件	素材\原始文件\02\给剪贴画染色.docx
最终效果	素材\最终效果\02\给剪贴画染色 1.docx

① 打开本实例的原始文件,在剪贴画上单击鼠标右键,从弹出的快捷菜单中选择【设置图片格式】菜单项。

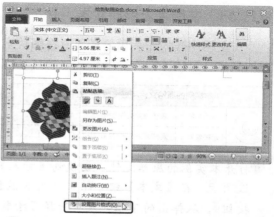

② 弹出【设置图片格式】对话框,切换到【图片颜色】选项卡,在【重新着色】组合框中单击【重新着色】按钮 ，从弹出的下拉列表中选择一种合适的颜色样式。

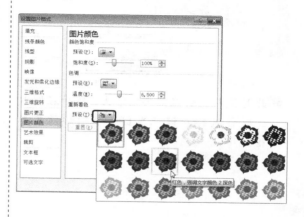

3 单击 关闭 按钮返回文档，即可看到设置的效果。

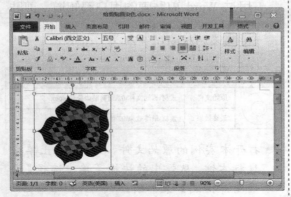

技巧 31　在图片上添加文本

在文档中插入图片后，还可以在图片上添加文本，具体的操作步骤如下。

本实例的原始文件和最终效果所在位置如下。	
原始文件	素材\原始文件\02\在图片上添加文本.docx
最终效果	素材\最终效果\02\在图片上添加文本 1.docx

1 打开本实例的原始文件，切换到【插入】选项卡，在【文本】组中单击【文本框】按钮，从弹出的下拉列表中选择【绘制文本框】选项。

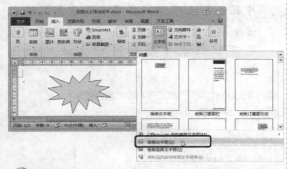

2 此时鼠标指针呈"十"形状，然后在图片上按住鼠标左键拖曳出一个矩形的文本框。

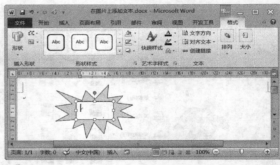

3 在文本框中输入文字"惊爆价"，并设置文字格式为【三号】、【华文隶书】、【红色】。

4 在【绘图工具】栏中，切换到【格式】选项卡，在【形状样式】组中单击【形状填充】按钮右侧的下三角按钮，从弹出的下拉列表中选择【无填充颜色】选项。

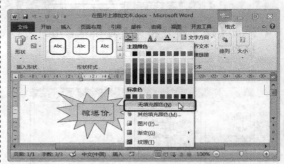

5 在【形状样式】组中单击【形状轮廓】按钮右侧的下三角按钮，从弹出的下拉列表中选择【无轮廓】选项即可。

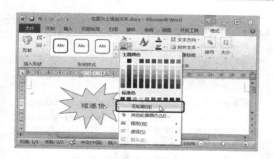

技巧 32 实现插入图片的自动更新

对于 Word 中插入的图片，不仅可以进行编辑，还可以实现图片的自动更新。具体的操作方法如下。

本实例的原始文件和最终效果所在位置如下。	
原始文件	素材\原始文件\02\02.jpg
最终效果	无

❶ 新建一个 Word 空白文档，切换到【插入】选项卡，在【插图】组中单击【图片】按钮。

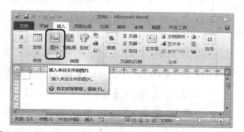

❷ 弹出【插入图片】对话框，选中要插入的图片 02.jpg，然后单击 插入(S) 按钮右侧的下三角按钮，从弹出的下拉列表中选择【插入和链接】选项。

❸ 返回文档中，即可看到图片已插入到文档中，以此种方式插入的图片即可实现图片的自动更新，例如，如果用户将插入的图片的方向转换后，重新打开插入该图片的文档会发现图片的方向也自动变化了。

提示

如果用户单击 插入(S) 按钮右侧的下三角按钮，从弹出的下拉列表中选择【链接到文件】选项，当原始图片位置被移动、重命名或删除后，Word 文档中将不再显示该图片。

技巧 33 巧用图片替换文本

在使用 Word 的过程中，用户有时会用到替换的操作，但大多是文本间的替换，这里介绍一个用图片替换文档中的文字的方法，具体的操作步骤如下。

本实例的原始文件和最终效果所在位置如下。	
原始文件	素材\原始文件\02\图片替换文本.docx
最终效果	素材\最终效果\02\图片替换文本 1.docx

❶ 打开本实例的原始文件，选中要替换为的图片，然后按下【Ctrl】+【X】组合键剪切图片。

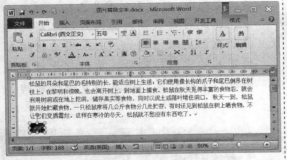

2 按下【Ctrl】+【H】组合键, 弹出【查找和替换】对话框, 系统自动切换到【替换】选项卡, 在【查找内容】下拉列表文本框中输入被替换的文字内容, 这里输入"松鼠", 单击 更多(M) >> 按钮, 将光标定位于【替换为】文本框中, 接着单击 特殊格式(E)▼ 按钮, 从弹出的下拉列表中选择【"剪贴板"内容】选项, 然后单击 全部替换(A) 按钮。

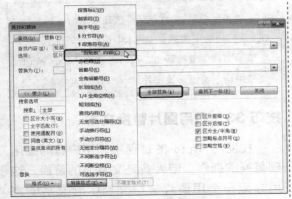

3 弹出【Microsoft Word】提示对话框, 然后单击 确定 按钮。

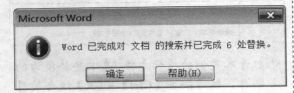

4 返回【查找和替换】对话框, 然后单击 关闭 按钮, 返回文档即可看到替换后的效果。

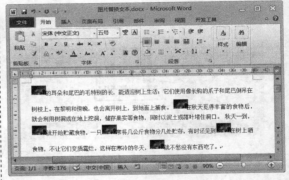

技巧 34　编辑图片文字环绕顶点

在文档中插入图片可以使文档更加美观, Word 2010 提供了多种图片的文字环绕方式, 包括"四周型"、"紧密型"等。如果这些文字环绕方式仍不能满足用户的需要, 可以使用编辑环绕顶点命令来自定义文字环绕方式。

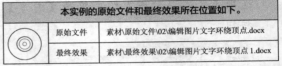

本实例的原始文件和最终效果所在位置如下。	
原始文件	素材\原始文件\02\编辑图片文字环绕顶点.docx
最终效果	素材\最终效果\02\编辑图片文字环绕顶点 1.docx

1 打开本实例的原始文件, 选中需要设置文字环绕方式的图片, 在【图片工具】栏中, 切换到【格式】选项卡, 在【排列】组中, 单击【自动换行】按钮, 从弹出的下拉列表中选择【编辑环绕顶点】选项。

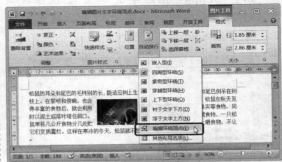

　　如果文档中的图片的文字环绕方式是嵌入式，则单击【自动换行】按钮，从弹出的下拉列表中的【编辑环绕顶点】选项呈灰色显示，因此用户首先要将插入的图片的文字环绕方式设置为除"嵌入型"外其他的任意一种文字环绕方式。

② 此时文档中，被选中的图片的周围会出现多个黑色的环绕顶点，将鼠标指针移至任何一个顶点上，待鼠标指针呈"⊕"形状显示时，拖动鼠标即可调整环绕顶点的位置。

技巧 35　让图片在页面中固定不动

　　通常情况下，在编辑文档时，文档中的图片会随着前面文本内容的增减而进行移动。下面介绍一种让图片在文档页面中固定不动的技巧。

本实例的原始文件和最终效果所在位置如下。	
原始文件	素材\原始文件\02\固定图片.docx
最终效果	素材\最终效果\02\固定图片1.docx

① 打开本实例的原始文件，选中要固定的图片，先将图片的文字环绕方式设置为除"嵌入型"外其他的任意一种文字环绕方式。在【图片工具】栏中，切换到【格式】选项卡，单击【大小】组右下角的【对话框启动器】按钮 。

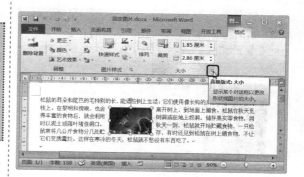

② 弹出【布局】对话框，切换到【位置】选项卡，在【选项】组合框中撤选【对象随文字移动】复选框，然后单击 确定 按钮即可将图片固定到页面中。

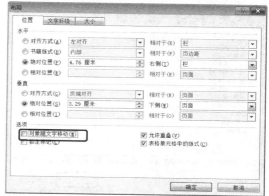

技巧 36　提取文档中的图片

　　如果用户希望将文档中的图片提取出来，可以使用以下两种方法来实现。

1.　提取单个图片

本实例的原始文件和最终效果所在位置如下。	
原始文件	素材\原始文件\02\提取图片.docx
最终效果	素材\最终效果\02\松鼠.jpg

① 打开本实例的原始文件，在要保存的图片上单击鼠标右键，从弹出的快捷菜单中选择【另存为图片】菜单项。

❷ 弹出【保存文件】对话框，在【文件名】
文本框中输入"松鼠"，然后单击 保存(S)
按钮即可。

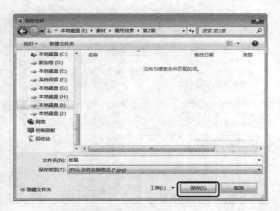

2. 批量提取图片

将文档中的图片保存为网页格式，可以
批量提取图片，具体的操作步骤如下。

本实例的原始文件和最终效果所在位置如下。	
原始文件	素材\原始文件\02\提取图片.docx
最终效果	素材\最终效果\02\图片.files

❶ 打开本实例的原始文件，单击 文件 按钮，
从弹出的下拉列表中选择【另存为】选
项，或者按下【F12】键。

❷ 弹出【另存为】对话框，在【保存类型】
下拉列表中选择【网页（*.htm；*.html）】，
在【文件名】文本框中输入"图片"，然
后单击 保存(S) 按钮即可。

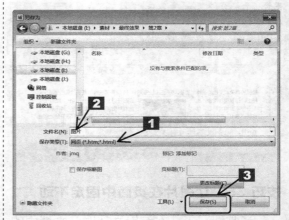

❸ 在保存图片的位置找到"图片.files"文
件夹，双击将其打开即可看到从文档中
提取的所有图片。

技巧 37 将图片裁剪成异形

对于插入文档中的图片，用户可以根据需要对其进行裁剪，或者将其裁剪为其他形状。

本实例的原始文件和最终效果所在位置如下。		
	原始文件	素材\原始文件\02\将图片裁剪成异形.docx
	最终效果	素材\最终效果\02\将图片裁剪成异形1.docx

❶ 打开本实例的原始文件，选中要裁剪的图片，在【图片工具】栏中，切换到【格式】选项卡，在【大小】组中单击【裁剪】按钮，从弹出的下拉列表中选择【裁剪】选项。

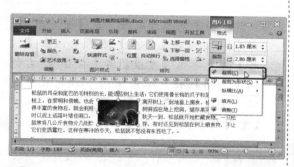

❷ 此时在图片的周围显示了多个黑色框线，然后使用鼠标拖动，将其裁剪到合适的大小，然后按下【Enter】键即可。

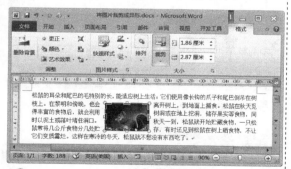

❸ 重新选中图片，在【图片工具】栏中，切换到【格式】选项卡，在【大小】组中单击【裁剪】按钮，从弹出的下拉列表中选择【裁剪为形状】选项，在弹出的下拉列表框中选择【椭圆】选项。

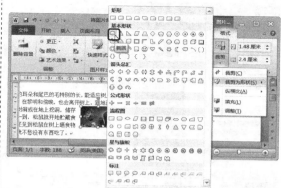

❹ 设置后的效果如图所示。

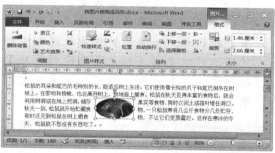

提示

此处将图片裁剪为椭圆形，并不是真正的对图形进行裁剪，只是对其变形了。

技巧 38 "删除"图片背景

有时在 Word 文档中插入的是固定形状的图片，看起来很呆板，不美观，用户可以将图片的背景设置为透明。

本实例的原始文件和最终效果所在位置如下。		
	原始文件	素材\原始文件\02\"删除"图片背景.docx
	最终效果	素材\最终效果\02\"删除"图片背景1.docx

❶ 打开本实例的原始文件，在【图片工具】栏中，切换到【格式】选项卡，在【调整】组中单击【删除背景】按钮。

❷ 图中紫色为选中的区域，用户可以适当调整一下图中的边框，如果图片中有未选中的区域，可以单击【标记要保留的区域】按钮；如果图片中有过度选中的区域，可以单击【标记要删除的区域】按钮；如果有标记错误的地方，可以单击【删除标记】按钮。

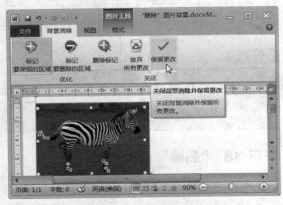

❸ 修正完要删除背景的范围后，单击【保留更改】按钮，或者按下【Enter】键即可。

技巧 39　快速还原图片

　　在 Word 文档中，当对图片进行了裁剪、调整大小及删除背景等操作后，若想将图片还原到初始的状态，可以按照以下步骤操作。

本实例的原始文件和最终效果所在位置如下。	
原始文件	素材\原始文件\02\快速还原图片.docx
最终效果	素材\最终效果\02\快速还原图片1.docx

❶ 打开本实例的原始文件，在【图片工具】栏中，切换到【格式】选项卡，在【调整】组中单击【重设图片】按钮右侧的下三角按钮，从弹出的下拉列表中选择【重设图片】选项，用户也可以选择【重设图片和大小】选项。

❷ 此时图片即可回到初始状态。

技巧 40　快速复制图片

对于图片，除了使用【Ctrl】+【C】和【Ctrl】+【V】组合键复制粘贴外，用户还可以使用【Ctrl】+【D】组合键快速复制图片。

本实例的素材文件、原始文件和最终效果所在位置如下。	
素材文件	素材\素材文件\02\06.jpg
原始文件	素材\原始文件\02\快速复制图片.docx
最终效果	无

1.　复制嵌入式图片

打开本实例的原始文件，默认插入文档的图片是嵌入式的，选中图片，按下【Ctrl】+【D】组合键，此时复制的图片的文字环绕方式仍是嵌入式的，不能任意移动。

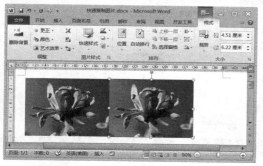

2.　复制非嵌入式图片

打开本实例的原始文件，将图片的文字环绕方式设置为四周型、紧密型等非嵌入式，然后按下【Ctrl】+【D】组合键，此时复制的图片的文字环绕方式是非嵌入式的，可以将其移到合适的位置。

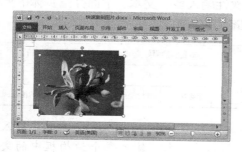

技巧 41　用 SmartArt 制作公司组织结构图

在 Word 2010 中，为了使文字之间的关联表示得更加清晰，用户可以使用配有文字的图形，而使用 SmartArt 图形，可以制作出更加美观的结构图。

本实例的原始文件和最终效果所在位置如下。	
原始文件	无
最终效果	素材\最终效果\02\公司组织结构图.docx

❶新建一个空白 Word 文档，切换到【插入】选项卡，在【插图】组中单击 SmartArt 按钮。

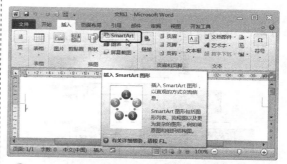

❷弹出【选择 SmartArt 图形】对话框，切换到【层次结构】选项卡，选择【姓名和职务组织结构图】，同时在右侧显示其预览效果及相应的说明信息，然后单击 确定 按钮。

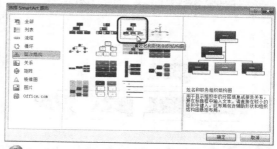

❸此时即可在文档中插入所选择的结构图，然后在相应的结构框中输入文本。

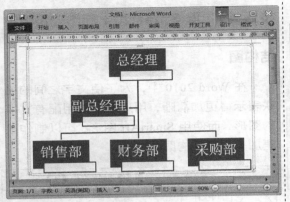

④ 如果结构框的数量不够，用户可以添加结构框到指定的位置，这里在【采购部】结构框上单击鼠标右键，从弹出的快捷菜单中选择【添加形状】➤【在后面添加形状】菜单项。

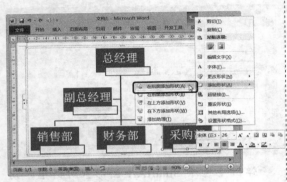

⑤ 此时即可在【采购部】后面添加一个结构框，并输入文本"行政部"。

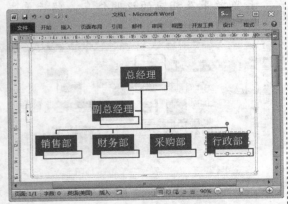

⑥ 在【SmartArt 工具】栏中，切换到【设计】选项卡，用户可以选择需要的布局类型、

颜色及 SmartArt 样式等。

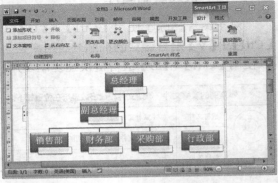

⑦ 用户也可以选择某个结构框，在【SmartArt 工具】栏中，切换到【格式】选项卡，在【形状】和【形状样式】组中进行相应的设置。

技巧 42　快速制作组织结构图

　　前面介绍了使用 SmartArt 制作公司组织结构图的方法，用户在结构框中是依次输入文本，如果结构图中的结构框比较多，依次输入文本会比较麻烦，用户可以尽可能多的一次性输入多个文本，下面介绍具体的操作步骤。

本实例的原始文件和最终效果所在位置如下。		
◎	原始文件	无
	最终效果	素材\最终效果\02\快速制作组织结构图.docx

① 新建一个空白 Word 文档，在其中输入要添加的文本，输入每个结构框中的文本时，按下【Enter】键分行，然后插入一

个【姓名和职务组织结构图】类型的
SmartArt 图形。

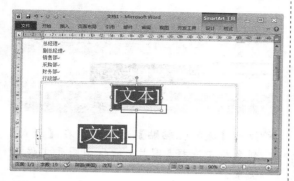

❷ 选中输入的文本，按下【Ctrl】+【C】组
合键复制该文本，接着选中插入的
SmartArt 图形，在【SmartArt 工具】栏中，
切换到【设计】选项卡，在【创建图形】
组中单击 文本窗格 按钮，弹出【在此处键
入文字】窗格。

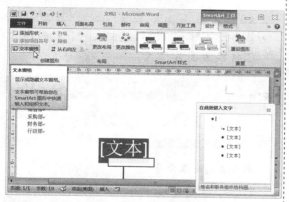

❸ 用户可以将内置的空文本框都删除，然后
按下【Ctrl】+【C】组合键粘贴所复制的
文本。

❹ 用户可以根据需要对结构框进行升级或
降级操作，这里分别选中"销售部"、"采
购部"、"财务部"和"行政部"，然后在
【创建图形】组中单击 降级 按钮。

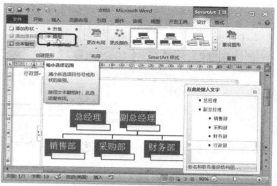

❺ 由于"副总经理"结构框无法通过升降级
来实现，这里将其删除，此时"销售部"
结构框自动升级，用户可以在【在此处
键入文字】窗格中，将光标定位到"销
售部"中，单击 降级 按钮。

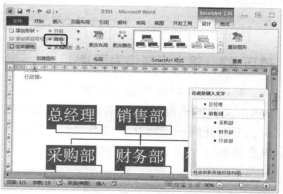

❻ 关闭【在此处键入文字】窗格，在"总经
理"结构框上单击鼠标右键，从弹出的
快捷菜单中选择【添加形状】➤【添加助
理】菜单项。

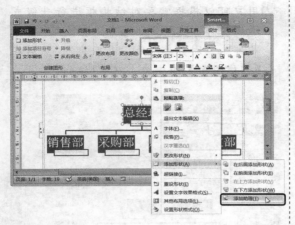

⑦在助理结构框上输入"副总经理"即可。

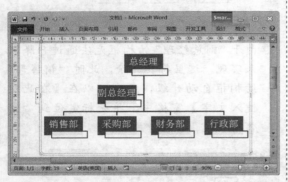

技巧 43 将文字转换为图片

有时候用户由于某些特殊原因需要将 Word 文件的全部内容或部分文字转化为图片,下面介绍一下将文字转换为图片的具体操作步骤。

本实例的原始文件和最终效果所在位置如下。	
原始文件	素材\原始文件\02\将文字转换为图片.docx
最终效果	素材\最终效果\02\将文字转换为图片1.docx

❶打开本实例的原始文件,切换到【开始】选项卡,在【剪贴板】组中单击【粘贴】按钮▼,从弹出的下拉列表中选择【选择性粘贴】选项。

❷弹出【选择性粘贴】对话框,在【形式】列表框中选择【图片(增强型图元文件)】选项。

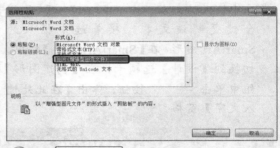

❸单击 确定 按钮返回文档,此时图片已转换为图片形式。

技巧 44 旋转图片

在 Word 中,用户还可以对插入的图片进行自由的旋转,以便用户从不同的角度观察图片。具体的操作步骤如下。

本实例的原始文件和最终效果所在位置如下。	
原始文件	素材\原始文件\02\旋转图片.docx
最终效果	无

❶打开本实例的原始文件,选中图片,此时图片的上方会出现一个绿色的小圆点,

把鼠标指针移到此圆点上,鼠标指针会变成环形箭头状 "↻",按住鼠标左键并拖动鼠标即可任意旋转图片。

❷ 用户也可以根据需要运用功能区的命令来旋转图片。在【图片工具】栏中,切换到【格式】选项卡,在【排列】组中单击 旋转 按钮,根据需要从弹出的下拉列表中选择合适的选项即可。

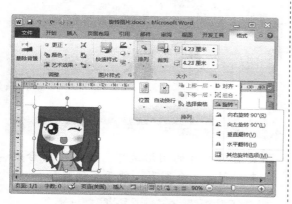

技巧 45 运用 Word 绘制各种图形

在 Word 中用户不仅可以绘制固定形状的图形,还可以运用自己丰富的想象力绘制出其他各种形状的图形,下面以绘制一个戴帽子的僵尸为例介绍在 Word 中绘图的技巧。

本实例的原始文件和最终效果所在位置如下。		
◎	原始文件	无
	最终效果	素材\最终效果\02\绘制图片.docx

❶ 新建一个空白 Word 文档,切换到【插入】选项卡,在【插图】组中单击【形状】按钮,从弹出的下拉列表中选择【圆角矩形】选项。

❷ 此时鼠标指针呈 "十" 形状显示,然后在文档中绘制出一个大小合适的圆角矩形。

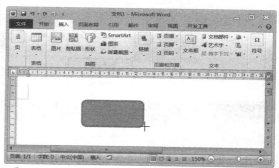

❸ 在此形状上单击鼠标右键,从弹出的快捷菜单中选择【编辑顶点】菜单项。

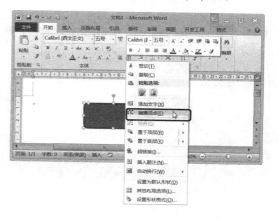

④ 将鼠标指针移至该图形的左下角，待其呈
"✛" 形状时，向左下拖动鼠标即可。

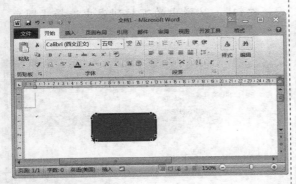

⑤ 用户也可以先添加一个顶点，再拖动鼠
标。在图形上要添加顶点的位置单击鼠
标右键，从弹出的快捷菜单中选择【添
加顶点】菜单项。

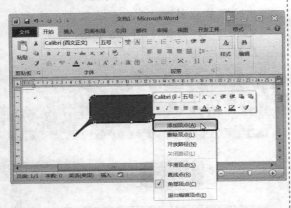

⑥ 此时即可插入一个顶点，将鼠标指针移至
该图形的左下角，待其呈 "✛" 形状时，
拖动鼠标形成另一个帽沿。

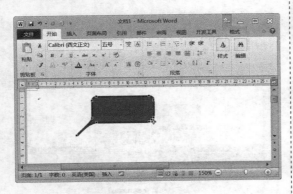

⑦ 接着在文档中绘制一个圆形或椭圆形，在
此形状上单击鼠标右键，从弹出的快捷
菜单中选择【编辑顶点】菜单项。

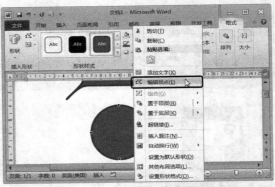

⑧ 用户根据实际情况拖动鼠标画出僵尸的
脸型，然后在文档中绘制 3 个圆形，并
用鼠标拖动出眼睛和嘴巴。

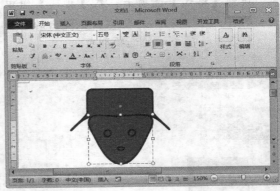

⑨ 最后将所有的图形选中，并将其组合起
来，形成一个图形，便于整体移动。

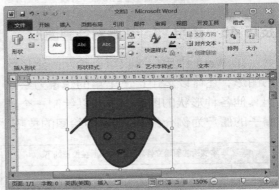

第3章
页面设置与打印

在公司办公的过程中，经常需要对相关的文档页面进行设置和打印，以方便用户浏览阅读，提高工作效率。

要 点 导 航

- 设置文本框链接
- 使用阅读版式
- 对文档进行并排比较

技巧 1　设置文本框链接

　　用户在编辑文档或制作报刊时，经常要插入文本框，并输入相应的内容。如果一个文本框容纳不了所输入的内容，用户往往会在插入另一个文本框，接着输入内容，此时一旦其中某个文本框的内容要改变，用户要手动修改另一个文本框中的内容，比较麻烦。

　　这里用户可以使用 Word 提供的设置文本框链接的功能来解决，该功能可以将两个或两个以上的文本框链接起来，链接后的所有文本框作为一个整体，当内容在一个文本框中容纳不了时，会自动移动到与该文本框有链接的其他文本框中；当其中的某个文本框的内容发生改变时，其他文本框中的内容也会跟着改变。具体的操作方法如下。

❶新建一个空白 Word 文档，在文档的合适位置绘制 3 个大小合适的文本框。

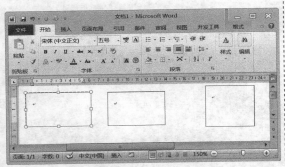

❷将光标定位到第一个文本框中，在【绘图工具】栏中，切换到【格式】选项卡，在【文本】组中单击 创建链接 按钮。

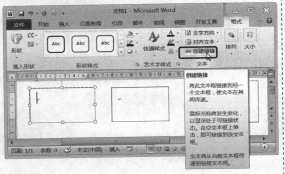

❸此时鼠标指针呈 "🔳" 形状显示。

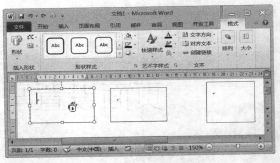

❹将鼠标指针移至第二个文本框，鼠标指针呈 "🔳" 形状显示时单击鼠标左键即可创建链接。

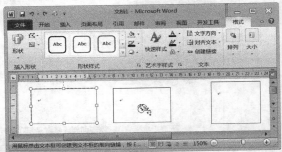

❺按照同样的方法，用户选中第二个文本框，在【文本】组中单击 创建链接 按钮，创建与第三个文本框的链接，依次类推可以创建多个文本框之间的链接。

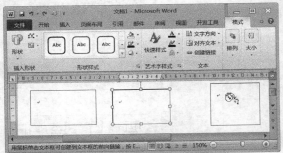

提示

　　创建文本框链接的所有文本框中，用户只能将光标定位于第一个文本框并在其中输入并编辑文本，其他文本框只能被选中而不能在其中输入并编辑文本。

❻如果用户要取消文本框链接,可以选中已创建文本框链接的文本框,然后在【文本】组中单击 断开链接 按钮即可。

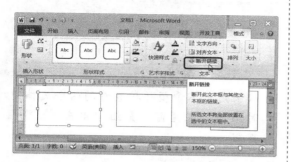

提示

　　在文档中绘制的横排文本框和竖排文本框不能直接建立链接,如果按照前面介绍的方法建立链接,系统会弹出【Microsoft Word】提示对话框。

技巧 2　使用阅读版式

　　阅读版式视图不仅隐藏了不必要的工具栏,最大可能地增大了窗口,还将文档分为两栏,有效地提高了文档的可读性。

　　下面介绍几种使用阅读版式的方法。

本实例的原始文件和最终效果所在位置如下。	
原始文件	素材\原始文件\03\行政管理制度手册.docx
最终效果	无

1.　【阅读版式视图】按钮

❶打开本实例的原始文件,在任务栏中单击【阅读版式视图】按钮。

❷此时切换到阅读版式视图方式。

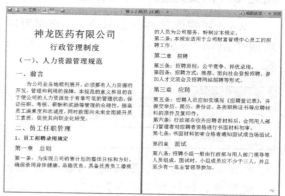

❸按下【Ctrl】+【F】组合键,弹出文档导航窗格,在里面能看到每一页的预览情况,单击右上角的 关闭 按钮即可返回原来的文档视图。

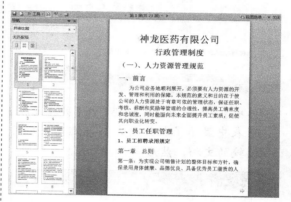

2.　使用功能区命令

　　打开本实例的原始文件,切换到【视图】选项卡,在【文档视图】组中单击【阅读版式视图】按钮。

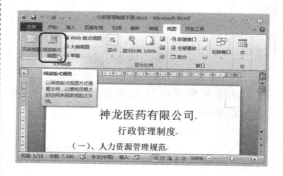

技巧 3　对文档进行并排比较

Word 还提供了并排比较功能，方便用户对两个或两个以上文档的内容进行比较查看。

本实例的原始文件和最终效果所在位置如下。	
原始文件	素材\原始文件\03\收条.docx、收条 1.docx
最终效果	无

❶ 打开本实例的两个原始文件，在任意一个文档中，切换到【视图】选项卡，在【窗口】组中单击【并排查看】按钮。

❷ 弹出【并排比较】对话框，在【并排比较】列表中显示了打开的文档，选择要进行比较的文档，然后单击【确定】按钮。

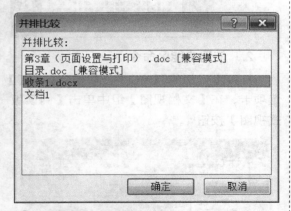

❸ 此时两个要比较的文档并排显示出来，拖动其中一个文档的滚动条，可以同时控制两个文档内容的显示。

❹ 如果用户不希望并排查看的两个文档同时滚动，在【窗口】组中单击【同步滚动】按钮。

技巧 4　保存自定义页面设置

在 Word 2010 中新建空白文档的页面设置默认是 A4 纸张，上、下页边距均为 2.54 厘米，左、右页边距为 3.17 厘米，如果用户希望自定义一个页面设置，可以将其保存为模板，以便以后使用。

❶ 新建一个空白 Word 文档，切换到【页面布局】选项卡，单击【页面设置】组右下角的【对话框启动器】按钮。

❷ 弹出【页面设置】对话框，切换到【页边距】选项卡，设置上、下页边距均为 2.5

厘米，左、右页边距为 2 厘米，然后单击
设为默认值(D) 按钮。

3 弹出【Microsoft Word】提示对话框，然
后单击 是(Y) 按钮，再单击 确定
按钮即可。

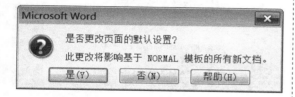

技巧 5　快速将页面设置传递到新文档

除了使用模板将自定义的页面设置传
递到新文档外，用户还可以通过以下几种方
法快速将页面设置传递到新文档，这里以将
"文档 1"中的页面设置传递到"文档 2"为
例进行介绍。

1. 传递全部页面设置项目

如果用户要将"文档 1"中全部页面设
置项目传递到"文档 2"中，可以按照如下
方法操作。

首先，打开"文档 1"，按下【Ctrl】+
【A】组合键，全选"文档 1"中的所有内容，
按下【Delete】键将其删除，然后将"文档 1"
另存为"文档 2"，最后在"文档 2"中输入
相应的内容即可。

2. 只传递页边距

如果只将"文档 1"中的页边距传递到
"文档 2"中，Word 2010 提供了记忆上次保
存的页边距的功能，用户直接运用即可。具
体的操作步骤如下。

1 新建一个空白 Word，切换到【页面布局】
选项卡，单击【页面设置】组右下角的
【对话框启动器】按钮 。

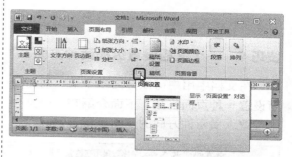

2 弹出【页面设置】对话框，切换到【页边
距】选项卡，设置上、下页边距均为 2
厘米，左、右页边距为 1.5 厘米，然后单
击 确定 按钮。

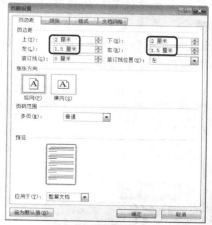

3 按下【Ctrl】+【N】组合键，新建一个空
白 Word "文档 2"，切换到【页面布局】
选项卡，单击【页面设置】组中单击【页
边距】按钮 ，从弹出的下拉列表框中选
择【上次的自定义设置】选项，此时"文
档 2"自动应用了"文档 1"中的页边距。

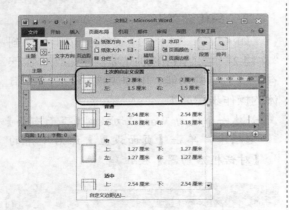

技巧6　一个文档设置纵横两种方向

在文档中用户可以分为多个节，对每一节设置一种页面格式，下面介绍在一个文档中设置纵横两种方向的具体操作步骤。

本实例的原始文件和最终效果所在位置如下。	
原始文件	素材\原始文件\03\行政管理制度手册.docx
最终效果	素材\最终效果\03\行政管理制度手册 1.docx

❶ 打开本实例的两个原始文件，将光标定位于第二页页首位置，切换到【页面布局】选项卡，单击【页面设置】组右下角的【插入分页符和分节符】按钮，从弹出的下拉列表框中选择【下一页】选项。

❷ 按照同样的方法，将光标定位于第三页页首位置，单击【页面设置】组右下角的【插入分页符和分节符】按钮，从弹出的下拉列表框中选择【下一页】选项。

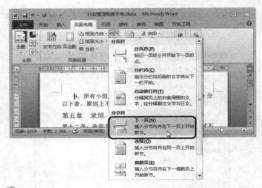

❸ 将光标定位于第二页，切换到【页面布局】选项卡，单击【页面设置】组中的 纸张方向 按钮，从弹出的下拉列表中选择【横向】选项。

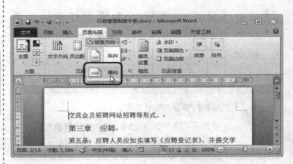

❹ 将文档页面的显示比例缩小到 50%，效果如图所示。

提示

这里仅将第二页设置为横向，因此要将第二页设置为独立的一个小节，即在第三页也插入一个分节符，否则将光标定位于第二页，设置纸张方向为横向时，第二页及其以下的页面都变为横向了。

技巧 7 设置页面文字垂直居中

在文档的首页，用户经常要将页面中的文字、文本框等设置为垂直居中，下面介绍两种设置页面文字垂直居中。

	本实例的原始文件和最终效果所在位置如下。
原始文件	无
最终效果	素材\最终效果\03\页面文字垂直居中.docx

1. 设置节中的文字垂直居中

首先要将要设置文字垂直居中的页面置于独立的一个节中，下面介绍其具体的操作步骤。

❶新建一个空白 Word 文档，输入文本"神龙医药有限公司"，将光标定位于文本的结束位置，然后按下【Enter】键插入一个空白段落。切换到【页面布局】选项卡，单击【页面设置】组右下角的【插入分页符和分节符】按钮，从弹出的下拉列表框中选择【下一页】选项。

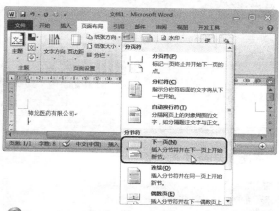

❷按下【Ctrl】+【Home】组合键，将光标定位到文档的起始位置，切换到【页面布局】选项卡，单击【页面设置】组右下角的【对话框启动器】按钮。

❸弹出【页面设置】对话框，切换到【版式】选项卡，在【垂直对齐方式】下拉列表中选择【居中】选项，在【应用于】下拉列表中选择【本节】选项，然后单击 确定 按钮即可将节中顶点文字垂直居中。

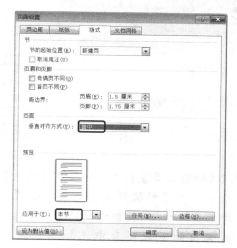

2. 设置文本框垂直居中

将内容以文本框的形式插入到文档中，然后设置文本框相对于页面上下居中的对齐方式也可以将内容设置为垂直居中，具体的操作步骤如下。

❶新建一个空白 Word 文档，输入文本"神龙医药有限公司"，并选中该文本，然后切换到【插入】选项卡，在【文本】组中单击【文本框】按钮，从弹出的下拉列表中选择【绘制文本框】选项，系统将自动为所选文本创建一个文本框。

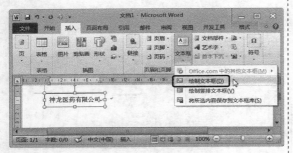

❷ 在【绘图工具】栏中，切换到【格式】选项卡，在【排列】组中单击 对齐 按钮，从【对齐页面】选项，接着再次单击 对齐 按钮，从弹出的下拉列表中选择【上下居中】选项。

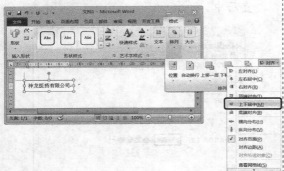

❸ 在【绘图工具】栏中，切换到【格式】选项卡，在【形状样式】组中单击【形状轮廓】按钮 按钮右侧的下三角按钮，从弹出的下拉列表中选择【无轮廓】选项即可。

技巧 8　添加彩色背景和图片背景

为了使文档更加美观，用户可以为其添加背景图案，Word 提供的背景有渐变、图案、图片、纯色以及纹理等，其中渐变、图案、图片和纹理可以以平铺或者重复的方式填充整个页面。另外用户还可以插入自己设置的背景图片。

具体的操作步骤如下。

1.　添加纯色

本实例的原始文件和最终效果所在位置如下。		
	原始文件	素材\原始文件\03\会议通知.docx
	最终效果	素材\最终效果\03\会议通知 1.docx

❶ 打开本实例的原始文件，切换到【页面布局】选项卡，在【页面背景】组中单击 页面颜色 按钮，从弹出的下拉列表中选择一种合适的颜色，这里选择【橄榄色，强调文字颜色 3，淡色 60%】选项。

❷ 设置后的效果如图所示。

2. 填充效果

	本实例的原始文件和最终效果所在位置如下。	
	原始文件	素材\原始文件\03\会议通知.docx
	最终效果	素材\最终效果\03\会议通知 2.docx

① 打开本实例的原始文件，切换到【页面布局】选项卡，在【页面背景】组中单击 页面颜色 按钮，从弹出的下拉列表中选择【填充效果】选项。

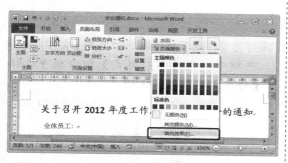

② 弹出【填充效果】对话框，切换到【纹理】选项卡，可以在【纹理】列表框中选择【花束】纹理图案，然后单击 确定 按钮。

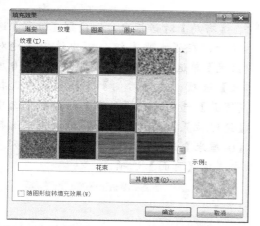

③ 返回文档中，即可看到背景效果。填充图案、图片的方法与上述方法类似，这里不再赘述。

3. 填充渐变

	本实例的原始文件和最终效果所在位置如下。	
	原始文件	素材\原始文件\03\会议通知.docx
	最终效果	素材\最终效果\03\会议通知 3.docx

① 打开本实例的原始文件，按照前面介绍的方法打开【填充效果】对话框，切换到【渐变】选项卡，在【颜色】组合框中单击【双色】单选钮，在【颜色 1(1):】下拉列表中选择【橙色】选项，在【颜色 2(2):】下拉列表中选择【浅绿】选项，在【底纹样式】组合框中选中【斜上】单选钮，在【变形】组合框中选择第一个变形样式。

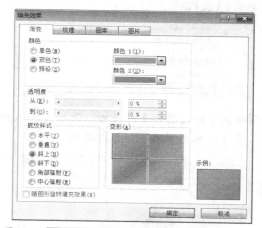

② 单击 确定 按钮返回文档，此时文档的背景颜色变为刚才设置的效果。

4. 插入背景

本实例的素材文件、原始文件和最终效果所在位置如下。	
素材文件	素材\素材文件\03\01.jpg
原始文件	素材\原始文件\03\会议通知.docx
最终效果	素材\最终效果\03\会议通知 4.docx

❶ 打开本实例的原始文件，切换到【插入】
选项卡，在【插图】组中单击【图片】
按钮 。

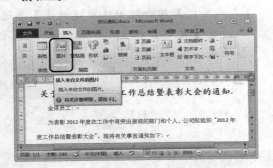

❷ 弹出【插入图片】对话框，选择要插入的
图片，然后单击 插入(S) 按钮。

❸ 返回到文档中，此时已经将图片插入到文
档中，在【图片工具】栏中，切换到【格
式】选项卡，单击【大小】组右下角的
【对话框启动器】按钮 。

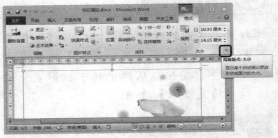

❹ 弹出【布局】对话框，切换到【文字环绕】
选项卡，在【环绕方式】组合框中选择
【衬于文字下方】选项。

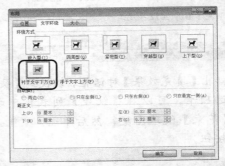

❺ 在【布局】对话框中，切换到【位置】选
项卡，在【水平】组合框中选中【绝对
位置】单选钮，并在微调框中选择【0 厘
米】选项，在【右侧】下拉列表中选择
【页面】选项。在【垂直】组合框中选中
【绝对位置】单选钮，并在微调框中选择
【0 厘米】选项，在【下侧】的下拉列表
中选择【页面】选项。

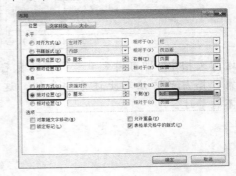

提示

　　默认插入文档的图片是嵌入型的，此时打开【布局】对话框，切换到【位置】选项卡，用户会发现所有的命令都不可用，因此要设置图片的位置必须要将图片的文字环绕方式设置为除嵌入型以外的文字环绕方式。

❻ 在【布局】对话框中，切换到【大小】选项卡，在【高度】和【宽度】微调框中分别输入"29.7 厘米"和"21 厘米"，在【缩放】组合框中撤选【锁定纵横比】复选框，

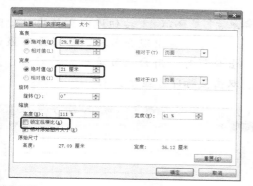

提示

　　在插入图片背景之前，用户要切换到【页面布局】选项卡，单击【页面设置】组右下角的【对话框启动器】按钮 ，在弹出的【页面设置】对话框中切换到【纸张】选项卡，查看页面的【宽度】和【高度】值。

❼ 单击 确定 按钮返回文档即可看到设置的效果。

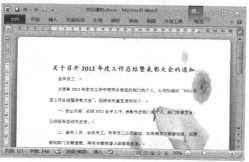

技巧 9　设置不同格式的页码

　　用户可以根据文档页面的实际情况，为文档设置不同格式的页码，例如用户可以为文档的目录和正文分别设置不同格式的页码，下面介绍具体的操作步骤。

本实例的原始文件和最终效果所在位置如下。		
	原始文件	素材\原始文件\03\行政管理制度手册 2.docx
	最终效果	素材\最终效果\03\行政管理制度手册 3.docx

❶ 打开本实例的原始文件，双击页脚区域，在【页眉和页脚工具】栏中，切换到【设计】选项卡，在【页眉和页脚】组中单击 页码 按钮，从弹出的下拉列表中选择【设置页码格式】选项。

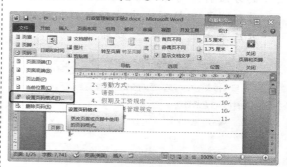

❷ 弹出【页码格式】对话框，在【编号格式】下拉列表中选择大写罗马数字，然后单击 确定 按钮。

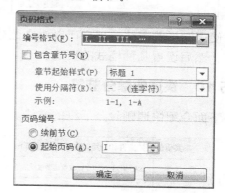

❸ 此时即可在文档的所有页面插入大写罗马数字，关闭页眉和页脚，然后将光标定位于目录的末尾，切换到【页面布局】选项卡，单击【页面设置】组右下角的

【插入分页符和分节符】按钮，从弹出的下拉列表框中选择【下一页】选项。

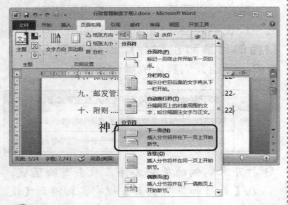

④此时在目录和文档之间插入了一个分节符，双击正文的页脚处，按照前面同样的方法打开【页码格式】对话框，在【编号格式】下拉列表中选择阿拉伯数字，然后单击 确定 按钮。

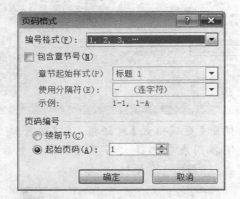

使用同样的方法，用户可以对文档分几个节，然后设置几种格式的页码。

技巧 10　快速删除分节符

下面介绍快速删除分节符的方法。

	本实例的原始文件和最终效果所在位置如下。	
	原始文件	素材\原始文件\03\行政管理制度手册 3.docx
	最终效果	素材\最终效果\03\行政管理制度手册 4.docx

①打开本实例的原始文件，单击 文件 按钮，从弹出的下拉列表中选择【选项】选项，

弹出【Word 选项】对话框，切换到【显示】选项卡，在【始终在屏幕上显示这些格式标记】组合框中撤选【显示所有格式标记】复选框。

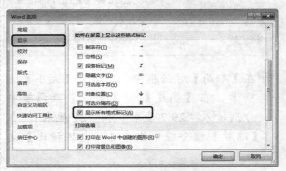

②单击 确定 按钮返回文档中，此时在文档中会出现分节符，如果没有显示出分节符，用户在目录后面的空白位置双击鼠标即可显示出来。

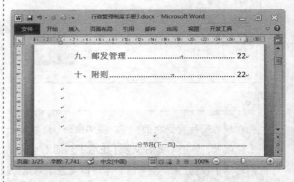

③用户选中该分节符，按下【Delete】键即可将其删除。如果选不中该分节符，用户可以将光标定位到目录的末尾，然后按下【Delete】键即可。

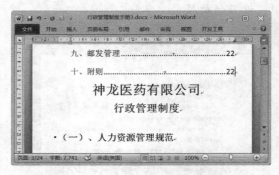

技巧 11　快速制作封面

　　Word 2010 提供了多种封面样式，为用户提供了极大的方便，用户可以根据实际情况选择合适的封面样式。

本实例的原始文件和最终效果所在位置如下。	
原始文件	无
最终效果	素材\最终效果\03\制作封面.docx

❶新建一个空白 Word 文档，切换到【插入】选项卡，在【页】组中单击 封面 按钮，从弹出的下拉列表中选择【奥斯汀】选项。

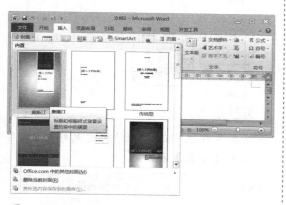

❷此时即可在文档中显示插入的封面样式。

　　如果用户对插入的封面样式不满意，可以在【页】组中单击 封面 按钮，从弹出的下拉列表中选择【删除当前封面】选项，用户可以在内置库或者 Office.com 中寻找合适的封面，用户也可以自行设计一个封面，然后将其保存到封面库中，以方便以后使用。

技巧 12　设置间隔为 5 的行号

　　用户可以为文档的每一页或每一节设置独立的行号，也可以为整篇文档设置连续的行号，下面介绍设置间隔为 5 的行号的操作方法。

本实例的原始文件和最终效果所在位置如下。	
原始文件	素材\原始文件\03\行政管理制度手册.docx
最终效果	素材\最终效果\03\行政管理制度手册 5.docx

❶打开本实例的原始文件，切换到【页面布局】选项卡，在【页面设置】组中单击【行号】按钮，从弹出的下拉列表中选择【行编号选项】选项。

❷弹出【页面设置】对话框，切换到【版式】选项卡，单击 行号(N)... 按钮。

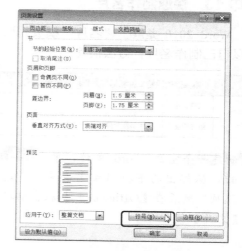

❸弹出【行号】对话框，选中【添加行号】复选框，在【行号间隔】微调框中输入"5"，选中【连续编号】单选钮。

❹依次单击 ▢确定 按钮返回文档中，即可看到设置间隔为 5 的行号的文档。

技巧 13　快速制作名片

　　Word 2010 提供了"名片"模板，用户可以自己制作名片，方法很简单。

本实例的原始文件和最终效果所在位置如下。	
原始文件	无
最终效果	素材\最终效果\03\制作名片.docx

❶新建一个空白 Word 文档，单击 文件 按钮，从弹出的下拉列表中选择【新建】选项，然后在【Office.com 模板】中单击【名片】按钮 。

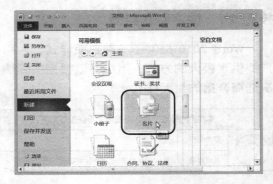

❷在弹出的窗口中单击【用于打印】按钮 。

❸从名片模板中选择一种合适的模板，然后单击【下载】按钮 。

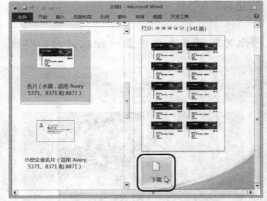

❹此时系统自动将下载的名片模板存放在一个新建的"文档 2"中，用户在文档中输入相应的个人及公司信息即可。

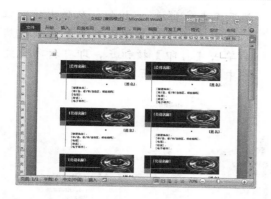

技巧 14　打印文档的部分内容

由于用户的某些特殊需要，例如查看一下打印效果等，往往需要选择打印文档的部分内容，例如一段或一页等。Word 中可以打印部分文档内容，常见的有打印当前页面、所选内容等，具体的操作步骤如下。

	本实例的原始文件和最终效果所在位置如下。
原始文件	素材\原始文件\03\行政管理制度手册.docx
最终效果	无

1.　打印当前页面

单击 文件 按钮，从弹出的下拉列表中选择【打印】选项，然后单击 打印所有页/打印整个文档 按钮，从弹出的下拉列表中选择【打印当前页面】选项，然后单击【打印】按钮。

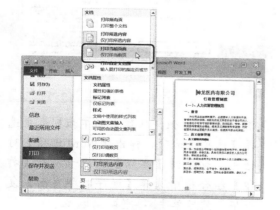

2.　打印文档页面中的部分内容

单击 文件 按钮，从弹出的下拉列表中选择【打印】选项，然后单击 打印所有页/打印整个文档 按钮，从弹出的下拉列表中选择【打印所选内容】选项，然后单击【打印】按钮。

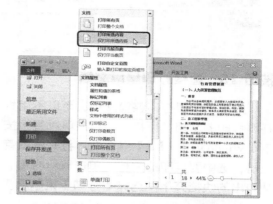

3.　打印文档中的部分页面

按照前面介绍的方法打开打印窗口，在【页数】文本框中输入要打印页面的页码或者页码范围。

如果是不连续的某几页，例如第 1 页、第 3 页、第 5 页，可以在文本框中输入"1，3，5"，中间用逗号隔开；如果是打印连续的几页内容，例如第 3 页到第 4 页，可以在文本框中输入"3-4"；如果是中间有间断的，例如打印第 1 到 3 页和第 7 到 9 页的内容，可以输入"1-3，7-9"，中间用逗号隔开；如果是打印某节内的某页，可以输入"p3s5"，表示第 5 节的第 3 页；如果打印不连续的节，例如第 1 节和第 3 节，可以输入"s1，s3"。

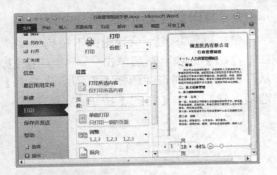

技巧 15 直接打印整篇文档

如果用户要打印整篇文档，可以不用打开要打印的文档，再打印。用户可以直接按下【Windows】+【E】组合键，打开资源管理器，选中要打印的文档，单击鼠标右键，从弹出的快捷菜单中选择【打印】菜单项。

技巧 16 文档的双面打印

使用双面打印功能，不仅可以满足工作的特殊需要，还可以节省纸张。例如打印书籍、公司刊物等。

设置双面打印的具体步骤如下。

本实例的原始文件和最终效果所在位置如下。	
原始文件	素材\原始文件\03\行政管理制度手册.docx
最终效果	无

1. 奇偶页打印

❶ 打开本实例的原始文件，单击 文件 按钮，从弹出的下拉列表中选择【打印】选项，

然后单击 按钮，从弹出的下拉列表中选择【仅打印奇数页】选项，然后单击【打印】按钮 ，即可打印出文档中的所有奇数页。

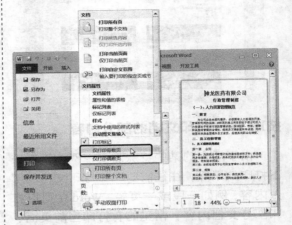

❷ 打印完奇数页后，将打印好的纸张从打印机中取出，然后将其放回到打印机中，接着按照同样的方法，单击 按钮，从弹出的下拉列表中选择【仅打印偶数页】选项。

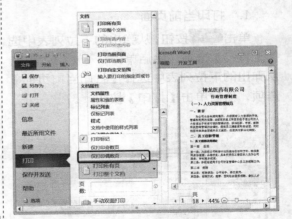

❸ 单击 文件 按钮，从弹出的下拉列表中选择【选项】选项，弹出【Word 选项】对话框，切换到【高级】选项卡，在【打印】组合框中选择【逆序打印页面】复选框，然后单击 确定 按钮。

提示

　　步骤 ④ 中设置【逆序打印页面】是因为打印偶数页时,必须将之前打印的奇数页 1、3、5、7……倒过来放,打印顺序应为……、6、4、2。

④ 单击【打印】按钮 🖶 ,即可打印出文档中的所有偶数页。

提示

　　当文档的总页数为奇数页时,如果打印机先打印偶数页,并打印完毕,那么最后一张纸的后面要补一张空白纸送进打印机打印奇数页,或者直接在 Word 文档中增加一张空白页。

2.　手动双面打印

① 打开本实例的原始文件,单击 文件 按钮,从弹出的下拉列表中选择【打印】选项,然后单击 打印所有页 打印整个文档 按钮,从弹出的下拉列表中选择【手动双面打印】选项,其他选项保持默认值不变,单击 🖶 按钮。

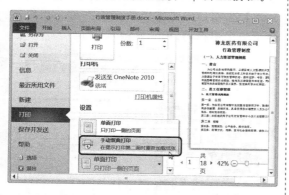

提示

　　如果用户单击 打印所有页 打印整个文档 按钮,在弹出的下拉列表中的【手动双面打印】选项呈灰色显示,用户可以单击 发送至 OneNote 2010 就绪 按钮,从弹出的下拉列表中选择一个合适的打印机即可。

② 此时弹出【Microsoft Word】对话框,然后单击 确定 按钮。

③ 用户将打印好的纸张翻转过来放在打印机的入口处,然后再次单击 🖶 按钮即可完成文档的双面打印。

技巧 17　打印文档附属信息

　　用户除了可以打印文档的全部内容外,还可以根据自己的需要打印文档的一些附属信息,这些附属信息包括文档属性、标记列表、样式、自动图文集输入和键分配。具体的操作步骤如下。

	本实例的原始文件和最终效果所在位置如下。
原始文件	素材\原始文件\03\行政管理制度手册.docx
最终效果	无

　　单击 文件 按钮,从弹出的下拉列表中选择【打印】选项,然后单击 打印所有页 打印整个文档 按钮,从弹出的下拉列表中选择要打印的文档附属信息。

技巧 18　打印背景色和图像

在默认情况下，编辑文档时设置的背景色和背景图是打印不出来的，需要用户单独进行设置。

本实例的原始文件和最终效果所在位置如下。	
原始文件	素材\原始文件\03\会议通知 3.docx
最终效果	无

打开本实例的原始文件，单击 文件 按钮，从弹出的下拉列表中选择【选项】选项，弹出【Word 选项】对话框，切换到【显示】选项卡，选中【打印背景色和图像】复选框，然后单击 确定 按钮。

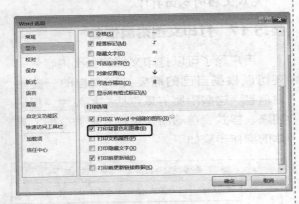

技巧 19　使用打印机的缩放功能

打印机的缩放功能可以将一种纸张尺寸的文档打印到另一种尺寸的纸张上，也可以将多页文档缩放到一页上。

本实例的原始文件和最终效果所在位置如下。	
原始文件	素材\原始文件\03\会议通知.docx
最终效果	无

1.　缩放至纸张大小

Word 文档默认的是 A4 的页面，用户在使用 Word 编辑文档时通常是在默认的设置下进行的，这样打印也是默认打印到 A4 的

纸张上效果。如果打印到不同型号的纸张上时，效果总是不能令人满意。

怎样才能在不需要更改排版样式的情况下打印到其他纸张类型上呢？这里以将 A4 页面的文档打印到 16 开的纸张上为例介绍其设置方法。

打开本实例的原始文件，单击 文件 按钮，从弹出的下拉列表中选择【打印】选项，单击 每版打印1页 缩放到14厘米×20.3... 按钮，从弹出的下拉列表中选择【缩放至纸张大小】➤【16 开（18.4×26 厘米）】选项，然后单击【打印】按钮 ，即可将 A4 页面的文档打印到 16 开的纸张上。

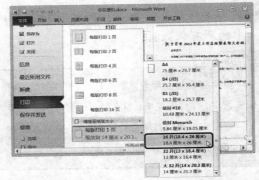

2.　多页缩放至一页

为了节省纸张或者携带方便，有时用户需要将文档的多个页面缩放至一页，具体的操作方法如下。

按照前面介绍的方法，单击 每版打印1页 缩放到14厘米×20.3... 按钮，从弹出的下拉列表中选择【每版打印 6 页】选项，即可将当前文档的每 6 页缩放至 1 页上进行打印。

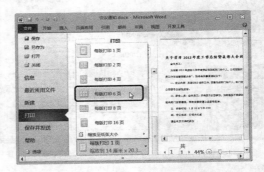

技巧 20　打印书籍小册子

用户有时会需要将 Word 文档打印成书籍小册子形式，装订起来方便阅览，可以使用 Word 2010 提供的"书籍折页"的功能来实现。下面以将 A4 纸的文档打印成 A5 尺寸的小册子为例介绍具体的操作步骤。

本实例的原始文件和最终效果所在位置如下。	
原始文件	素材\原始文件\03\行政管理制度手册 4.docx
最终效果	素材\原始文件\03\行政管理制度手册 7.docx

❶ 打开本实例的原始文件，切换到【页面布局】选项卡，单击【页面设置】组右下角的【对话框启动器】按钮。

❷ 弹出【页面设置】对话框，切换到【页边距】选项卡，用户可以根据需要适当调整页边距的大小，在【多页】下拉列表框中选择【书籍折页】选项，在【每册中页数】下拉列表框中选择【4】选项，Word 会自动将纸张方向设置为横向。

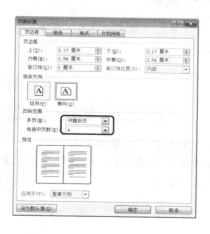

提示

在【每册中页数】下拉列表框中选择不同的选项可以得到不同装订方式的小册子。

（1）选"4"，得到[4 页一组]装订方式的小册子：即双面打印后把每一张纸都分别对折，然后叠在一起装订。适用于没有切纸机时，装订较厚的书籍。

（2）选"全部"，得到[杂志]样式装订的小册子：即双面打印后把所有纸张重叠并对折，就是按页码顺序排列的一本书。适用于不太厚的资料。

（3）选 8、12 等其他数字，得到[课本]样式装订的小册子。例如，选"20"：即双面打印后依次按顺序，把每 5 张纸（5×4=20 页）重叠并对折，然后把对折后的小册子再摞起来装订，就得到按页码顺序排列的一本书。适用于特别厚的书籍。

❸ 在【页面设置】对话框中，切换到【纸张】选项卡，这里保持系统默认的 A4 纸张不变，然后单击 确定 按钮。

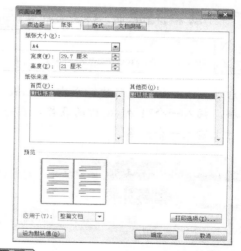

提示

用户可以选择自己需要的纸型，例如这里选择 A4 纸，设置好后在 Word 窗口中的页面视图自动以 1/2 的 A4 纸大小显示，与打印时 A4 纸一面打两版（2 页）页面内容相同，并不像普通情况下设置什么纸型就以什么纸型大小来显示视图。

④此时用户会发现 Word 文档的纸张大小变为原来的 1/2，页数变为原来的两倍。用户按照双面打印文档的方法打印书籍小册子即可。

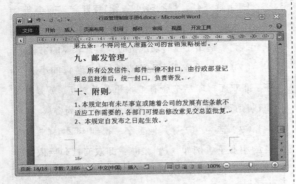

技巧 21　打印会议人员姓名台签

公司在开会之前，员工一般要将与会者的姓名做成台签放到会议桌上，一般台签的正反两面都要有与会者的姓名。下面介绍一下台签的制作过程。

本实例的原始文件和最终效果所在位置如下。	
原始文件	无
最终效果	素材\原始文件\03\姓名台签.docx

❶启动 Word 2010，新建一个空白 Word 文档，插入一个 1 列 6 行的表格，在每 1 行上输入一个姓名。

❷选中这一列按下【Ctrl】+【C】组合键，然后按下【Ctrl】+【V】组合键产生第二列。

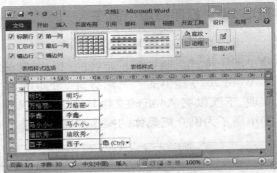

❸选中第一列，单击鼠标右键，从弹出的快捷菜单中选择【文字方向】菜单项，弹出【文字方向-表格单元格】对话框，选择纵向朝右类型，然后单击 确定 按钮。

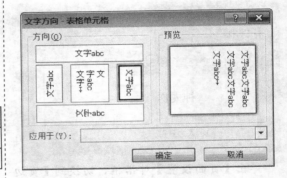

❹按照同样的方法，将第二列的文字方向设置为纵向朝左类型。

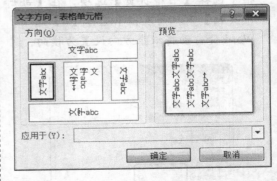

❺选中整个表格，单击鼠标右键，从弹出的快捷菜单中选择【单元格对齐格式】▶【中部居中】菜单项。

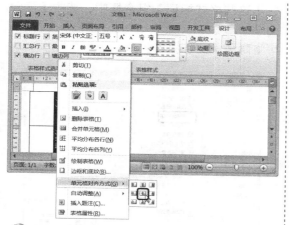

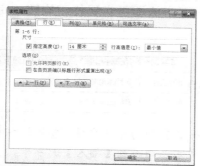

❻ 选中整个表格，单击鼠标右键，从弹出的快捷菜单中选择【表格属性】菜单项，在弹出的【表格属性】对话框中，切换到【行】选项卡，设置行高为 14cm，然后切换到【列】选项卡，设置列宽为 6cm。

❼ 单击 ［ 确定 ］ 按钮返回文档，接着全选表格，按下【Ctrl】+【]】组合键不放增大字号直到合适为止。为了方便查看，这里将文档的显示比例设置为 20%。

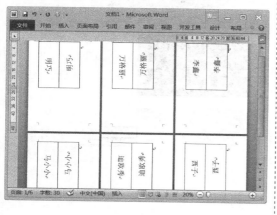

技巧 22　隐藏不需打印的部分文本

在 Word 打印过程中，用户有时候不想打印其中的某一部分文本，又不想把它删除，可以将其隐藏起来。

本实例的原始文件和最终效果所在位置如下。	
原始文件	素材\原始文件\03\行政管理制度手册.docx
最终效果	无

❶ 打开本实例的原始文件，切换到【开始】选项卡，单击【字体】组右下角的【对话框启动器】按钮。

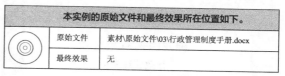

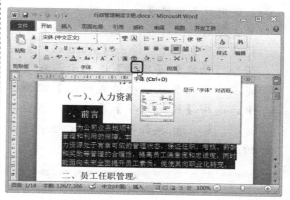

❷ 弹出【字体】对话框，切换到【字体】选项卡，在【效果】组合框中选中【隐藏】复选框。

❸单击 确定 按钮返回文档，即可看到所选中的文本已经隐藏起来了。

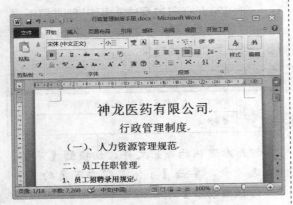

❹如果用户要将隐藏的文本显示出来，可以单击 文件 按钮，从弹出的下拉列表中选择【选项】选项，弹出【Word 选项】对话框，切换到【显示】选项卡，在【始终在屏幕上显示这些格式标记】组合框中，选中【隐藏文字】复选框，然后单击 确定 按钮即可显示文档中隐藏的文本。

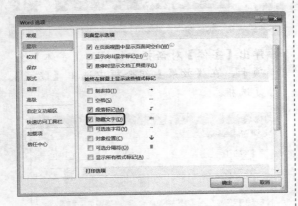

技巧 23 打印隐藏的文字

对于文档中隐藏的文字，用户可以不用将其显示出来，通过以下设置方法来打印隐藏的文字。

单击 文件 按钮，从弹出的下拉列表中选择【选项】选项，弹出【Word 选项】对话框，切换到【显示】选项卡，在【始终在屏幕上

显示这些格式标记】组合框中，选中【隐藏文字】复选框，然后单击 确定 按钮即可将隐藏的文字打印出来。

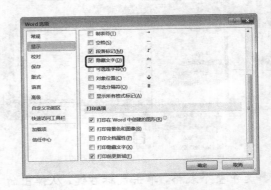

技巧 24 打印旋转一定角度的文档

用户有时在打印一些文档内容时，为了追求美观需将文本旋转一定的角度来打印，通过以下方法即可实现打印旋转一定角度的文档。

本实例的原始文件和最终效果所在位置如下。		
	原始文件	素材\原始文件\03\保护环境.docx
	最终效果	素材\原始文件\03\保护环境 1.docx

❶打开本实例的原始文件，选中文档中的所有文本，切换到【插入】选项卡，在【文本】组中单击【文本框】按钮，从弹出的下拉列表中选择【绘制文本框】选项。

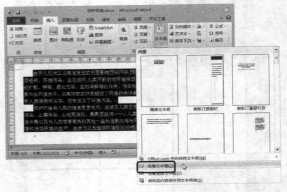

❷此时即可将所选文本添加一个文本框，用户可以根据需要将文本框旋转一定的角度。在【绘图工具】栏中，切换到【格式】选项卡，在【形状样式】组中单击【形状轮廓】按钮右侧的下三角按钮，从弹出的下拉列表中选择【无轮廓】选项，然后将该文档打印出来即可。

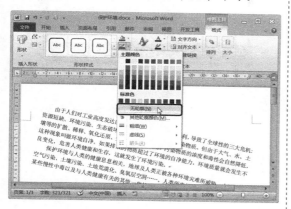

技巧 25　批量清除文档中的空行

用户在使用 Word 编辑文档时，经常出现许多空行，如果手工删除，工作量很大，此时可以利用"查找和替换"功能进行批量删除。

本实例的原始文件和最终效果所在位置如下。	
原始文件	素材\原始文件\03\济南的冬天.docx
最终效果	素材\原始文件\03\济南的冬天 1.docx

❶打开本实例的原始文件，切换到【开始】选项卡，在【编辑】组中，单击 替换 按钮。

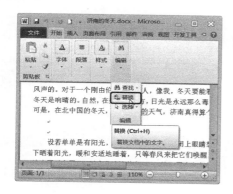

❷弹出【查找和替换】对话框，自动切换到【替换】选项卡，在【查找内容】文本框中输入"^p^p"，在【替换为】文本框中输入"^p"（符号"^"需在英文半角输入法下输入）。

❸单击 全部替换(A) 按钮，弹出【Microsoft Word】对话框，并显示替换结果，此时单击 确定 按钮即可批量删除文档中的空段落。

提示

如果文档中仍然有空行，用户可以再次单击 全部替换(A) 按钮进行替换，直到文档中没有空行为止。

技巧 26　文字也可以午睡

在文档的编辑过程中，经常使用改变文字方向的方法突出文档的重点和特色。

❶在 Word 文档中，选中文字"午睡"，切换到【页面布局】选项卡，在【页面设置】组中，单击【文字方向】按钮。

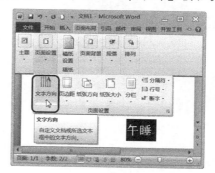

2 在弹出的下拉列表中选择【将中文字符旋转 270°】。

3 设置后的效果如图所示。

第 4 章
邮件合并与文档安全

邮件合并功能不仅能处理与邮件相关的文档，还可以帮助用户批量制作标签、工资条、邀请函等；文档安全即为 Word 文档加密，这样可以防止文档被其他人打开、阅读或修改。本章主要介绍邮件合并功能和文档安全的使用技巧。

要 点 导 航

- 制作不干胶标签
- 制作录用通知书
- 制作工资条

技巧 1　制作不干胶标签

在实际工作中，经常用到不干胶标签。用户可以准备好不干胶纸，使用邮件合并功能自己制作不干胶标签。

在使用邮件合并功能批量制作各种文档内容之前，首先需要准备好"数据源"（数据源可以是 Excel 文件、Access 数据库、文本文件等形式。）、"主文档"，然后将两者使用 Word 提供的"邮件合并"功能生成一个新的文档。

本实例的原始文件和最终效果所在位置如下。	
原始文件	素材\原始文件\04\数据源.xlsx
最终效果	素材\最终效果\04\不干胶标签.docx

① 制作"数据源"，新建一个 Excel 工作簿，输入如图所示的内容，然后将其保存为"数据源.xlsx"。

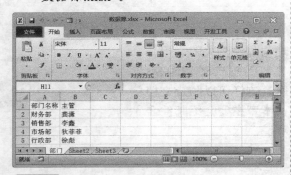

> **提示**
>
> 制作数据源表格时，输入的内容必须包含字段标题和若干条记录，不能有空行。

② 准备好不干胶纸，使用直尺（建议毫米尺）将不干胶纸裁成打印纸的大小，这里以 A4 纸为例，即裁切成宽为 210 毫米、长为 297 毫米的大小。

③ 制作"主文档"。启动 Word 2010，新建一个空白 Word 文档，切换到【页面布局】选项卡，单击【页面设置】组右下角的【对话框启动器】按钮。

④ 弹出【页面设置】对话框，切换到【纸张】选项卡，设置纸张的大小与不干胶纸的大小相同，这里保持默认设置即可。

⑤ 切换到【邮件】选项卡，在【开始邮件合并】组中单击 开始邮件合并 按钮，从弹出的下拉列表中选择【标签】选项。

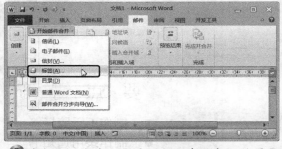

⑥ 弹出【标签选项】对话框，在【产品编号】列表框中选择【A4（纵向）】选项，然后单击 新建标签(N)... 按钮。

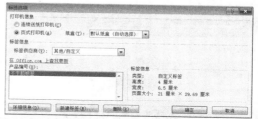

⑦ 弹出【标签详情】对话框，在此对话框中先输入【标签列数】为【3】，【标签行数】为【7】。接着在【标签名称】文本框中输入"不干胶标签"，设置【上边距】为【0.5 厘米】，【侧边距】为【0.6 厘米】，【标签高度】为【4.0 厘米】，【标签宽度】为【6.5 厘米】，【纵向跨度】为【4.1 厘米】，【横向跨度】为【6.5 厘米】，然后在【页面大小】下拉列表中选择【A4（21×29.7 厘米）】选项。

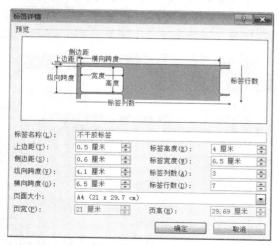

⑧ 单击 确定 按钮返回【标签选项】对话框。

⑨ 单击 确定 按钮返回文档即可看到插入的标签表格，如果文档中的表格无框线，为了方便查看，切换到【开始】选项卡，在【段落】组中单击【下框线】按钮右侧的下三角按钮，从弹出的下拉列表中选择【所有框线】选项。

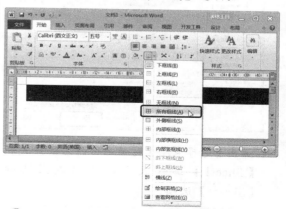

⑩ 设置效果如图所示。

提示

在【标签详情】对话框中，如果先设置【标签名称】、【上边距】、【侧边距】、【标签高度】、【标签宽度】、【纵向跨度】及【横向跨度】时，系统会弹出【Microsoft Word】警告对话框，拒绝用户输入数据。

⓫选择数据源,切换到【邮件】选项卡,在
【开始邮件合并】组中单击【选择收件人▼】按
钮,从弹出的下拉列表中选择【使用现
有列表】选项。

⓬弹出【选择数据源】对话框,选择已有的
数据源文件,然后单击 打开(O) 按钮。

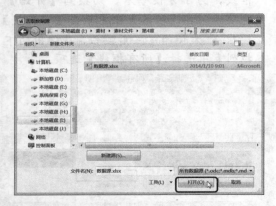

⓭弹出【选择表格】对话框,因为数据是在
【Sheet1】工作表中,所以这里选择
【Sheet1】选项。

提示

如果系统弹出如图所示的【Microsoft Word】
警告对话框,提示 Word 无法打开数据源,此时用
户可以尝试将数据源的路径改变一下。

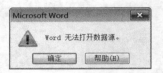

⓮切换到【邮件】选项卡,在【编写和插入
域】组中单击【插入合并域▼】按钮。

⓯弹出【插入合并域】对话框,选中【数据
库域】单选钮,选择【域】列表框中的
【部门名称】选项,然后单击 插入(I)
按钮。

提示

在【插入合并域】对话框中,用户可以根据需
要在一个单元格中插入一个或者几个域名称。

⓰单击 关闭 关闭【插入合并域】对
话框返回文档,切换到【邮件】选项卡,
在【编写和插入域】组中单击【更新标
签】按钮 🔲。

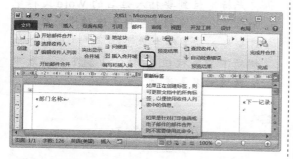

⑰切换到【邮件】选项卡，在【完成】组中
单击【完成并合并】按钮，从弹出的下
拉列表中选择【编辑单个文档】选项。

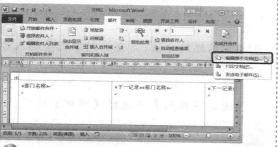

⑱弹出【合并到新文档】对话框，选择设置
要合并的范围，这里选中【全部】单选
钮，然后单击 确定 按钮。

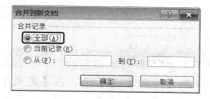

⑲新建了一个名为【标签 1】的新文档，【数
据源.xls】中的数据分布在文档的标签框
中。接下来进行打印即可。

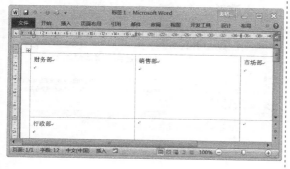

技巧 2　制作录用通知书

使用 Word 提供的"合并邮件"功能制
作录用通知书既快捷又准确。

本实例的素材文件、原始文件和最终效果所在位置如下。		
	素材文件	素材\素材文件\04\员工信息.xlsx
	原始文件	素材\原始文件\04\录用通知书.docx
	最终效果	素材\最终效果\04\录用通知书 1.docx

❶打开本实例的原始文件，切换到【邮件】
选项卡，在【开始邮件合并】组中单击
开始邮件合并 按钮，从弹出的下拉列表中
选择【普通 Word 文档】选项。

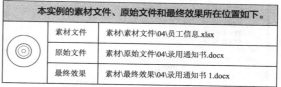

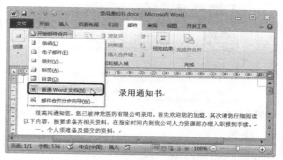

❷在【开始邮件合并】组中单击 选择收件人
按钮，从弹出的下拉列表中选择【使用
现有列表】选项。

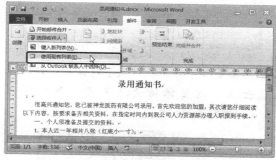

❸弹出【选择数据源】对话框，找到保存数
据源的位置，选择"员工信息.xlsx"选项，
然后单击 打开(O) 按钮。

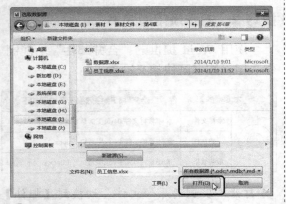

④弹出【选择表格】对话框，选择名称为
"Sheet1"的工作表，然后单击 确定
按钮。

⑤在【开始邮件合并】组中单击 编辑收件人列表
按钮。

⑥弹出【邮件合并收件人】对话框，默认是
全选，这里保持全选不变，然后单击
确定 按钮。

⑦将光标定位到要插入姓名的 Word 文档中
的位置，切换到【邮件】选项卡，在【编
写和插入域】组中单击 插入合并域 按钮右
侧的下三角按钮，从弹出的下拉列表中
选择【姓名】选项。

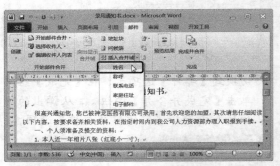

⑧按照同样的方法，将光标定位到要插入称
呼 的 Word 文 档 中 的 位 置，单 击
插入合并域 按钮右侧的下三角按钮，从
弹出的下拉列表中选择【称呼】选项。

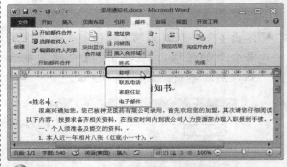

⑨切换到【邮件】选项卡，在【完成】组中
单击【完成并合并】按钮 ，从弹出的
下拉列表中选择【编辑单个文档】选项。

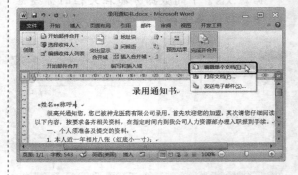

⑩弹出【合并到新文档】对话框，选中【全部】单选钮，然后单击 确定 按钮。

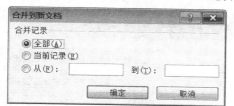

⑪此时即可生成一个合并后的新文档"信函1"。由于本例的数据源中共有 7 条记录，所以生成的文档为 7 页，即针对每个人员生成一页录用通知书。

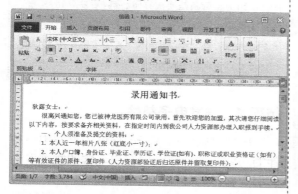

技巧 3　制作工资条

一些用户为了使用 Excel 制作一个工资条，不得不学习使用函数，但函数并不是很好掌握。下面介绍使用 Word 的邮件合并功能，结合 Word 和 Excel，快速简单地制作工资条的方法。

本实例的原始文件和最终效果所在位置如下。		
	原始文件	素材\原始文件\04\工资表.xlsx
	最终效果	素材\最终效果\04\工资条.docx

①新建一个空白 Word 文档，按照前面介绍的方法，在【开始邮件合并】组中单击 开始邮件合并 按钮，从弹出的下拉列表中选择【目录】选项。

②在文档中输入以下内容，在【开始邮件合并】组中单击 选择收件人 按钮，从弹出的下拉列表中选择【使用现有列表】选项。

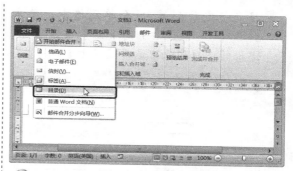

③弹出【选择数据源】对话框，找到保存数据源的位置，选择"工资表.xlsx"选项，然后单击 打开(O) 按钮。

④弹出【选择表格】对话框，选择名称为"Sheet1"的工作表，然后单击 确定 按钮。

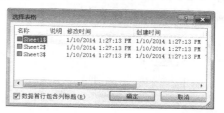

⑤将光标定位到第 1 个单元格中，单击 插入合并域 按钮右侧的下三角按钮 ，从弹出的下拉列表中选择【工号】选项。

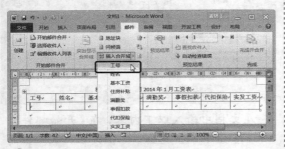

⑥将光标定位到第 2 个单元格中，单击 插入合并域 按钮右侧的下三角按钮 ，从弹出的下拉列表中选择【姓名】选项。

⑦按照同样的方法依次在其他单元格插入相应的域内容，切换到【邮件】选项卡，在【完成】组中单击【完成并合并】按钮 ，从弹出的下拉列表中选择【编辑单个文档】选项。

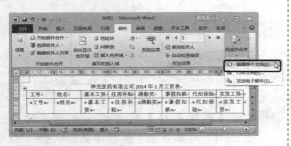

⑧弹出【合并到新文档】对话框，选中【全部】单选钮，然后单击 确定 按钮。

⑨弹出名为【目录 1】的文档，并显示工资条，然后将此文档保存打印即可。

神龙医药有限公司 2014 年 1 月工资表

工号	姓名	基本工资	住房补贴	满勤奖	事假扣款	代扣保险	实发工资
XZ001	郭 芳	3500	300	100	120	167.5	3612.5

神龙医药有限公司 2014 年 1 月工资表

工号	姓名	基本工资	住房补贴	满勤奖	事假扣款	代扣保险	实发工资
CG001	陈伟刚	3000	300	100	0	167.5	3132.5

神龙医药有限公司 2014 年 1 月工资表

工号	姓名	基本工资	住房补贴	满勤奖	事假扣款	代扣保险	实发工资
XZ002	张 伟	3500	300	100	0	167.5	3732.5

提示

因为工资条是要被打印、裁剪后发放到每一位员工的手中，所以为了后期裁剪方便，在制作工资条时，建议将"**公司**年*月的工资"所在的段落设置一定的段前间距。

技巧 4 群发电子邮件

用户可以使用 Word 提供的群发电子邮件的功能，将每个指定客户名字的文档发送到指定客户的邮件地址中。

本实例的素材文件、原始文件和最终效果所在位置如下。		
素材文件	素材\素材文件\04\员工信息.xlsx	
原始文件	素材\原始文件\04\录用通知书.docx	
最终效果	无	

1. 配置 Outlook 账户

在 Word 中运用 Outlook 发送文档时，首先用户要配置 Outlook 账户，使其能正常收发邮件，具体的操作方法如下。

①单击 按钮，从弹出的开始菜单中依次单击【所有程序】➢【Microsoft Office】➢【Microsoft Outlook 2010】选项。

❷ 弹出【Outlook 今日】窗口，单击 文件 按钮，从弹出的下拉列表中选择【信息】选项，然后单击 添加帐户 按钮。

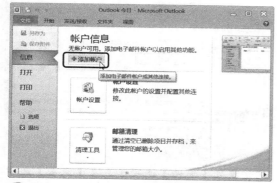

❸ 弹出【选择服务】对话框，选中【电子邮件账户】单选钮，单击 下一步(N) 按钮。

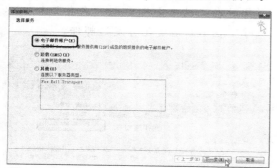

❹ 弹出【自动账户设置】对话框，用户在指定的文本框中输入"姓名"、"电子邮件地址"、"密码"等信息，单击 下一步(N) 按钮。

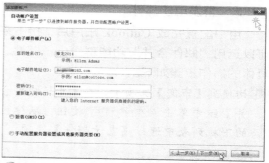

❺ 弹出【Microsoft Outlook】提示对话框，单击 允许(A) 按钮。

❻ 此时 Word 系统正在配置电子邮件服务器设置。

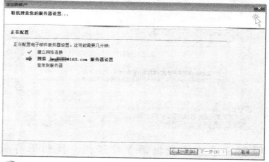

❼ 弹出电子邮件配置成功对话框，单击 完成 按钮即可完成 Outlook 账户的配置。

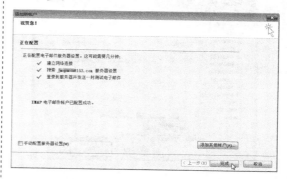

2. 群发电子邮件

用户配置完成 Outlook 账户后，接下来可以运用"邮件合并"功能群发电子邮件，具体的操作步骤如下。

❶切换到【审阅】选项卡，在【开始邮件合并】组中单击 开始邮件合并 按钮，从弹出的下拉列表中选择【电子邮件】选项。

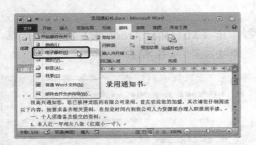

❷在【开始邮件合并】组中单击 选择收件人 按钮，从弹出的下拉列表中选择【使用现有列表】选项。

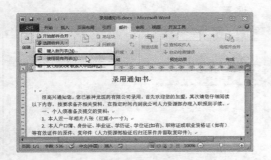

❸弹出【选择数据源】对话框，找到保存数据源的位置，选择"员工信息.xlsx"选项，然后单击 打开(O) 按钮。

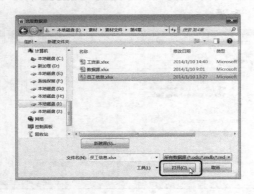

❹弹出【选择表格】对话框，选择名称为"Sheet1"的工作表，然后单击 确定 按钮。

❺将光标定位到要插入姓名的 Word 文档中的位置，切换到【邮件】选项卡，在【编写和插入域】组中单击 插入合并域 按钮右侧的下三角按钮，从弹出的下拉列表中选择【姓名】选项，用同样的方法插入【称呼】选项。

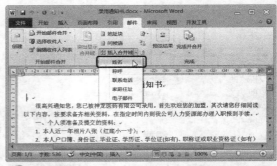

❻切换到【邮件】选项卡，在【完成】组中单击【完成并合并】按钮，从弹出的下拉列表中选择【发送电子邮件】选项，此时在文档中即可看到"名称"和"称呼"在不断地变化并发送邮件。

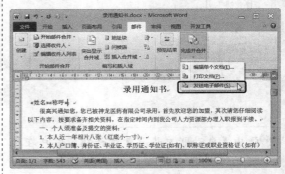

技巧5 设置打开和修改文档的密码

打开密码是设置打开文件时的密码以阻止其他人查看和编辑文档。修改密码是为文档设置修改权限，其他人只能以只读方式打开文档而无法修改文档。

1. 设置文档的打开密码

设置文档的打开密码的具体操作步骤如下。

本实例的原始文件和最终效果所在位置如下。	
原始文件	素材\原始文件\04\文档安全.xlsx
最终效果	素材\最终效果\04\文档安全1.docx

① 打开本实例的原始文件，单击【文件】按钮，从弹出的下拉列表中选择【信息】选项，然后单击【保护文档】按钮，从弹出的下拉列表中选择【用密码进行加密】选项。

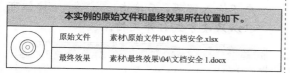
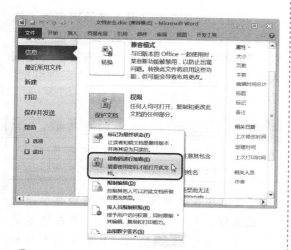

② 弹出【加密文档】对话框，在【密码】文本框中输入密码"654321"，然后单击【确定】按钮。

③ 弹出【确认密码】对话框，在【重新输入密码】文本框中输入密码"654321"，然后单击【确定】按钮。

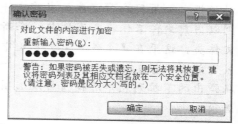

④ 设置了打开密码的文档会显示"必须提供密码才能打开此文档"的权限信息。

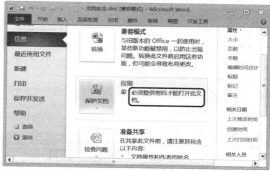

⑤ 保存该文档，当关闭该文档再次打开时，会弹出【密码】对话框，只有输入正确的密码后才能打开文档，否则打不开该文档。

2. 设置文档的修改密码

设置文档的修改密码的具体操作步骤如下。

本实例的原始文件和最终效果所在位置如下。	
原始文件	素材\原始文件\04\文档安全.xlsx
最终效果	素材\最终效果\04\文档安全2.docx

❶打开本实例的原始文件，单击 文件 按钮，从弹出的下拉列表中选择【另存为】选项，或者按下【F12】键，打开【另存为】对话框，如果用户希望覆盖当前文件，则以当前文件名保存，否则起一个新的文件夹，这里在【文件名】文本框中输入"文档安全2.docx"，单击 工具(L) ▾ ，从弹出的下拉列表中选择【常规选项】选项。

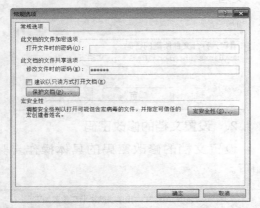

❷弹出【常规选项】对话框，在【修改文件时的密码】文本框中输入密码"123456"，然后单击 确定 按钮。

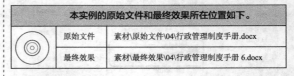

❸弹出【确认密码】对话框，在【重新输入密码】文本框中输入密码"123456"，然后单击 确定 按钮。

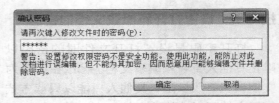

❹返回【另存为】对话框，单击 保存(S) 按钮，关闭该文档再次打开时，弹出【密码】对话框，输入正确的密码，单击 确定 按钮即可打开该文档，如果用户不输入密码，而单击 只读(R) 按钮可以以只读方式打开文档。

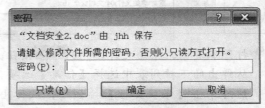

技巧6 设置文档局部不可编辑

当为文档设置密码后，其他用户就不能查看与编辑该文档了。如果用户希望文档可以让其他用户查看，但是有的内容不想让别人编辑，可以通过 Word 提供的"限制编辑"功能来设置文档局部不可编辑。

本实例的原始文件和最终效果所在位置如下。	
原始文件	素材\原始文件\04\行政管理制度手册.docx
最终效果	素材\最终效果\04\行政管理制度手册6.docx

❶打开本实例的原始文件，先选中可编辑的文本区，这里选择"前言"所在段落的文本，单击 文件 按钮，从弹出的下拉列表中选择【信息】选项，然后单击【保护文档】按钮 ，从弹出的下拉列表中选择【限制编辑】选项。

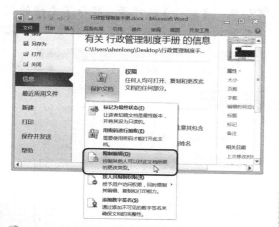

❷ 弹出【限制格式和编辑】对话框，选中【仅允许在文档中进行此类型的编辑】复选框，在列表框中选择【不允许任何更改（只读）】选项，在【例外项】中选中【每个人】复选框，然后单击 是，启动强制保护 按钮。

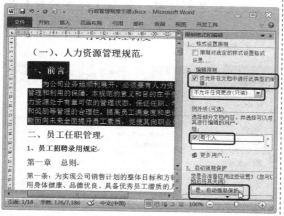

❸ 弹出【启动强制保护】对话框，设置保护密码，这里不设置任何密码，然后单击 确定 按钮。

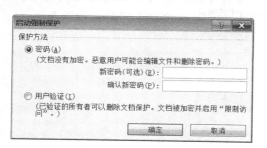

❹ 此时选中的文本为可编辑的文本，文本区域的颜色变成了浅黄色，首尾都添加了中括号，其他的文本区域为不可编辑区域。

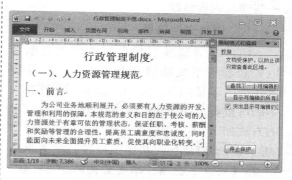

技巧 7　对窗体进行保护

有些文档需要对窗体进行保护，具体的操作步骤如下。

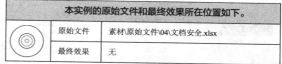

本实例的原始文件和最终效果所在位置如下。	
原始文件	素材\原始文件\04\文档安全.xlsx
最终效果	无

按照技巧 6 介绍的方法打开【限制格式和编辑】任务窗格，在【编辑限制】组合框的【仅允许在文档中进行此类型的编辑】下拉列表中选择【填写窗体】选项，然后单击 是，启动强制保护 按钮对其进行加密即可。

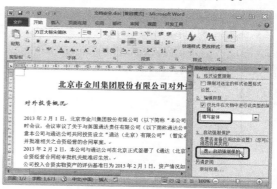

技巧 8　清除文档中的隐私内容

用户在共享或者发布某些文档时，为了保护个人隐私及安全起见，可以将文档中的一些隐私内容清除。

1. 查看文档信息

用户在共享或者发布某些文档之前可以先查看一下文档信息中是否有不想让别人知道的隐私内容，文档的信息在文档属性中即可查看，在 Word 2010 中查看文档信息的方法如下。

❶ 单击 文件 按钮，从弹出的下拉列表中选择【信息】选项，单击右侧的 属性 按钮，从弹出的下拉列表中选择【高级属性】选项。

❷ 弹出【文档 1 属性】对话框，切换到【摘要】选项卡，用户可以看到标题、主题、作者等个人信息。

❸ 切换到【统计】选项卡，显示了文档的创建时间、上次保存者及统计信息等信息。

2. 通过文档检查器查找并删除隐私内容

下面介绍在 Word 文档中删除文档属性和个人信息的具体方法。

❶ 单击 文件 按钮，从弹出的下拉列表中选择【信息】选项，单击【检查问题】按钮，从弹出的下拉列表中选择【检查文档】选项。

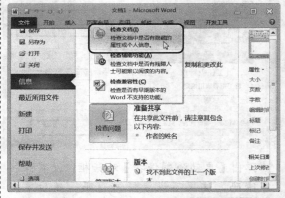

❷ 弹出【Microsoft Word】提示对话框，单击 是(Y) 按钮进行副本的保存。

3 弹出【文档检查器】对话框，Word 默认勾选了【文档属性和个人信息】复选框，单击 检查(I) 按钮。

4 检查结束后，在【文档检查器】中显示了审阅检查结果，单击 全部删除 按钮删除隐私内容，然后单击 关闭 按钮即可。

3. 通过资源管理器删除隐私内容

用户不要打开文档，通过资源管理器可以直接删除 Word 文档中的隐私内容。具体的操作方法如下。

本实例的原始文件和最终效果所在位置如下。	
原始文件	素材\原始文件\04\录用通知书.xlsx
最终效果	无

1 按下【Windows】+【E】组合键，打开资源管理器，找到目标文档，单击鼠标右键，弹出的快捷菜单中选择【属性】菜单项。

2 弹出【录用通知书.docx 属性】对话框，切换到【详细信息】选项卡，单击【删除属性和个人信息】链接。

3 弹出【删除属性】对话框，单击 全选(A) 按钮，然后单击 确定 按钮即可。

技巧 9 保护文档的分节文本

当文档由一节或者多节组成时，可以根据 Word 提供的文档保护功能来保护一节或者多节的文本。

本实例的原始文件和最终效果所在位置如下。	
原始文件	素材\原始文件\04\文档安全.xlsx
最终效果	无

❶ 打开本实例的原始文件，假设用户要对公司"对外投资概况"这段文本设置保护，将光标定位到文本"批准后生效"后，切换到【页面布局】选项卡，在【页面设置】组中单击【插入分页符和分节符】按钮，从弹出的下拉列表框中选择【连续】选项。

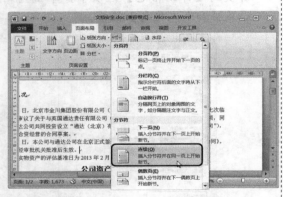

❷ 切换到【审阅】选项卡，在【保护】组中单击【限制编辑】按钮。

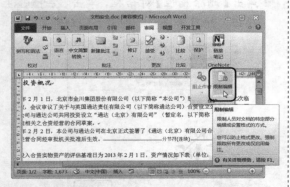

❸ 弹出【限制格式和编辑】任务窗格，选中【仅允许在文档中进行此类型的编辑】复

选框，在列表框中选择【填写窗体】选项，然后单击【选择节…】链接。

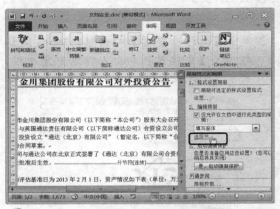

❹ 弹出【节保护】对话框，撤选【节 2】复选框，然后单击 确定 按钮。

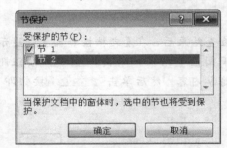

❺ 单击 是，启动强制保护 按钮对其进行加密即可。

技巧 10 限制格式编辑

对于已经编辑完成的文档，如果不希望其他用户对原文档进行任何的改动，可以将文档转换为 PDF 格式；对于一些具有固定格式的文档，则可以在格式上设置限制格式。

1. 将 Word 文档转换为 PDF 格式

在 Word 2010 中用户可以方便快速地将文档的格式转换为 PDF 格式。

本实例的原始文件和最终效果所在位置如下。	
原始文件	素材\原始文件\04\录用通知书.docx
最终效果	素材\最终效果\04\录用通知书.pdf

❶ 打开本实例的原始文件，单击 文件 按钮，从弹出的下拉列表中选择【保存并发送】选项，在【文件类型】组合框中选择【创建 PDF/XPS 文档】选项，然后单击【创建 PDF/XPS】按钮。

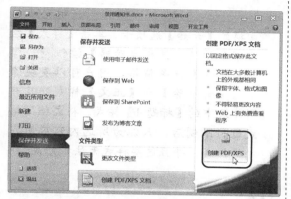

❷ 弹出【发布为 PDF 或 XPS】对话框，设置文档的保存位置，然后单击 发布(S) 按钮。

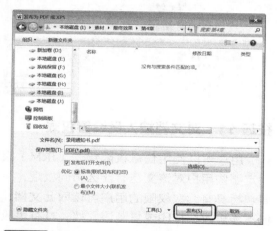

提示

用户也可以按下【F12】键，弹出【另存为】对话框，在【保存类型】下拉列表中选择【PDF（*.pdf）】选项，然后单击 保存(S) 按钮即可。

❸ 将文档转换为 PDF 格式后的效果如图所示。

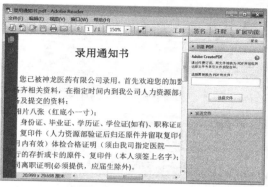

2. 设置限制格式

用户可以通过对文档的样式设置限制格式，这样可以防止对文档应用新的格式或者修改样式，具体的操作步骤如下。

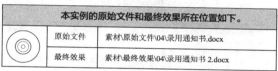

本实例的原始文件和最终效果所在位置如下。		
	原始文件	素材\原始文件\04\录用通知书.docx
	最终效果	素材\最终效果\04\录用通知书 2.docx

❶ 打开本实例的原始文件，切换到【审阅】选项卡，在【保护】组中单击【限制编辑】按钮。

❷ 弹出【限制格式和编辑】对话框，选中【限制对选定的样式设置格式】任务窗格，单击【设置...】链接。

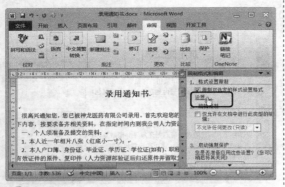

3 弹出【格式设置限制】对话框，单击
〔 无(N) 〕按钮撤选【当前允许使用的样
式】列表框中的所有复选框，接着在该
列表框中选中【标题1（推荐）】复选框，
然后单击〔 确定 〕按钮。

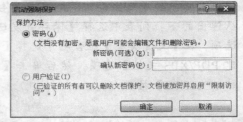

4 弹出【Microsoft Word】提示对话框，单
击〔 是(Y) 〕按钮，Word 将删除当前文档
中所有不允许的格式或样式。

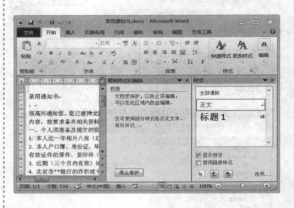

5 单击〔 是，启动强制保护 〕按钮，弹出【启动强
制保护】对话框，输入文档的保护密码，
这里不设置任何密码，单击〔 确定 〕按
钮。

6 切换到【开始】选项卡，单击【样式】组
右下角的【对话框启动器】按钮 ，弹
出【样式】任务窗格，用户可以发现除
了【全部清除】和【正文】样式外只有
刚才选中的【标题1】样式。将文档的格
式进行限制后，只能为所选内容应用指
定的样式，并且这些样式无法被修改。

技巧 11 对文档按人员设置权限

　　用户可以使用信息权限管理（IRM）来
指定哪些用户对该文档有什么访问权限，主
要包括具有读取权限的用户可读取此文档，
但不能更改、打印或复制该文档；具有更改
权限的用户可读取、编辑、从中复制内容和
保存此文档的更改，但不能打印内容。具体
的操作步骤如下。

本实例的原始文件和最终效果所在位置如下。		
◎	原始文件	素材\原始文件\04\录用通知书.docx
	最终效果	无

❶ 打开本实例的原始文件，单击 文件 按钮，从弹出的下拉列表中选择【信息】选项，然后单击【保护文档】按钮，从弹出的下拉列表中选择【按人员限制权限】▶【限制访问】选项。

❷ 弹出【服务注册】对话框，选中【是，我希望注册使用 Microsoft 的这一免费服务】单选钮，单击 下一项(N) 按钮。

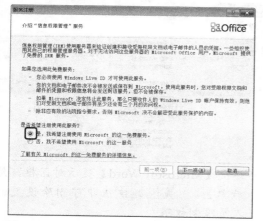

❸ 弹出【Windows 权限管理】对话框，选中【是，我有 Microsoft 账户】选项，如果用户没有账户可以单击【否，我希望现在注册 Microsoft 账户】单选钮，注册一个 Microsoft 账户，这里不再赘述注册 Microsoft 账户的具体步骤，然后单击 下一步(N) > 按钮。

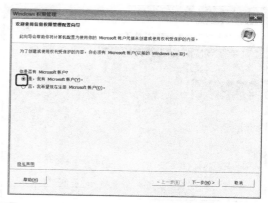

❹ 弹出登录窗口，输入登录密码，然后单击 登录 按钮。

❺ 弹出选择计算机类型窗口，这里用户可以根据需要自行选择，然后单击 我接受(I) > 按钮。

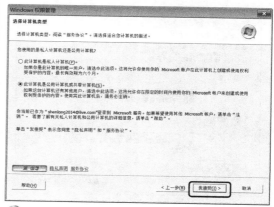

❻ 弹出正在完成信息权限管理配置向导窗口，单击 完成(F) 按钮即可。

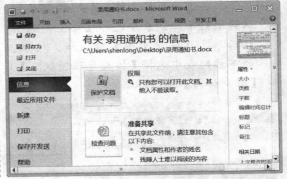

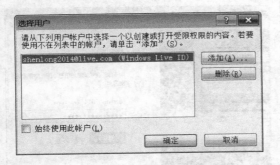

⑦ 弹出【选择用户】对话框，单击 确定 按钮。

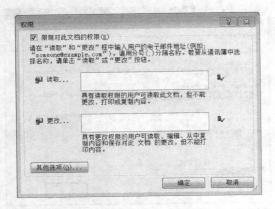

⑧ 弹出【权限】对话框，选中【限制对此文档的权限】复选框，用户可以根据需要在【读取】和【更改】文本框中输入具体相应权限的用户，然后单击 确定 按钮。

⑨ 如果用户在【读取】和【更改】文本框中不输入任何用户，则该文档只有用户可以打开此文档，其他人不能读取。

⑩ 如果用户要删除对文档设置的人员限制权限，单击 文件 按钮，从弹出的下拉列表中选择【信息】选项，然后单击【保护文档】按钮，从弹出的下拉列表中选择【按人员限制权限】>【无限制访问】选项。

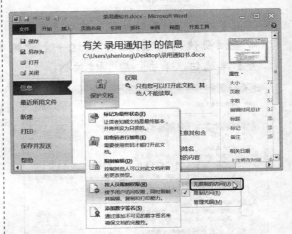

⑪ 弹出【Microsoft Word】提示对话框，然后单击 确定 按钮即可删除设置的人员限制权限。

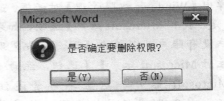

技巧 12　设置数字签名

数字签名通过使用计算机加密来验证验证人员和产品所声明的身份是否属实的过程。数字签名有助于确保签署人的身份与声明的相符；数字签名有助于确保内容在经过数字签名之后未经更改或篡改；数字签名有助于向所有方证明签署内容的有效性。

1.　创建数字证书

如果用户要创建一个自己的数字签名，必须先获得一个数字证书，这个证书将主要用于证明您个人的身份，通常情况下这个证书都从一个受信任的证书颁发机构获得。如果用户没有自己的数字证书，可以使用 Office 2010 提供的 VBA 工程的数字证书功能来创建一个数字证书。具体的操作步骤如下。

①单击按钮，从弹出的开始菜单中依次单击【所有程序】➤【Microsoft Office】➤【Microsoft Office 2010 工具】➤【VBA 工程的数字证书】选项。

②弹出【创建数字证书】对话框，在【您的证书名称】文本框中输入"shenlong"，单击　确定　按钮。

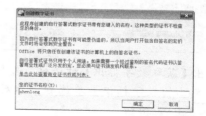

③弹出【SelfCert 成功】对话框，单击　确定　按钮即可创建完成一个证书。

2.　添加数字签名

创建数字证书后，接下来就可以为文档单击数字签名。具体的操作步骤如下。

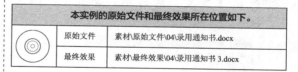

本实例的原始文件和最终效果所在位置如下。		
	原始文件	素材\原始文件\04\录用通知书.docx
	最终效果	素材\最终效果\04\录用通知书 3.docx

①打开本实例的原始文件，用户要认真检查、核对文档，保证无误，单击　文件　按钮，从弹出的下拉列表中选择【信息】选项，然后单击【保护文档】按钮，从弹出的下拉列表中选择【添加数字签名】选项。

②弹出【Microsoft Word】对话框，然后单击 确定(O) 按钮。

③弹出【获取数字标识】对话框，选中【创建自己的数字标识】单选钮，然后单击 确定 按钮。

④弹出【签名】对话框，单击 签名(S) 按钮。

⑤弹出【签名确认】对话框，然后单击 确定 按钮。

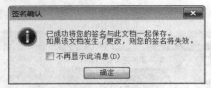

3. 添加图章签名

添加图章签名的具体操作步骤如下。

本实例的原始文件和最终效果所在位置如下。		
	原始文件	素材\原始文件\04\录用通知书.docx
	最终效果	素材\最终效果\04\录用通知书4.docx

①打开本实例的原始文件，将光标定位到要插入图章签名的位置，切换到【插入】选项卡，单击【签名行】按钮右侧的下三角按钮，从弹出的下拉列表中选择【图章签名行】选项。

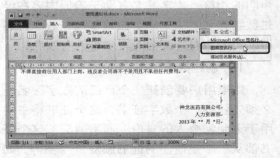

②弹出【签名设置】对话框，将【签名人说明】文本框中的默认内容删除。

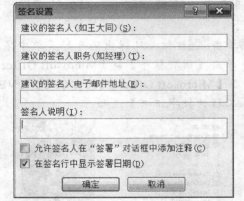

③单击 确定 按钮即可在光标所在位置插入一个【签名】的嵌入式图片。

❹弹出【签名】对话框，单击【选择图像...】链接。

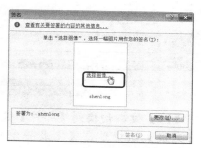

❺弹出【选择签名图像】对话框，选择合适的图片，然后单击 选择(S) 按钮。

❻返回【签名】对话框，单击 签名(S) 按钮，弹出【签名确认】对话框。

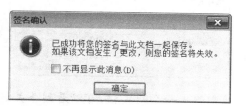

❼单击 确定 按钮，此时即可完成图章签名。

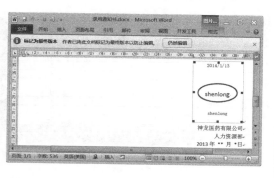

技巧 13　快速打开页面设置对话框

用户在进行打印之前，经常要对文档进行页面设置，使其符合编辑文档的类型。最常用的页面设置的方法就是选择【页面布局】→【页面设置】，打开【页面设置】对话框，然后进行各种设置。除了这种方法外，用户还可以使用快捷方法打开该对话框。在需要进行页面设置的文档中，将鼠标指针移至文档上端或左端的【标尺】栏中任意有数组的地方，双击该数字，即可快速打开【页面设置】对话框。

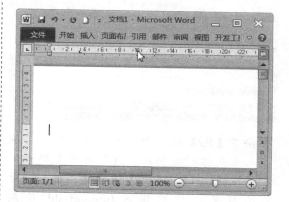

技巧 14　在邮件合并域中将年月日分开

用户还可以使用邮件合并功能，将数据源中包含年、月、日的日期，以分开插入的形式合并到主文档中。具体的操作步骤如下。

本实例的原始文件和最终效果所在位置如下。		
◎	原始文件	素材\原始文件\04\日期.xlsx，主文档.docx
	最终效果	素材\最终效果\04\将年月日分开.docx

❶打开本实例的原始文件"主文档.docx"，切换到【邮件】选项卡，在【开始邮件合并】组中单击 开始邮件合并 按钮，从弹出的下拉列表中选择【目录】选项。

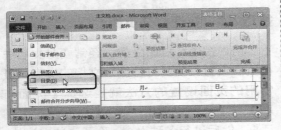

2 按照前面介绍的方法打开数据源,将插入点定位在第一个空白单元格中(即在要插入年的地方),按下【Ctrl】+【F9】组合键,插入一对域符号,然后在其中输入{ mergefield"日期" \@"yyyy"}。

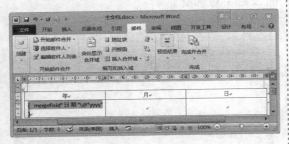

3 按下【F9】键,即可更新域,然后将插入点定位到要插入"月"的单元格中,按下【Ctrl】+【F9】组合键,插入一对域符号,然后输入 {mergefield"日期"\@"m"}。

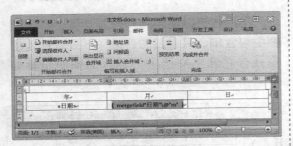

4 按照以上的操作,在要输入"日"的空白单元格中插入{ mergefield"日期"\@"d"}域。

5 按下【F9】键,切换到【邮件】选项卡,在【完成】组中单击【完成并合并】按钮,从弹出的下拉列表中选择【编辑单个文档】选项。

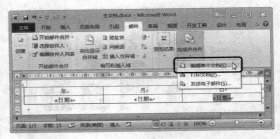

6 弹出【合并到新文档】对话框,选中【全部】单选钮,然后单击 [确定] 按钮。

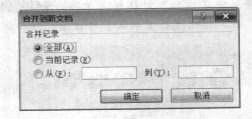

7 随即弹出一个新文档,可以看到合并好的年月日效果,最后将其保存为"将年月日分开.docx"。

第 5 章
宏、VBA 与域

　　"宏"、"VBA"是 Word 中比较难掌握的知识点，但是它强大的灵活性是毋庸置疑的。"域"在 Word 中经常使用，如插入页码等。因为不是以"域"命名，所以用户不太熟悉，但是它的存在确实会帮助用户实现很多功能。

　　本章介绍宏和域的使用技巧，帮助用户进一步地了解和运用宏与域。

要 点 导 航

- 关于"宏"的概念
- 录制宏
- 运行宏

技巧 1 关于"宏"的概念

宏，译自英文单词 Macro。宏将一系列的 Word 命令和指令组合在一起，形成一个命令，以实现任务执行的自动化。用户可以利用简单的语法，把常用的动作写成宏，当 Word 在工作时，就可以直接利用事先编好的宏自动运行，去完成某项特定的任务，而不必再重复相同的动作，目的是让用户文档中的一些任务自动化。

Word 定义了一个共用的通用模板（Normal.dot），里面包含了基本的宏。只要一启动 Word，就会自动运行 Normal.dot 文件。如果在 Word 中重复进行某项工作，可用宏使其自动执行。

Word 提供了两种创建宏的方法：宏录制器和 Visual Basic 编辑器。宏录制器可以帮助用户快速地创建宏。用户可以在 Visual Basic 编辑器中创建新宏，这时可以输入一些无法录制的指令。

技巧 2 录制宏

录制宏就是将所完成的操作翻译为 Visual Basic 代码的过程。默认情况下，Word 将宏存储在 Normal 模板内，这样每一个 Word 文档都可以使用它，也可以将宏保存在某一个文档中，仅供该文档使用。用户可以按照以下方法来录制宏。

本实例的原始文件和最终效果所在位置如下。	
原始文件	素材\原始文件\05\录制宏.docx
最终效果	素材\最终效果\05\录制宏 1.docx

❶打开本实例的原始文件，切换到【开发工具】选项卡，在【代码】组中单击【录制宏】按钮。

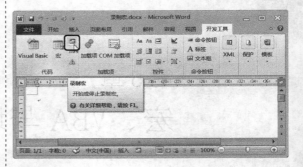

提示

在录制宏之前用户要计划好需要宏执行的步骤和命令，在实际操作中先演练一遍，在此过程中尽量不要有多余的操作。

如果在录制宏的过程中进行了错误的操作，同时也做了更正操作，则更正错误的操作也将会被录制。用户可以在录制结束后，在 Visual Basic 编辑器中将不必要的操作代码删除。

如果需要在其他文档中使用录制好的宏，请确认该宏与当前文档的内容无关。

❷弹出【录制宏】对话框，在【宏名】文本框中输入要录制的宏名，它可以在宏按钮的功能提示中显示出来。这里输入"录制简单的宏"。若用户录制的宏只想在当前文档中使用，则可在【将宏保存在】下拉列表中选择对应的文档名，否则将在所有的文档中使用。在【说明】文本框中输入一些说明性文字。设置完成后单击【键盘】按钮。

提示

宏名可以是汉字、字母、数字等的组合，第1个字符必须是字母或者汉字，但是此名如果与Word已有的某个内置命令名称相同的话，则此新建宏的功能将代替同名的内置命令的功能。

例如用户录制一个新的宏，将其命名为“FileClose”，它将与“关闭”命令相关联。当用户单击标题栏上的“关闭”命令时，Word将执行此新录制的宏操作。

3. 弹出【自定义键盘】对话框，将插入点定位在【请按新快捷键】文本框中，按下新的快捷键，这里按下【Ctrl】+【O】组合键，这样以后按下该快捷键即可运行此宏。

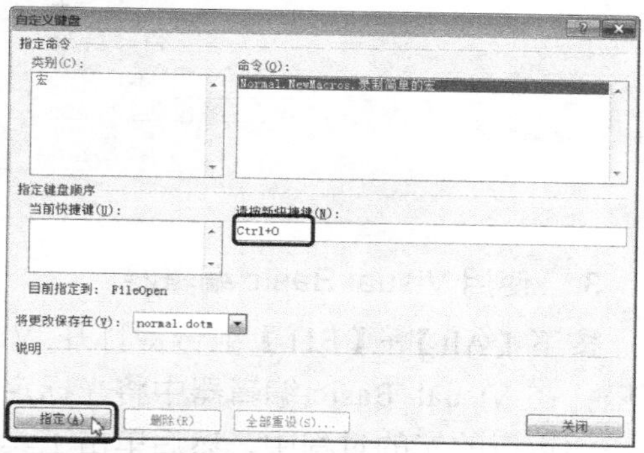

4. 单击【指定(A)】按钮，将其移至【当前快捷键】列表框中，然后单击【关闭】按钮。

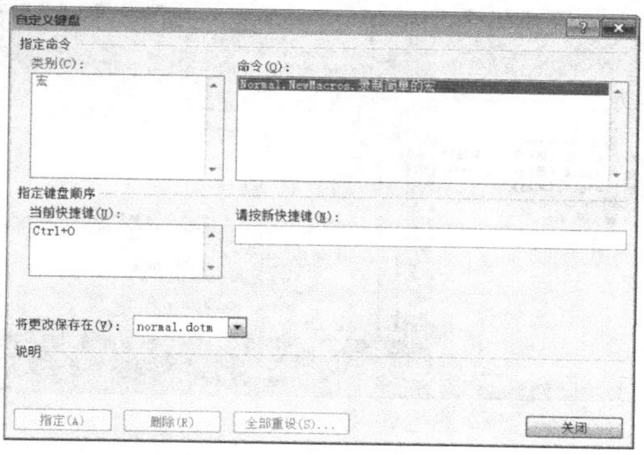

5. 此时鼠标指针呈“”形状表示正在录制宏，切换到【插入】选项卡，在【表格】组中单击【表格】按钮，从弹出的下拉列表中选择要插入表格的行和列，这里选择4行6列。

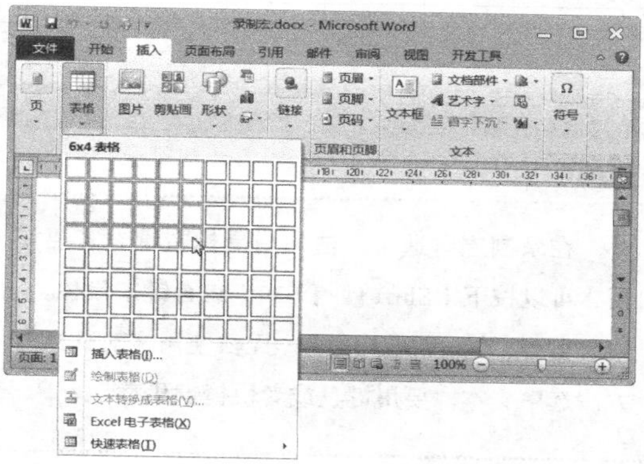

6. 此时在文档添加了一个4行6列的表格。

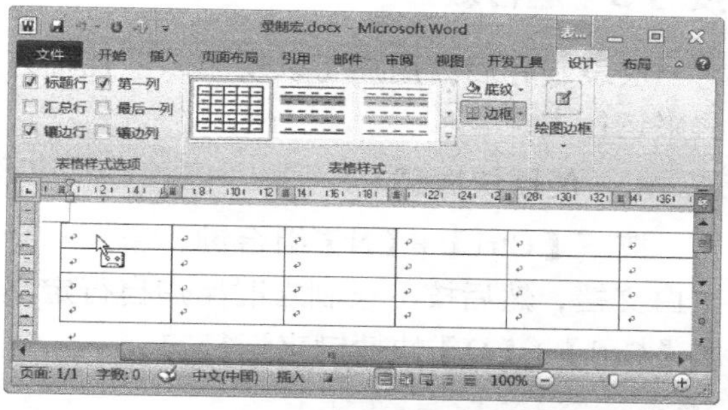

7. 录制完成后，切换到【开发工具】选项卡，在【代码】组中单击【停止录制】按钮。

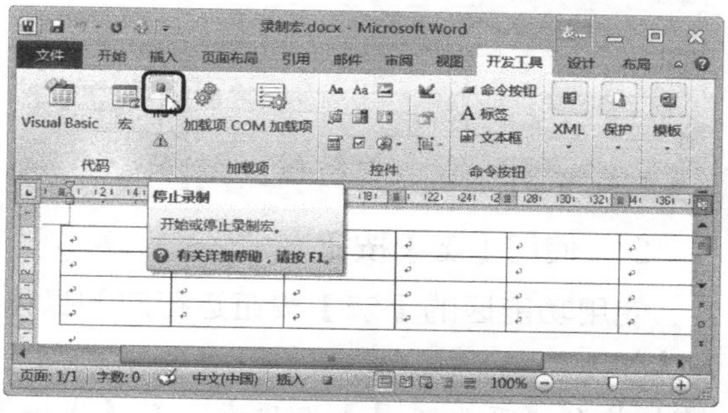

8. 录制完成后单击【停止录制】按钮，退出录制状态即可。此后若需要进行类似刚才录制的操作，只需按下前面定义的宏快捷键即可。

提示

在录制宏时通常无法使用鼠标右键，若要使用，可以按下【Shift】+【F10】组合键来代替。

另外，在录制宏的时候，无法使用拖动鼠标的方法选中文本，要用键盘或者快捷键代替。

技巧 3　运行宏

宏录制完后，用户可以使用以下几种方法来运行宏。

1．使用快捷键

按下【Ctrl】+【N】组合键，新建一个空白文档，然后按下录制宏时用户自行定义的【Ctrl】+【O】快捷键来运行宏。

2．使用【宏】按钮

使用功能区的【宏】按钮运行宏的具体方法如下。

❶切换到【开发工具】选项卡，在【代码】组中单击【宏】按钮，或者按下【Alt】+【F8】组合键。

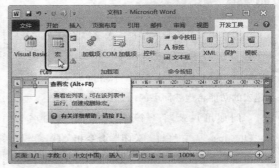

❷弹出【宏】对话框，选择要运行的宏，然后单击右侧的 运行(R) 按钮即可。

3．使用 Visual Basic 编辑器

按下【Alt】+【F11】组合键打开 VBE 环境，在 Visual Basic 编辑器中将光标定位到需要运行的宏的过程中，然后单击工具栏中的【运行子过程/用户窗体】按钮，或者按下【F5】键。

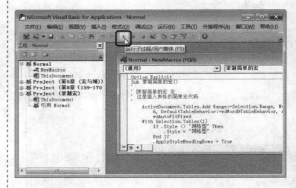

技巧 4 将宏移到自定义快速访问工具栏中

为了方便运行宏，用户可以将宏移动到自定义访问工具栏中，使其成为一个命令按钮，具体的操作方法如下。

本实例的原始文件和最终效果所在位置如下。		
	原始文件	素材\原始文件\05\录制宏.docx
	最终效果	无

❶ 打开本实例的原始文件，切换到【开发工具】选项卡，在【代码】组中单击【录制宏】按钮。

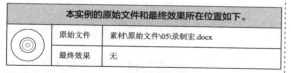

❷ 弹出【录制宏】对话框，单击 按钮。

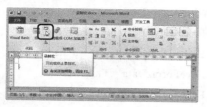

❸ 弹出【Word 选项】对话框，选中左边列表中的【Normal.NewMacros.宏 1】选项，然后单击 添加(A)>> 按钮。

❹ 接着在【Word 选项】对话框中，单击右边列表框中的【Normal.NewMacros.宏 1】选项，单击 修改(M)... 按钮。

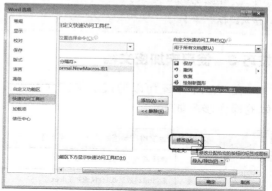

❺ 弹出【修改按钮】对话框，在【符号】列表框中选择一个合适的符号，在【显示名称】文本框中输入用户自行设计的名称，这里输入"录制宏"，然后依次单击 确定 按钮。

❻ 此时在文档的自定义快速访问工具栏中即可看到刚插入的宏图标。

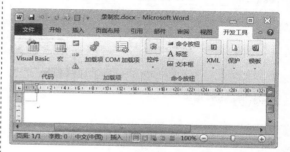

提示

> 在 Word 文档中的快速访问工具栏中插入宏图标后，所有的 Word 文档的快速访问工具栏都显示该宏图标。

技巧 5　使用宏加密文档

在 Word 中还可以通过宏加密文档，具体的操作步骤如下。

本实例的原始文件和最终效果所在位置如下。	
原始文件	素材\原始文件\05\会议通知.docx
最终效果	素材\最终效果\05\会议通知1.docx

❶打开本实例的原始文件，切换到【开发工具】选项卡，在【代码】组中单击【查看宏】按钮。

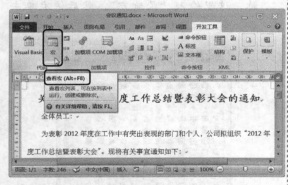

❷弹出【录制宏】对话框，在【宏名】文本框中输入"Autopassword"，然后单击 创建(C) 按钮。

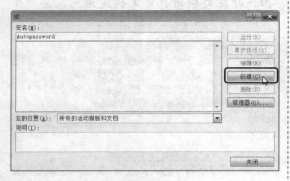

❸弹出【Normal - NewMacros(代码)】窗口，在窗口的"Sub Autopassword()"和"End Sub"之间输入以下命令后，单击工具栏中的【运行子过程/用户窗体】按钮▶，然后关闭此窗口。

```
With Options
.BackgroundSave = True
.CreateBackup = False
.SavePropertiesPrompt = False
.SaveInterval = 10
.SaveNormalPrompt = False
End With
With ActiveDocument
.ReadOnlyRecommended = False
.EmbedTrueTypeFonts = False
.SaveFormsData = False
.Password = "123456"
.WritePassword = "123456"
End With
Application.DefaultSaveFormat = " "
```

提示

> ".Password ="和".WritePassword ="后面的"123456"，分别代表"打开权限"和"修改权限"的密码。运行完代码后，要将宏中表示密码的内容删除，例如本实例的"123456"，然后关闭【Normal - NewMacros(代码)】窗口，这样可以防止别人打开宏后看到其中的密码。

④设置完成后，将该文档保存并关闭，当再次打开该文档时，会弹出【密码】对话框，在【请键入打开文件所需的密码】文本框中输入"123456"，然后单击 确定 按钮。

⑤弹出【密码】对话框，在【请键入修改文件所需的密码，否则以只读方式打开】文本框中输入"123456"，然后单击 确定 按钮，此时即可打开文档。

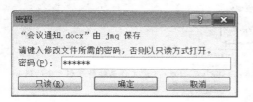

技巧6 修改或取消通过宏加密的文档的密码

如果用户要修改或取消通过宏对 Word 文档设置的密码，可以按照以下方法来处理。

本实例的原始文件和最终效果所在位置如下。		
◎	原始文件	素材\原始文件\05\会议通知 1.docx
	最终效果	素材\最终效果\05\会议通知.docx

①打开本实例的原始文件，按照前面介绍的方法打开【宏】对话框，在列表框中选择【Autopassword】选项，然后单击右侧的 编辑(E) 按钮。

②弹出【Normal - NewMacros(代码)】窗口，在代码中找到 ".Password ＝" 和 ".WritePassword ＝"，将其后面的数字或字符等删除或修改成新的密码后，单击工具栏中的【运行子过程/用户窗体】按钮 ▶ ，然后关闭此窗口。

③设置完成后，将该文档保存并关闭，即可修改或取消通过宏加密的文档的密码。

技巧7 查杀 Word 文档中的宏病毒

Word 一旦染上宏病毒，就要限制这种宏的运行，并删除宏病毒。

本实例的原始文件和最终效果所在位置如下。		
◎	原始文件	素材\原始文件\05\会议通知.docx
	最终效果	无

①打开本实例的原始文件，切换到【开发工具】选项卡，在【代码】组中单击【宏安全性】按钮 ⚠ 。

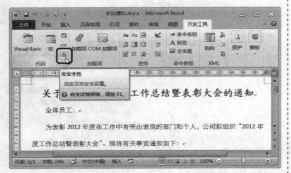

❷弹出【信任中心】对话框，切换到【宏设
置】选项卡，在【宏设置】组合框中选
中【禁用所有宏，并发出通知】单选钮，
然后单击 确定 按钮。

❸按下【Alt】+【F11】组合键，打开 VBA
编辑窗口，在左侧的【工程—Normal】
任务窗格中双击任意一个文件夹，将其
右侧的代码删除即可。

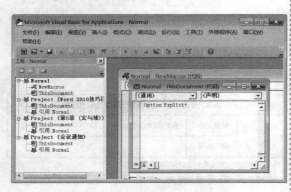

技巧 8　使用数字证书进行宏的签名

在工作过程中，难免存在一些由于来源
问题而无法确保其安全性的文档。下面介绍
一种通过数字证书来确认来源的可靠性的
方法——使用数字证书进行宏的签名。

本实例的原始文件和最终效果所在位置如下。		
◎	原始文件	素材\原始文件\05\会议通知.docx
	最终效果	无

❶打开本实例的原始文件，切换到【开发工
具】选项卡，在【代码】组中单击【Visual
Basic】按钮 。

❷弹出 VBA 编辑窗口，从中选择需要进行
数字签名的方案，然后选择【工具】下
的【数字签名】菜单项。

❸弹出【数字签名】对话框，单击 选择(C)...
按钮。

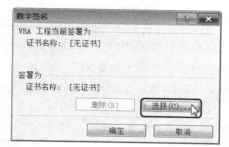

④弹出【Windows 安全】对话框，选择一个合适的证书，然后单击 确定 按钮。

⑤返回【数字签名】对话框，单击 确定 按钮即可。

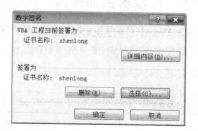

技巧 9　使用宏展示 Word 中的全部快捷键

每个软件都有很多的快捷键，Word 也不例外，怎样才能看到全部的快捷键呢？下面介绍一种让 Word 的全部快捷键尽显眼底的方法。

本实例的原始文件和最终效果所在位置如下。		
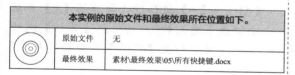	原始文件	无
	最终效果	素材\最终效果\05\所有快捷键.docx

①新建一个空白的 Word 文档，切换到【开发工具】选项卡，在【代码】组中单击【查看宏】按钮。

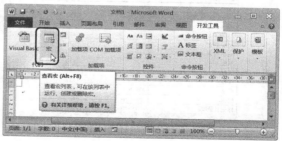

②弹出【宏】对话框。在【宏的位置】下拉列表中选择【Word 命令】选项，在【宏名】列表框中选择【ListCommands】选项，然后单击 运行(R) 按钮。

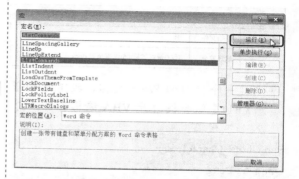

③弹出【命令列表】对话框，在其中选中【当前键盘设置】单选钮，然后单击 确定 按钮。

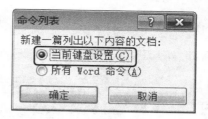

④新建一个文档，在文档中显示所有的快捷键命令。

技巧 10　快速显示汉字全集

利用 VBA 可以一次性在 Word 中输入大量的文字，具体的操作方法如下。

本实例的原始文件和最终效果所在位置如下。	
原始文件	无
最终效果	素材\最终效果\05\汉字全集.docx

❶新建一个空白的 Word 文档，按下【Alt】+【F11】组合键打开 VBA 编辑窗口，输入如下代码。

```
Sub China_Characters()
Dim i As Long
Dim str As String
For i = 19968 To 65536 - 24667
str = str & VBA.ChrW$(i)
Next
ActiveDocument.Content = str
```

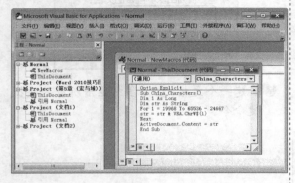

如果用户将代码中的 VBA.ChrW$(i)修改为 VBA.Chr$(i)，然后运行这些代码，会得到一个包含很多字母的文档。

另外，如果用户只想显示一部分汉字，可以将参数 i 的循环次数适当减少。

❷将光标定位于代码内，然后按下【F5】键即可得到几乎所有汉字的文档。

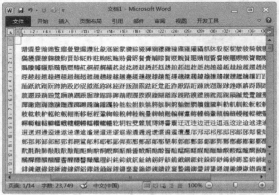

技巧 11　修改宏名的代码

如果 Word 中的某些内置命令实现的功能不能满足用户的需要，用户可以修改内置命令的宏名的代码。

本实例的原始文件和最终效果所在位置如下。	
原始文件	素材\原始文件\05\会议通知.docx
最终效果	素材\最终效果\05\会议通知.docm

1.　确定内置命令的宏名

要修改宏名的代码，首先用户要知道内置命令的宏名，这里以确定内置命令【居中】按钮的宏名来介绍一下确定内置命令的宏名的方法。

❶打开本实例的原始文件，按下【Ctrl】+【Alt】+【+】组合键（最后的【+】是从小键盘上输入的），切换到【开始】选项卡，将光标移至【段落】组中的【居中】

按钮 上，此时鼠标指针呈 "✣" 形状显示。

② 单击鼠标左键，打开【自定义键盘】对话框，在【命令】下拉列表框中显示了【居中】命令的宏名 "CeterPara"，然后单击 关闭 按钮即可。用户可以按照同样的方法获知其他内置命令的宏名。

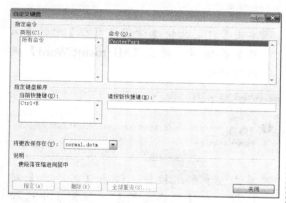

2. 修改宏名的代码

Word 中的【居中】命令是已有格式的基础上进行居中的，如果用户要求将文档的段落设置为绝对居中，即首行缩进、左缩进和右缩进都为 0，具体的操作步骤如下。

① 打开本实例的原始文件，切换到【开发工具】选项卡，在【代码】组中单击【查看宏】按钮 。

② 弹出【宏】对话框，在【宏的位置】下拉列表中选择【Word 命令】选项，在【宏名】文本框中输入 "CeterPara"。

③ 在【宏的位置】下拉列表中选择【会议通知 .docx（文档）】选项，然后单击 创建(C) 按钮。

提示

　　如果用户要将修改的宏名用于当前的文档，则在【宏的位置】下拉列表中选择当前文档，否则就选择【Normal.dotm（公用文档）】。

④ 此时打开 VBA 编辑窗口，显示了 Word 内置命令【居中】的代码，代码中的有句注释是 "使段落在缩进间居中"。

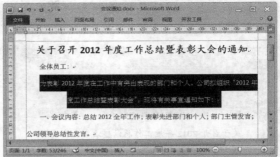

5 用户要设置为绝对居中，即首行缩进、左缩进和右缩进都为 0，可以输入以下代码，单击工具栏中的【运行子过程/用户窗体】按钮 ，或者按下【F5】键，然后关闭此窗口。

绝对居中

```
With Selection.ParagraphFormat
.CharacterUnitFirstLineIndent = 0
.FirstLineIndent = 0
.CharacterUnitLeftIndent = 0
.LeftIndent = 0
.CharacterUnitRightIndent = 0
.RightIndent = 0
.Alignment = wdAlignParagraphCenter
End With
```

7 单击【自定义快速访问工具栏】中的【保存】按钮 ，弹出【Microsoft Word】提示对话框。

8 单击 否(N) 按钮，弹出【另存为】对话框，在【保存类型】下拉列表中选择【启用宏的 Word 文档（*.docm）】选项，然后单击 保存(S) 按钮即可。

6 为了使用户能够更清楚地看到在文档中使用"使段落在缩进间居中"和"绝对居中"两种命令的显示效果，因而做了如图对比。

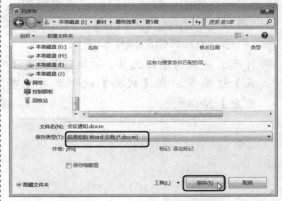

技巧 12 设置文档全屏显示

用户在浏览文档时，为了获得最大的阅读空间，往往将文档切换到阅读版式视图，但是在该视图方式下窗口的顶端还是有一条工具栏占用窗口的空间，这里可以通过修改 Word 的内置命令将该文档设置为全屏显示。具体的操作步骤如下。

本实例的原始文件和最终效果所在位置如下。	
原始文件	素材\原始文件\05\会议通知.docx
最终效果	素材\最终效果\05\会议通知 2.docx

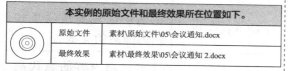

❶打开本实例的原始文件，按照前面介绍的方法找到内置命令"阅读版式视图"的宏名为"ReadingModeLayout"，然后按下【Alt】+【F11】组合键，打开 VBA 编辑器，在左侧的【工程—Project】任务窗格中定位到要使其全屏显示的文档中，这里定位到 Project（会议通知）中的 ThisDocument 节点，双击该节点打开右侧的代码窗口。

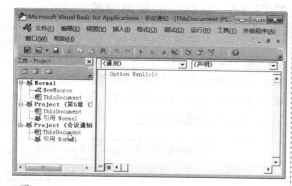

❷在代码窗口中输入以下代码，然后单击单击工具栏中的【运行子过程/用户窗体】按钮 ▶，或者按下【F5】键运行此代码。

```
Sub ReadingModeLayout()
'切换全屏显示模式
ActiveWindow.View.FullScreen = True
End Sub
```

❸此时即可看到文档"会议通知"呈全屏显示，窗口中只剩下一个竖直滚动条。

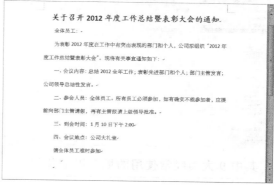

提示

如果用户要想恢复到原始状态，可以将代码中的 ActiveWindow.View.FullScreen=True 改为 ActiveWindow.View.FullScreen=False，然后按下【F5】键即可。

技巧 13 查看域的分类

"域"在 Word 中可以说是无处不在的，面对如此多的域，用户要想全部掌握或记忆这些域是很难的，但可以先从总体上掌握域的分类和常用域。

❶新建一个空白的 Word 文档，切换到【插入】选项卡，在【文本】组中单击 📄文档部件 按钮，从弹出的下拉列表中选择【域】选项。

❷弹出【域】对话框，单击【类别】右侧的下拉按钮▼，在弹出的下拉列表中可以看到 Word 将域分为 9 大类。

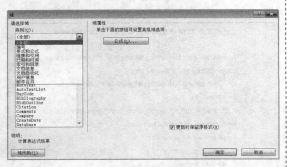

其中 9 大类经常使用的域有以下几种。

类别	常用域
编号	AutoNum，ListNum，Page，SectionPage，Seq
等式和公式	=（Formula），Eq，Symbol
链接和引用	Hyperlink，IncludePicture
日期和时间	Date，Time
索引和目录	TOC，TC
文档信息	FileName，NumPages，NumChars，NumWords
文档自动化	GoToButton, If, DocVariable, MacroButton
用户信息	UserAddress，UserName
邮件合并	Ask，MergeField，Next，Nextif，Set，SkipIF

与域相关的快捷键有以下几种。

快捷键	作用
Ctrl+F9	输入一个空域
F9	全部选择文档内容，则是对全文档的更新；插入点定位在单个代码上，则是对所在的域进行更新
Ctrl+Shift+F9	把选中区域的域结果转换为静态的文本
Shift+F9	显示所选内容的域代码或结果
Alt+F9	显示所有的域代码或结果
Ctrl+F11	锁定某个域，防止更新域结果
Ctrl+Shift+F11	解除域锁定以便更新域结果

技巧 14　隐藏域的灰色底纹

在 Word 生成的目录域或其他域往往都有灰色域底纹，当用户单击生成的域时，底纹就会显示出来，但这不影响打印效果，打印出来的域文档中没有底纹。用户可以使用下面的方法隐藏域底纹。

本实例的原始文件和最终效果所在位置如下。	
原始文件	素材\原始文件\05\行政管理制度手册.docx
最终效果	素材\最终效果\05\行政管理制度手册 1.docx

❶打开本实例的原始文件，将光标定位到目录中，此时底纹就会显示出来，因为系统默认是选取域时显示底纹，这里单击 文件 按钮，从弹出的下拉列表中选择【选项】选项。

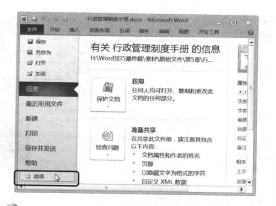

2 弹出【Word 选项】对话框，切换到【高级】选项卡，在【显示文档内容】组合框中的【域底纹】下拉列表中选择【不显示】选项，然后单击 确定 按钮即可使文档中的域底纹不显示。

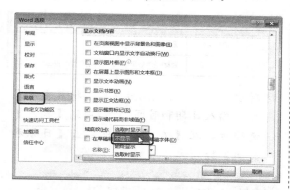

技巧 15　使用域查看文档的名称和保存位置

在 Word 文档中，用户不仅可以通过【属性】功能来查看文档的名称和保存位置，还可以使用域查看文档的名称和保存位置。具体的操作步骤如下。

本实例素材文件、原始文件和最终效果所在位置如下。	
原始文件	素材\原始文件\05\行政管理制度手册.docx
最终效果	无

1 打开本实例的原始文件，将光标定位到要插入文档的名称和保存位置的地方，切换到【插入】选项卡，在【文本】组中

单击 文档部件 按钮，从弹出的下拉列表中选择【域】选项。

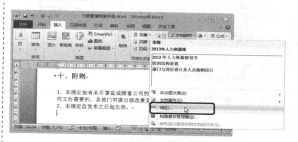

2 弹出【域】对话框，在【类别】下拉列表中选择【文档信息】选项，在【域名】列表框中选择【FileName】选项，然后单击 域代码(I) 按钮。

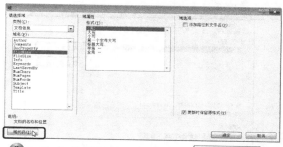

3 此时在【域】对话框中出现 选项(O)... 按钮，单击该按钮。

4 弹出【域选项】对话框，切换到【通用开关】选项卡，在【格式】列表框中选择一种显示格式，这里选择【半角】选项，然后单击 添加到域(A) 按钮将其添加到【域代码】文本框中。

⑤切换到【域专用开关】选项卡，在【开关】列表框中选中【\p】选项后单击 添加到域(A) 按钮，然后单击 确定 按钮。

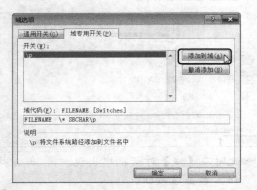

⑥返回【域】对话框中，此时在【高级域属性】组合框的【域代码】文本框中即可看到设置好的域代码，然后单击 确定 按钮。

⑦返回文档中，此时即可在文档的插入点定位处显示出该文档的名称和完整的保存路径。

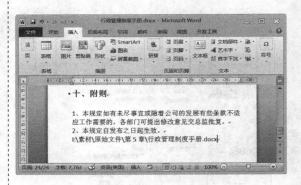

技巧 16　插入日期和时间

在 Word 文档的编辑过程中，有时需要插入日期和时间，而且插入的日期和时间可以保持不变，也可以随时更新。具体的操作步骤如下。

本实例的原始文件和最终效果所在位置如下。		
◎	原始文件	无
	最终效果	素材\最终效果\05\插入日期和时间.docx

①新建一个空白的 Word 文档，将其重命名为"插入日期和时间"。切换到【插入】选项卡，在【文本】组中单击【日期和时间】按钮 。

②弹出【日期和时间】对话框，在【语言（国家/地区）】下拉列表中选择【中文（中国）】选项，在【可用格式】列表框中选择一种样式。如果要保持时间自动更新，则需要选中【自动更新】复选框，不需要则不选，然后单击 确定 按钮。

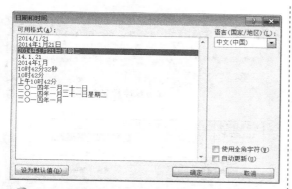

❸此时可以看到日期已经插入到文档中，按照同样的方法插入当前计算机的时间即可。

提示

用户还可以按下快捷键，快速地插入日期和时间，按下【Alt】+【Shift】+【D】快速插入日期，按下【Alt】+【Shift】+【T】快速插入时间。

技巧 17　使用 EQ 域输入分数

在文档中输入分数，需要安装公式编辑器，否则就无法输入分数。其实使用 EQ 域，也可以输入分数，而且这种方法更加简单、快速。具体的操作步骤如下。

本实例的原始文件和最终效果所在位置如下。	
原始文件	无
最终效果	素材\最终效果\05\用 EQ 域输入分数.docx

❶新建一个空白的 Word 文档，将其重命名为"用 EQ 域输入分数"。在文档中按下【Ctrl】+【F9】组合键输入一对域符号，

然后在其中输入域代码"EQ \F (2, 3)"。

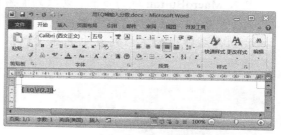

提示

注意在输入域代码时，必须处于英文编辑状态，而且"EQ"和"\F"之间一定要有空格，否则代码不正确，(2,3)之间也可以适当地添加空格。

❷按下【F9】键更新域，即可看到输入的分数效果。若要返回域代码状态，只需按下【Shift】+【F9】键。

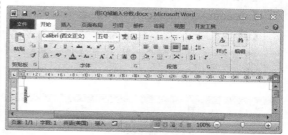

技巧 18　使用 MacroButton 域设置提示项

在 Word 自带的很多模板中都是使用了 MacroButton 域，使用该域，特别是在设置表单时，可以在其中设置提示项，用户只需单击该提示项，就可以填写内容，同时将提示项替换掉。

本实例的原始文件和最终效果所在位置如下。	
原始文件	素材\原始文件\05\申请表.docx
最终效果	素材\最终效果\05\用 MacroButton 域.docx

① 打开本实例的原始文件,将光标定位到要插入 MacroButton 域的位置,切换到【插入】选项卡,在【文本】组中单击 文档部件· 按钮,从弹出的下拉列表中选择【域】选项。

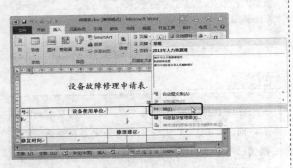

② 弹出【域】对话框,在【类别】下拉列表中选择【文档自动化】选项,在【域名】列表框中选择【MacroButton】选项,在【宏名】列表框中选择默认的【AcceptAllChangesInDoc】选项,然后在【显示文字】文本框中输入"请输入故障情况和工作内容",然后单击 确定 按钮。

③ 此时表格中已经加入了提示项,按下【Shift】+【F9】组合键可以切换到域代码状态,再次切换又会返回域结果状态,用户只要单击该提示项即可在此输入内容,替换提示项。

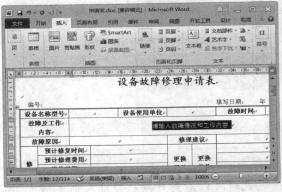

技巧 19 快速找到 Normal.dotm 模板

在 Word 中利用 Template 域可以快速找到 Normal.dotm 模板,具体的方法如下。

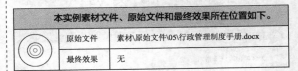

	本实例素材文件、原始文件和最终效果所在位置如下。	
	原始文件	素材\原始文件\05\行政管理制度手册.docx
	最终效果	无

① 打开本实例的原始文件,将光标定位到文档的末尾,切换到【插入】选项卡,在【文本】组中单击 文档部件· 按钮,从弹出的下拉列表中选择【域】选项。

② 弹出【域】对话框,在【域名】列表框中选择【Template】选项,选中上方的【添加路径到文件名】复选框,然后单击 确定 按钮。

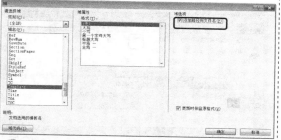

❸此时在文档中会得到一段文字，如图
所示。

❹用户只要复制该段文字中的部分内容
"C:\Users\shenlong\AppData\Roaming\Mi
crosoft\Templates"即可，然后按下【Win】
+【E】组合键，打开资源管理器，在地
址栏中粘贴刚才复制的内容。

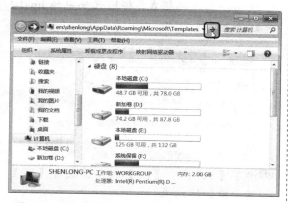

❺单击【转到】按钮，或者按下【Enter】
键均可在窗口中看到 Normal.dotm 模板
文件。

技巧 20 输入 "$\widehat{AB}$" 的方法

在 Word 中利用公式编辑器和 EQ 域都可
以输入 "$\widehat{AB}$" 的效果。

1. 公式编辑器法

具体的操作步骤如下。

❶新建一个空白的 Word 文档，切换到【插
入】选项卡，在【符号】组中单击 π 公式
按钮。

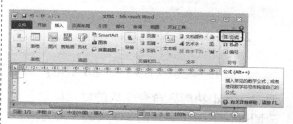

❷此时在文档中即可出现【在此处插入公
式】内容控件，在【公式工具】栏中，
切换到【设计】选项卡，在【结构】组
中单击 ā 导数符号 按钮，从弹出的下拉列
表框中选择【乘幂号】选项。

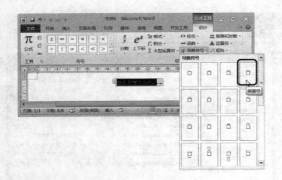

❸ 在公式框中选中虚线框，输入 "AB"，然后在公式框外的任意区域单击鼠标左键，退出公式编辑模式，效果如图所示。

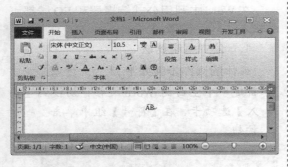

2. EQ 域

利用 EQ 域也可以输入 "$\widehat{AB}$"，用户只需要对 Word 功能区命令生成的域代码进行修改即可，下面介绍使用 EQ 域的 3 种方法。

● **修改【拼音指南】域代码**

具体的操作步骤如下。

❶ 在新建的文档中输入 "AB⌒"，选中 "⌒"，按下【Ctrl】+【X】组合键将其剪切。切换到【开始】选项卡，在【字体】组中单击【拼音指南】按钮。

❷ 弹出【拼音指南】对话框，在【拼音文字】文本框中按下【Ctrl】+【V】组合键粘贴符号 "⌒"，单击 [组合(G)] 按钮，然后单击 [确定] 按钮。

❸ 选中 $\widehat{AB}$，然后按下【Shift】+【F9】组合键切换到代码模式，将域代码中的 hps10 改为 hps25。

❹ 按下【Shift】+【F9】组合键或者【F9】键切换到域结果。

●修改【带圈字符】域代码

具体的操作步骤如下。

❶在新建的文档中，切换到【开始】选项卡，在【字体】组中单击【带圈字符】按钮🔘。

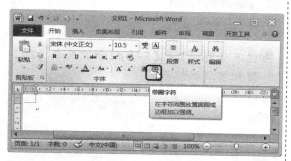

❷弹出【带圈字符】对话框，在【文字】文本框中输入"AB"，然后单击 确定 按钮。

❸选中 ⒶⒷ，按下【Shift】+【F9】组合键切换到代码模式，将域代码中的"○"改为"︵"。

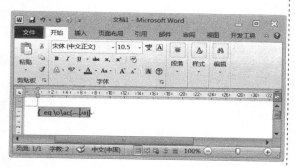

❹选中域代码中的"︵"，按下【Ctrl】+【D】组合键，打开【字体】对话框，切换到

【高级】选项卡，在【位置】下拉列表中选择【提升】选项，在【磅值】微调框中输入"6 磅"，然后单击 确定 按钮。

❺按下【Shift】+【F9】组合键或者【F9】键切换到域结果。

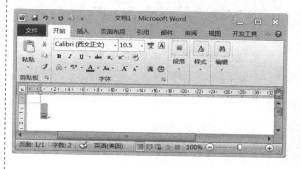

●修改【合并字符】域代码

具体的操作步骤如下。

❶在新建的文档中，切换到【开始】选项卡，在【段落】组中单击【中文版式】按钮✕，从弹出的下拉列表中选择【合并字符】选项。

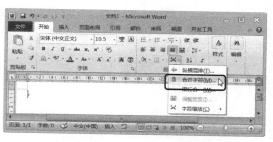

2 弹出【合并字符】对话框，在【文字（最多六个）】文本框中输入"AB"，在【字体】下拉列表中选择【宋体】选项，然后单击 确定 按钮。

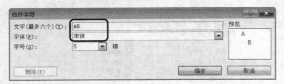

3 选中 ^A_B，按下【Shift】+【F9】组合键切换到域代码模式。

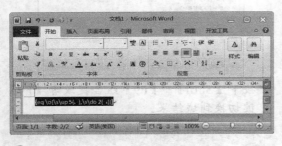

4 修改"A"、"B"分别为"⌒"、"AB"，再适当地修改字体的大小即可。

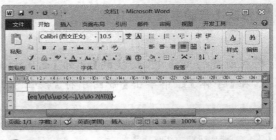

5 按下【Shift】+【F9】组合键或者【F9】键切换到域结果。

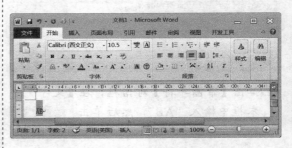

Excel 篇

　　Excel 是目前办公领域常用的一款集电子表格制作、数据处理与分析等功能于一体的软件,目前已经广泛地应用于各行各业。Excel 具有强大的表格处理功能,利用 Excel 可以设计出各种复杂的报表,同时 Excel 还具有完善的数据管理、计算和分析等功能。

　　本篇将以 Excel 2010 为例,介绍 Excel 各种功能的使用方法和技巧,以便用户提高工作的效率。

第 6 章
工作表基本操作

要想灵活地运用 Excel 进行各种操作，必须先掌握工作表的基本操作。工作簿是 Excel 最常用的对象之一，在 Excel 中所做的任何操作都存放在工作簿中，其扩展名形式为 ".xlsx"；而工作簿是由工作表组成的，所以几乎所有对 Excel 的基本操作都基于工作表。

要 点 导 航

- 选择多个工作表相同区域
- 隐藏工作表中的数据内容
- 设置单元格区域背景
- 重复打印标题行
- 制作斜线表头

技巧 1 选择多个工作表相同区域

选择单元格区域，是 Excel 用户常常需要进行的操作。用户不但可以在一张工作表中选择多个区域，而且还可以在多张工作表中选择相同的区域。

多张工作表的数据结构完全相同，需要对它们进行同样的设置（如设置同样的标题格式、添加边框等）时，可以使用技巧快速准确地进行选择。

本实例的原始文件和最终效果所在位置如下。	
原始文件	素材\原始文件\06\产品信息表.xlsx
最终效果	无

具体操作步骤如下。

❶ 打开本实例的原始文件，切换到工作表"A 系列"中，选中单元格区域 A2:D2。

❷ 按住【Ctrl】键，然后选中单元格标签"B 系列"，就可以选中工作表"A 系列"和"B 系列"中的相同区域。此时，所有被选中的工作表的标签将会反白显示，同时在 Excel 工作簿的标题栏上会出现"[工作组]"字样。

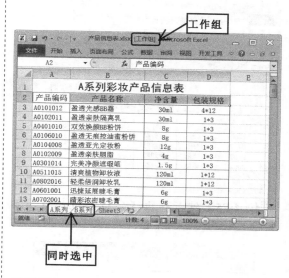

提示

用户也可以先按住【Ctrl】键选中多张工作表，然后再选择单元格区域，效果是一样的。

如果想要取消工作组，用户只需在工作组中的任意工作表标签上单击鼠标右键，从弹出的快捷菜单中选择【取消组合工作表】菜单项，即可取消工作组。

技巧 2 使用定位功能选中多张图片

如果用户想在工作表中选中具有某种特性的单元格，比如选择所有包含公式或者图片的单元格，但是在选择之前并不清楚包含公司的单元格或者单元格区域的地址，此时可以利用 Excel 内置的定位功能来进行操作。

本实例的原始文件和最终效果所在位置如下。	
原始文件	素材\原始文件\06\员工绩效考核表.xlsx
最终效果	无

具体操作步骤如下。

❶ 打开本实例的原始文件，切换到工作表 Sheet1 中，选中任意一个图片。

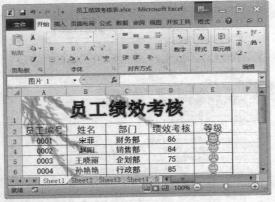

② 按【F5】键，弹出【定位】对话框，单击 定位条件(S)... 按钮。

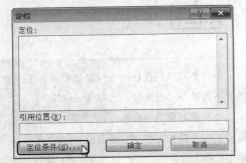

③ 弹出【定位条件】对话框，在【选择】组合框组中选中【对象】单选钮。

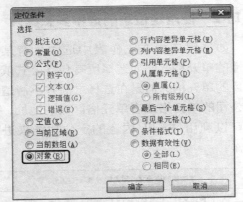

④ 单击 确定 按钮返回工作表中，此时即可选中工作表中所有单元格中的图片。

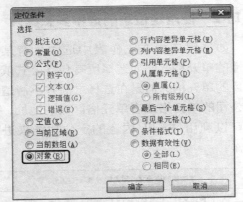

提示

在【定位条件】对话框中包含许多用于定位的选项，选择其中一项，Excel 就会在目标区域内选定所有符合该项条件的单元格。所谓目标区域，是指如果在使用定位功能以前只选定了一个单元格，那么定位的目标区域就是工作表的整个活动区域；如果用户选定了单元格区域，那么目标区域就仅仅是选定的单元格区域。

技巧 3 隐藏工作表中的数据内容

在 Excel 2010 中，用户可以通过隐藏行和列来隐藏单元格区域和数据内容，但是用户如果只想隐藏部分单元格或者在显示所有行号列标的情况下仍然能够把工作表中不希望显示的数据内容隐藏起来，此时需要使用自定义数字格式设置来实现。

本实例的原始文件和最终效果所在位置如下。		
	原始文件	素材\原始文件\06\员工绩效考核表.xlsx
	最终效果	素材\最终效果\06\员工绩效考核表 1.xlsx

具体操作步骤如下。

① 打开本实例的原始文件，选中单元格区域 D3:D14，切换到【开始】选项卡中，单击【字体】组右下角的【对话框启动器】按钮 。

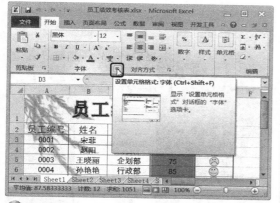

② 弹出【设置单元格格式】对话框，切换到
【数字】选项卡中，在【分类】列表框中
选择【自定义】选项，在右侧的【类型】
文本框中输入 3 个半角分号 ";;;"。

③ 设置完毕单击 确定 按钮返回工作
表中，即可将选中的单元格区域的数据
内容隐藏起来。

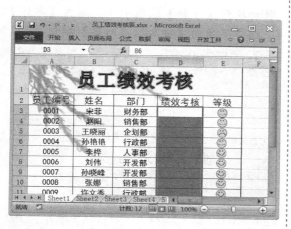

技巧 4　快速切换工作表

　　通常情况下，切换到某个工作表的方法
是单击该工作表标签。Excel 窗口底部会水
平并排显示所有工作表的标签。但如果工作
簿中包含的工作表很多，此时就要通过工作
表的导航栏中的各个按钮，或者利用右键快
捷菜单来实现。

本实例的原始文件和最终效果所在位置如下。	
原始文件	素材\原始文件\06\员工绩效考核表.xlsx
最终效果	无

① 打开本实例的原始文件，会发现该工作簿
中包含多个工作表，此时可以通过工作
表的导航栏快速切换各个工作表。单击
按钮可在 Excel 窗口底部的水平位置
处显示第一张工作表；单击 按钮会显
示上一张；单击 按钮显示下一张；单
击 按钮会显示最后一张工作表。

② 用户也可以在工作表导航栏上单击鼠标
右键，从弹出的快捷菜单中选择需要的
工作表选项，例如选择【Sheet4】选项。

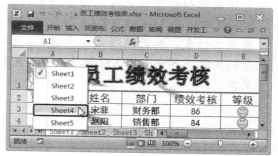

需注意的是在 Excel 2010 中，工作表标签列表中只显示前 15 张工作表的标签，如果工作簿中的工作表数量超过 15 张，则显示为【其他工作表】，用户可以单击【其他工作表】选项，这时弹出【活动文档】对话框，在该对话框中列出了全部的工作表标签，选中所需的工作表标签，然后单击 确定 按钮即可切换到所选择的工作表中。或者在【活动文档】对话框中直接双击想要切换到的工作表的标签选项。

技巧 5　设置单元格区域背景

用户一般都会为工作表添加背景图片，默认情况下，添加的背景图片会平铺在整个工作表中，而且无法打印出来。如果用户不希望背景图片在整个工作表中平铺显示，只显示在特定的数据区域内，用户可以在插入背景图片后对表格进行如下操作。

本实例的原始文件和最终效果所在位置如下。	
原始文件	素材\原始文件\06\员工绩效考核表.xlsx
最终效果	素材\原始文件\06\员工绩效考核表 2.xlsx

具体操作步骤如下。

❶打开本实例的原始文件，切换到工作表 Sheet1 中，按【Ctrl】+【A】组合键选中整张工作表，然后单击鼠标右键，从弹出的快捷菜单中选择【设置单元格格式】菜单项。

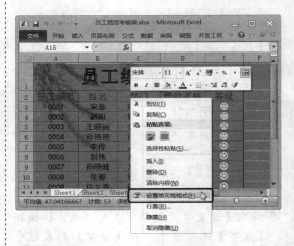

❷弹出【设置单元格格式】对话框，切换到【填充】选项卡中，在【背景色】组合框中选择【白色，背景 1】选项，设置完毕单击 确定 按钮返回工作表中，即可将单元格底纹设置为白色。

❸切换到【开始】选项卡中，单击【字体】组右下角的【对话框启动器】按钮。

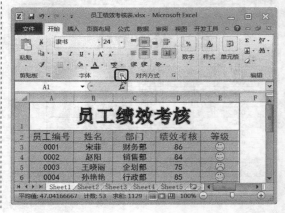

④弹出【设置单元格格式】对话框,切换到【填充】选项卡中,单击【背景色】组合框中的 [无颜色] 按钮。

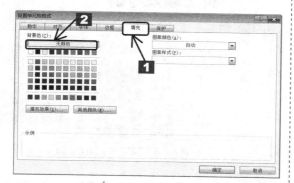

⑤设置完毕单击 [确定] 按钮返回工作表中,即可看到设置后的效果。

技巧6 不用公式查看计算结果

在 Excel 中并不是所有计算都要利用公式,用户可以在状态栏上快速查看所选单元格区域中的最大值、最小值、平均值、计数和计数值等对应的结果。

本实例的原始文件和最终效果所在位置如下。	
原始文件	素材\原始文件\06\员工绩效考核表.xlsx
最终效果	无

具体操作步骤如下。

①打开本实例的原始文件,切换到工作表 Sheet1 中,选中单元格区域 D3:D14,此时在状态栏中显示出所选区域的平均值、计数以及求和项数值。

②查看"绩效考核"的最大值。选中单元格区域 D3:D14,然后在状态栏上单击鼠标右键,从弹出的快捷菜单中选择【最大值】菜单项。

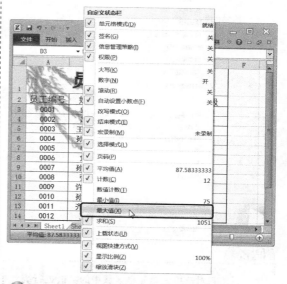

③单击工作表任意位置,此时即可看到在状态栏上显示出所选单元格区域中的最大值。

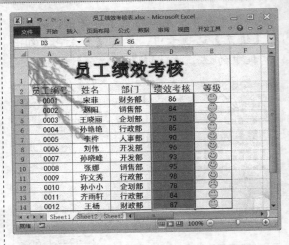

④ 按照同样的操作方法，可以查看所选区域的最小值等项目。如果用户想要取消查看，可以在状态栏上单击鼠标右键，从弹出的快捷菜单中单击已选项目撤选。

自定义状态栏	
✓ 单元格模式(D)	就绪
✓ 签名(G)	关
✓ 信息管理策略(I)	关
✓ 权限(P)	关
大写(K)	关
数字(N)	开
✓ 滚动(R)	关
✓ 自动设置小数点(F)	关
改写模式(O)	
✓ 结束模式(E)	
✓ 宏录制(M)	未录制
✓ 选择模式(L)	
✓ 页码(P)	
平均值(A)	87.58333333
计数(C)	12
数值计数(T)	
最小值(I)	75
最大值(X)	98
求和(S)	1051
✓ 上载状态(U)	
✓ 视图快捷方式(V)	
✓ 显示比例(Z)	100%
✓ 缩放滑块(Z)	

提示

系统只对选中的单元格区域中的数值进行统计，而文本信息将除外。

⑤ 单击工作表任意位置即可看到状态栏中的显示结果。

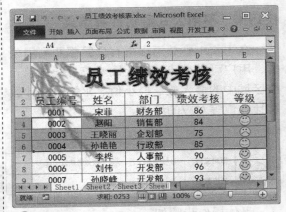

技巧 7　快速插入多行或多列

在工作表中插入行或列时，除了利用右键快捷菜单项外，用户还可以通过组合键快速插入。

本实例的原始文件和最终效果所在位置如下。	
原始文件	素材\原始文件\06\员工绩效考核表.xlsx
最终效果	素材\原始文件\06\员工绩效考核表3.xlsx

具体操作步骤如下。

① 打开本实例的原始文件，切换到工作表"Sheet1"中，想要在第 3 行和第 4 行之间插入 3 行空白行，首先需要选中第 4、5、6 三行。

② 直接按下【Ctrl】+【Shift】+【=】组合键，即可快速地在第 3 行的下方插入 3 行空白行。

提示

用户想要插入几行或几列，就需要选中几行或几列。

技巧 8　重复打印标题行

如果打印的工作表中含有大量的数据信息，通常需要设置打印的标题，以使得在每页的顶端都能打印出工作表的标题。

本实例的原始文件和最终效果所在位置如下。	
原始文件	素材\原始文件\06\员工工资表.xlsx
最终效果	素材\最终效果\06\员工工资表1.xlsx

具体操作步骤如下。

①　打开本实例的原始文件，切换到工作表"工资条"中，切换到【页面布局】选项卡中，单击【页面设置】组右下角的【对话框启动器】按钮。

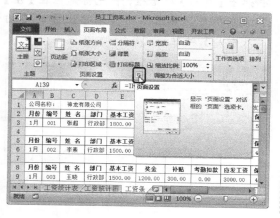

②　弹出【页面设置】对话框，切换到【工作表】选项卡中，单击【打印标题】组合框中的【顶端标题行】文本框右侧的【折叠】按钮。

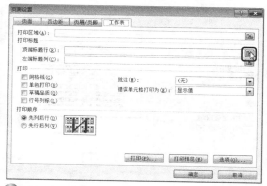

③　返回工作表中，选中第1行，然后单击【页面设置 - 顶端标题行:】对话框右侧的【展开】按钮。

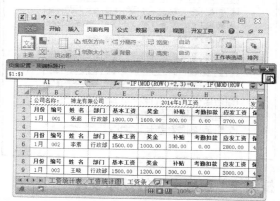

④　返回【页面设置】对话框，单击 打印预览(W) 按钮。

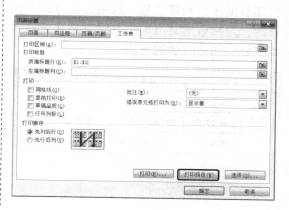

⑤ 进入打印预览状态，单击预览下方的【下一页】按钮 ▶。

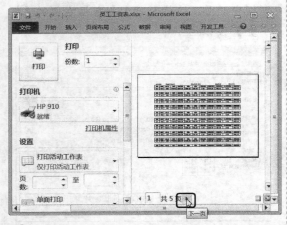

⑥ 即可看到第 2 页中也显示了标题行。

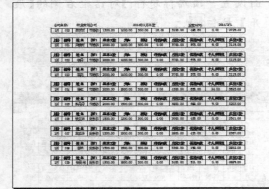

技巧 9　页眉页脚的打印设置

页眉和页脚是位于工作表顶部和底部的一行信息，主要用于显示标题名称、页码、打印日期和时间等信息。这里介绍打印工作表时，为其自定义页眉和页脚以及在页眉或页脚处添加分隔线的方法。

本实例的素材文件、原始文件和最终效果所在位置如下。		
	素材文件	素材\素材文件\06\公司 LOGO.jpg、直线.jpg
	原始文件	素材\原始文件\06\员工工资表 1.xlsx
	最终效果	素材\最终效果\06\员工工资表 2.xlsx

1.　自定义页眉和页脚

① 打开本实例的原始文件，切换到【页面布局】选项卡中，单击【页面设置】组右下角的【对话框启动器】按钮。

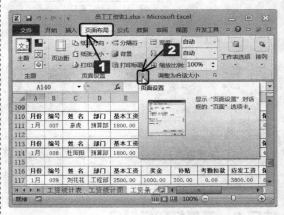

② 弹出【页面设置】对话框，切换到【页眉/页脚】选项卡，单击 自定义页眉(C)... 按钮。

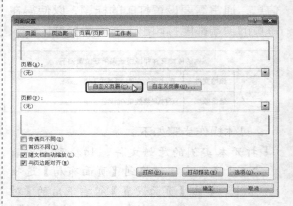

③ 弹出【页眉】对话框，将光标定位在【左】文本框中，然后单击文本框上方的【插入图片】按钮 。

④弹出【插入图片】对话框，在【查找范围】下拉列表中选择所需图片的存放路径，然后选择需要的图片，这里选择【公司LOGO.jpg】选项。

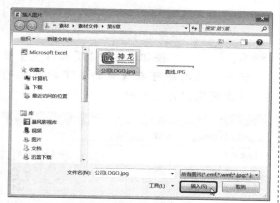

⑤单击 插入(S) 按钮返回【页眉】对话框中，此时在【左】文本框中显示出"&[图片]"字样的设置效果。选中该图片，单击【设置图片格式】按钮 。

⑥弹出【设置图片格式】对话框，切换到【大小】选项卡中，在【大小和转角】组合框中的【高度】微调框中输入"0.8厘米"，选中【锁定纵横比】和【相对原始图片大小】复选框。

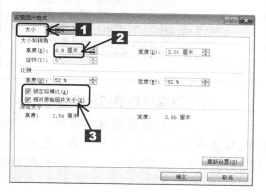

⑦单击 确定 按钮返回【页眉】对话框，在【右】文本框中输入"神龙有限公司"，然后选中该文本，单击【文本格式】按钮 A 。

⑧弹出【字体】对话框，在【字体】列表框中选择【华文新魏】选项；在【字形】列表框中选择【常规】选项；在【大小】列表框中选择【14】选项。

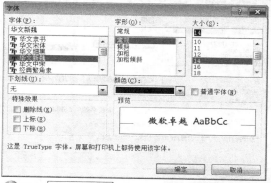

⑨单击 确定 按钮，返回【页眉】对话框，再次单击 确定 按钮返回【页面设置】对话框，即可预览到页眉的设置效果。

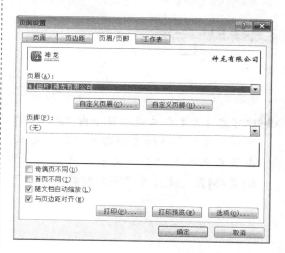

⑩ 接下来设置页脚，单击 自定义页脚(U)... 按钮，弹出【页脚】对话框，在【左】文本框中输入"机密"，然后选中该文本，单击【格式文本】按钮 A 。

⑪ 弹出【字体】对话框，在【字形】列表框中选择【加粗】选项。

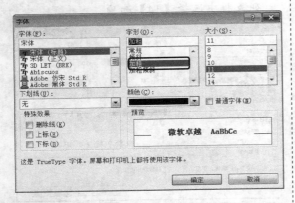

⑫ 单击 确定 按钮返回【页脚】对话框，将光标定位在【右】文本框中，单击【插入页码】按钮 。

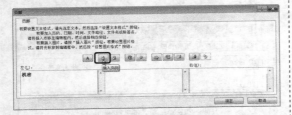

⑬ 即可在【右】文本框中显示出"&[页码]"字样，在该字样的左侧输入"第"文本，在其右侧输入"页"文本，将文本"第&[页码]页"设置为"华文新魏，12号"。

⑭ 单击 确定 按钮，返回【页面设置】对话框，此时即可在【页脚】下拉列表的下方预览到自定义的页脚效果。

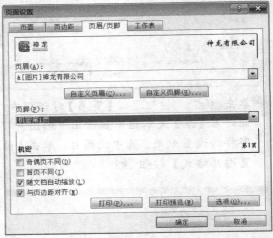

⑮ 单击 打印预览(W) 按钮，即可预览页眉和页脚的设置效果。

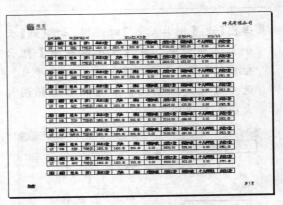

2. 在页眉或页脚添加分隔线

在 Excel 中设置页眉或页脚后，用户可以在页眉或页脚添加一条分隔线，使得打印的报表更加专业。在自定义页眉和页脚后继续进行以下的操作。

①按照前面介绍的方法打开【页面设置】对话框，切换到【页眉/页脚】选项卡，单击 自定义页眉(C)... 按钮，弹出【页眉】对话框，在该对话框中将光标置于【中】文本框内，按下两次【Enter】键，此时将光标移动到第 3 行位置处，然后单击【插入图片】按钮 。

②弹出【插入图片】对话框，在【查找范围】下拉列表中选择所需图片的存放路径，然后选择需要的图片，这里选择【直线.jpg】选项。

③单击 插入(S) 按钮，即可在【页脚】对话框中的【中】文本框中显示出"&[图片]"字样的设置效果。然后选中这 3 行，单击【设置字体格式】按钮 A 。

④弹出【字体】对话框，在【大小】列表框中选择【9】选项，其他设置均保持默认状态。

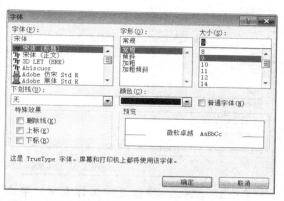

⑤单击 确定 按钮返回【页眉】对话框，单击【图片设置】按钮 ，弹出【设置图片格式】对话框。切换到【大小】选项卡，首先在【比例】组合框中撤选【锁定纵横比】复选框，然后在【大小和转角】组合框中的【高度】微调框中输入"0.02 厘米"，在【宽度】微调框中输入"21.99 厘米"。

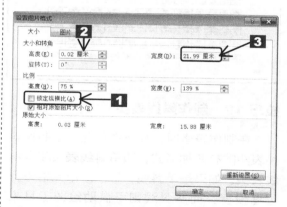

⑥单击 确定 按钮返回【页脚】对话框，继续单击 确定 按钮返回【页面设置】对话框，此时即可在选项卡下方的文本框中预览到添加的分隔线的效果。

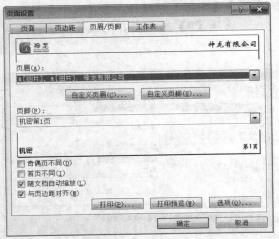

⑦单击 [确定] 按钮返回工作表中，单击
[文件] 按钮，从弹出的菜单张选择【打印】
菜单项，即可看到分隔线的设置效果。

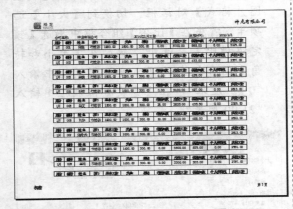

技巧 10　制作斜线表头

在制作表格时，涉及在单元格中制作斜线表头的有两种形式，即单斜线表头和多斜线表头。如果是单斜线，可以对单元格进行边框设置，而多斜线则可借助绘图工具来完成。

本实例的原始文件和最终效果所在位置如下。		
	原始文件	素材\原始文件\06\产品地区销量统计表.xlsx
	最终效果	素材\最终效果\06\产品地区销量统计表.xlsx

1.　单斜线表头

如果表头中只需要一条斜线，可以利用 Excel 2010 中的边框功能来添加斜线，然后添加文字内容，具体操作步骤如下。

①打开本实例的原始文件，切换到工作表"单斜线表头"中，选中单元格 A2，然后单击鼠标右键，从弹出的快捷菜单中选择【设置单元格格式】菜单项。

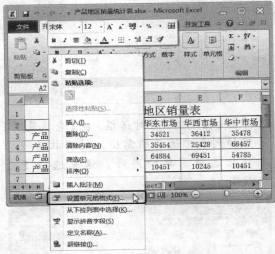

②弹出【设置单元格格式】对话框，切换到【边框】选项卡，在【线条】组合框中的【样式】列表框中选择一种合适的样式，在【边框】组合框中单击 [\\] 按钮。

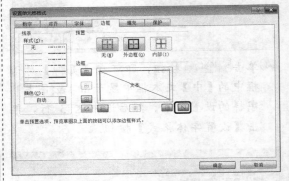

③单击 [确定] 按钮返回工作表中，调整该单元格所在行和列的行高和列宽。

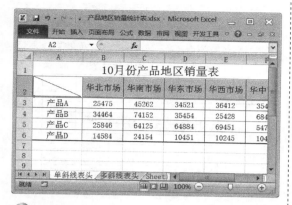

④ 利用文本框来添加文本信息。切换到【插入】选项卡中，单击【文本】组中的【文本框】按钮 📄 的下半部分按钮 ，从弹出的下拉列表中选择【横排文本框】选项。

⑤ 当鼠标指针变成 "↓" 形状时，在单元格 A2 中的合适位置按住鼠标左键不放，拖动至合适位置后释放鼠标左键即可添加一个文本框，然后在其中输入相应的信息，在此输入 "地区"。

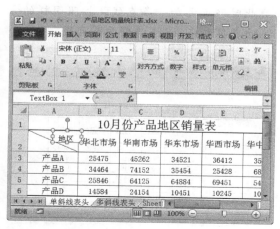

⑥ 按照同样的方法添加 "产品" 文本框，并利用鼠标调整文本框的大小和位置。然后按住【Ctrl】键分别选中这两个文本框，单击鼠标右键，从弹出的快捷菜单中选择【设置对象格式】菜单项。

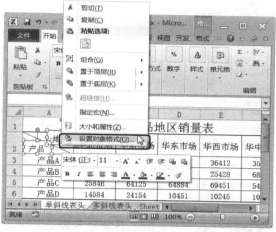

⑦ 弹出【设置形状格式】对话框，切换到【填充】选项卡，在【填充】组合框中选中【无填充】单选钮。

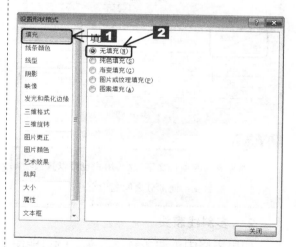

⑧ 切换到【线条颜色】选项卡，在【线条颜色】组合框中选中【无线条】单选钮。

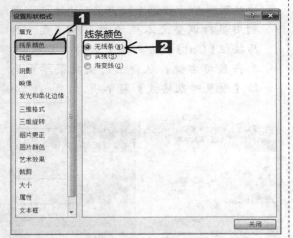

⑨ 单击 [关闭] 按钮返回工作表中，单击工作表中的其他任意一个单元格，此时即可看到文本框的设置效果。

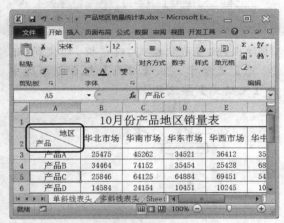

提示

如果表头的项目文字较少，用户也可以直接输入文字，然后在不同部分之间利用空格来调整。

2. 多斜线表头

如果表格中需要多斜线表头，就只能使用 Excel 2010 的插入形状功能来完成了。

❶ 切换到工作表"多斜线表头"中，选中单元格 A3，调整该单元格所在行和列的行高和列宽。

❷ 切换到【插入】选项卡中，单击【插图】组中的【形状】按钮，从弹出的下拉列表中选择【直线】选项。

❸ 当鼠标指针变成"十"形状时，在单元格的左上角处按住鼠标左键不放，拖动至单元格中合适位置后释放鼠标左键，此时即可添加一条直线。按照同样的方法在单元格 A3 中绘制两条直线。

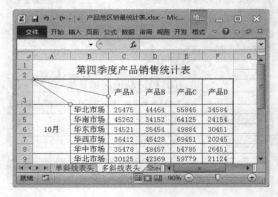

④ 按住【Ctrl】键的同时选中这两条直线，单击鼠标右键，从弹出的快捷菜单中选择【设置对象格式】菜单项，弹出【设置形状格式】对话框，切换到【线条颜色】选项卡中，在【颜色】下拉列表中选择【黑色，文字1】选项。

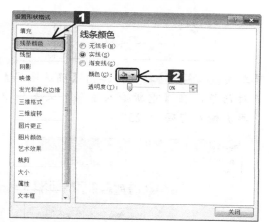

⑤ 单击 关闭 按钮返回工作表中，按照前面介绍的方法，利用文本框添加相应的项目名称。

技巧 11 快速改变行列的次序

改变行列次序是在 Excel 中常常需要进行的操作，例如下图中想要把 B 列和 C 列中的内容调换。

	A	B	C	D
1	a1	b1	c1	
2	a2	b2	c2	
3	a3	b3	c3	
4	a4	b4	c4	
5	a5	b5	c5	
6	a6	b6	c6	
7	a7	b7	c7	
8	a8	b8	c8	
9				

通常使用的方法是先剪切 C 列，然后选定 B 列，单击鼠标右键，从弹出的快捷菜单中选择【插入剪切的单元格】菜单项。

事实上，用户可以使用鼠标拖动的方法更快捷地改变行列的次序。具体操作步骤如下。

① 选中单元格 C 列，将鼠标指针移动至 C 列左侧的黑色边框上，此时鼠标指针变为 形状。

	A	B	C	D
1	a1	b1	c1	
2	a2	b2	c2	
3	a3	b3	c3	
4	a4	b4	c4	
5	a5	b5	c5	
6	a6	b6	c6	
7	a7	b7	c7	
8	a8	b8	c8	
9				

② 按住【Shift】键的同时，向左拖动鼠标至 B 列的左侧，此时可以看到在 A 列和 B 列之间出现一条 T 字形虚线。

	A	B	C	D
1	a1	b1	c1	
2	a2	b2	c2	
3	a3	b3	c3	
4	a4	b4	c4	
5	a5	b5	c5	
6	a6	b6	c6	
7	a7	b7	c7	
8	a8	b8	c8	
9				

③ 释放鼠标，即可看到 B 列和 C 列的列次序发生改变。

	A	B	C	D
1	a1	c1	b1	
2	a2	c2	b2	
3	a3	c3	b3	
4	a4	c4	b4	
5	a5	c5	b5	
6	a6	c6	b6	
7	a7	c7	b7	
8	a8	c8	b8	
9				

技巧 12　隐藏单元格中的公式

在实际工作中，如果不希望他人查看单元格中的公式，可以将其隐藏起来。

本实例的原始文件和最终效果所在位置如下。	
原始文件	素材\原始文件\06\员工工资表 2.xlsx
最终效果	素材\最终效果\06\员工工资表 3.xlsx

具体操作步骤如下。

1 打开本实例的原始文件，切换到工作表"工资统计表"，选中需要隐藏公式的单元格区域 K3:K42，按下【Ctrl】+【1】组合键，弹出【设置单元格格式】对话框，切换到【保护】选项卡中，选中【隐藏】复选框。

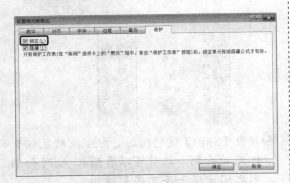

2 单击　确定　按钮返回工作表中，切换到【审阅】选项卡中，单击【更改】组中的　保护工作表　按钮，弹出【保护工作表】对话框，在【取消工作表保护时使用的密码】文本框中输入密码"123"。

3 单击　确定　按钮，弹出【确认密码】对话框，在【重新输入密码】文本框中再次输入密码"123"。

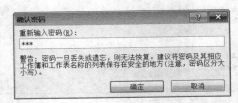

4 单击　确定　按钮返回工作表中，选中设置工作表保护的单元格，即可看到其公式已经被隐藏起来。

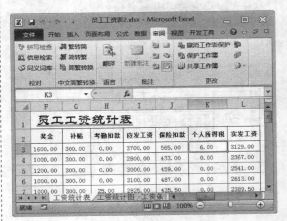

第 7 章
数据处理

在 Excel 中进行数据处理时，经常会涉及一些输入特殊符号、输入日期和时间、设置数据有效性以及超链接设置等操作。掌握一些操作技巧，可以在创建表格时达到事半功倍的效果。

要 点 导 航

- 输入当前日期或时间
- 自定义数字格式
- 巧用选择性粘贴
- 自动填充的妙用
- 快速插入特殊符号
- 设置超链接

技巧 1　输入当前日期或时间

在 Windows 7 系统下，日期的默认格式一般是"年/月/日"或"年-月-日"；时间中的时、分、秒之间以冒号（:）分隔。在 Excel 中输入日期和时间时应注意与 Windows 默认的格式一致。

Excel 2010 中默认的日期格式为"*2001/3/14"，例如输入日期"2014-1-1"，按下【Enter】键后会自动转换为"2014/1/1"。

	A	B	C	D
1				
2		2014-1-1		
3				
4				
5				

	A	B	C	D
1				
2		2014/1/1		
3				
4				
5				

如果要输入当前日期或时间，还可以使用快捷键进行快速输入：输入当天的日期，按【Ctrl】+【;】组合键；输入当前的时间，按【Ctrl】+【Shift】+【;】组合键；如果要在同一个单元格中输入当前日期和时间，可在二者间用空格分隔。

	A	B	C
1			
2	当前日期：	2013/12/14	
3	当前时间：	10:08	
4	当前时间和日期：	2013/12/14 10:09	
5			

技巧 2　输入分数

在 Excel 2010 单元格中直接输入形式如"1/4"这样的真分数，Excel 系统会认为是日期，按下【Enter】键后会自动转化为"1月4日"。

	A	B	C	D
1				
2		1/4		
3				
4				

	A	B	C	D
1				
2		1月4日		
3				
4				

如果要输入分数 1/4，可以首先输入 0 和空格，然后再输入"1/4"，按下【Enter】键即可。选中输入该分式的单元格，在编辑栏中可以看到数值 0.25。

	A	B	C	D
1				
2		0 1/4		
3				
4				

	A	B	C	D
1				
2		1/4		
3				
4				

技巧 3　自定义数字格式

● 创建自定义格式

Excel 2010 内置的数字格式有多种，能够满足用户在一般情况下的需要。另外，用户也可以自定义数字格式，按下【Ctrl】+【1】组合键或者切换到【开始】选项卡，单击【数字】组右下角的【对话框启动器】按钮，随即会弹出【设置单元格格式】对话框，切换到【数字】选项卡，在【分类】列表框中选择【自定义】选项，此时即可在【类型】文本框中输入自定义的数字格式或者修改原有的格式。

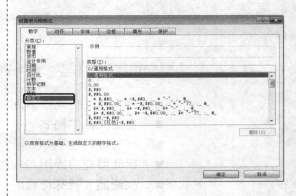

在【类型】下方的列表框中包含很多格式代码，这些代码是 Excel 系统中内置的数字格式所对应的格式代码，或者是由用户已经创建的自定义数字格式的格式代码。

提示

> 如果用户先在【分类】列表框中选择了一种内置的数字格式，并在【类型】列表框中选择某种类型，然后在【分类】列表框中再选择【自定义】选项，就可以在【类型】文本框中显示出与之对应的格式代码，用户可在原有格式代码的基础上进行修改，从而更快捷地得到自己的自定义格式代码。

● **自定义格式代码**

自定义格式代码可以为 4 种类型的数值设置不同的格式，即正数、负数、零值和文本。在代码中用分号"；"来分隔不同的区段。例如自定义如下的数字格式代码：

#,##0.0;[红色]-#,##0.00;[蓝色]G/通用格式;""""@"""

该格式代码的作用是：将正数显示为带千分号和一位小数的数值；负数显示为带千分号和二位小数、红色的数值；零值显示为蓝色；文本加上双引号。应用此格式即可得到相应的显示结果。

技巧 4 巧用选择性粘贴

用户复制单元格或单元格区域后，可以使用【开始】选项卡中的【粘贴】按钮的上半部分按钮、【Ctrl】+【V】组合键来

粘贴内容，这种粘贴方法可以将原始单元格区域中的所有内容，包括单元格格式、数据有效性等信息，全部复制到目标区域中。但有时用户可能为了某种特殊需要，不想把原始单元格区域中的全部内容复制到目标区域，例如只想复制格式，或只想复制单元格中的数值而不包括其中的公式。如果用户需要对粘贴内容进行控制，那么可以使用"选择性粘贴"功能。

本实例的原始文件和最终效果所在位置如下。	
原始文件	素材\原始文件\07\销售统计表.xlsx
最终效果	素材\最终效果\07\销售统计表.xlsx

● **粘贴选项**

通过设置粘贴选项，用户可以有选择地进行粘贴操作。下面以只粘贴"值和数字格式"为例进行介绍。

具体操作步骤如下。

❶ 打开本实例的原始文件，切换到工作表"原始数据"中，选中单元格区域 A2:F6（此单元格区域设置了单元格格式，并且在"合计"列的单元格中包含有公式），按下【Ctrl】+【C】组合键进行复制。

❷ 切换到工作表"粘贴"中，选中单元格 A2，然后切换到【开始】选项卡中，单击【剪贴板】组中的【粘贴】按钮的下半部分按钮，从弹出的下拉列表中选择【选择性粘贴】选项。

时完成指定的数学运算，具体的操作步骤如下。

❶ 切换到工作表"运算"中，选中单元格 B8，按下【Ctrl】+【C】组合键进行复制，然后选中单元格区域 B3:D6。

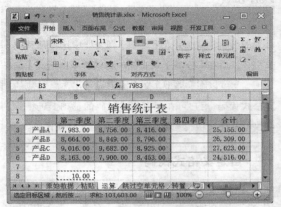

❸ 弹出【选择性粘贴】对话框，在【粘贴】组合框中选中【值和数字格式】单选钮，然后单击 确定 按钮。

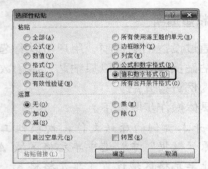

❹ 返回工作表中即可看到只复制"值和数字格式"的效果。

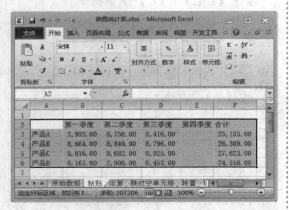

❷ 单击鼠标右键，从弹出的快捷菜单中选择【选择性粘贴】▶【选择性粘贴】菜单项。

● 运算选项

在【选择性粘贴】对话框的【运算】组合框中有【加】、【减】、【乘】和【除】4个单选钮，使用这些单选钮，可以在粘贴的同

❸ 弹出【选择性粘贴】对话框，在【运算】组合框中选中【除】单选钮。

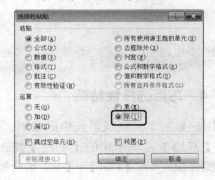

④单击 确定 按钮返回工作表中，即可
看到所选单元格区域中的数值缩小了
10 倍。

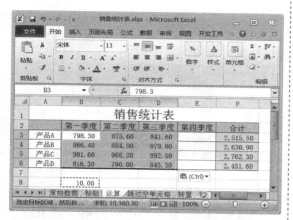

跳过空单元格

如果用户不希望源数据区域中的空单
元格覆盖目标区域中的单元格内容，那么可
以使用【选择性粘贴】对话框中的【跳过空
单元格】功能，具体的操作步骤如下。

① 切换到工作表"原始数据"中，选中单元
格区域"B3:F6"，按下【Ctrl】+【C】组
合键进行复制。

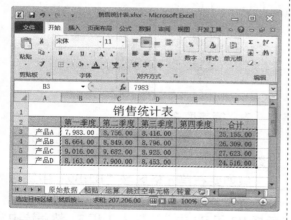

② 切换到工作表"跳过空单元格"中，选中
单元格区域 B3:F6，按照前面介绍的方法
打开【选择性粘贴】对话框，选中【跳
过空单元】复选框。

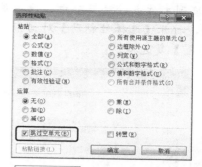

③ 单击 确定 按钮返回工作表，即可看
到复制后的效果。

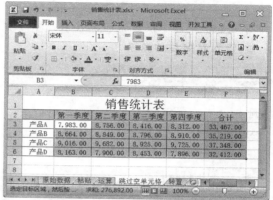

转置粘贴

转置粘贴即将源数据区域复制到目标
区域后，其原来的行列位置进行了互换，具
体的操作步骤如下。

① 切换到工作表"原始数据"中，选中单元
格区域 A2:F6，按下【Ctrl】+【C】组合
键进行复制。

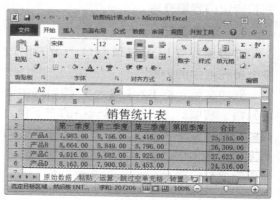

❷切换到工作表"转置"中，选中单元格 A2，打开【选择性粘贴】对话框，选中【转置】复选框。

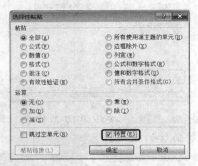

❸单击 ▢确定▢ 按钮返回工作表，即可看到转置粘贴后的效果。

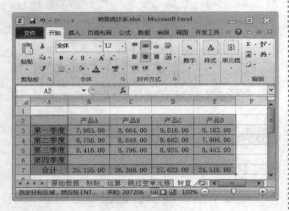

技巧 5 自动填充的妙用

自动填充功能是指使用单元格拖放的方法来快速完成数据的填充。使用自动填充功能可以实现等值填充、等差填充、日期填充和特定内容填充等。

1. 等值填充

等值填充可以重复填充单个单元格或多个单元格中的内容。

例如在单元格 B2 中输入 1，然后选中该单元格，将鼠标指针移至单元格的右下角，待鼠标指针变成 ➕ 形状时，按住鼠标左键向下拖动，拖至单元格 B8 后释放鼠标左键，即可完成等值填充。

下面在单元格 B2 和 B3 中分别输入文本"上"和"下"，然后选中单元格区域 B2:B3 进行拖动填充，即可按照次序不断重复上、下这 2 个字的内容。

2. 等差填充

使用自动填充功能还可以快速填充等差数据系列。

假如要在单元格区域"B2:B9"中快速输入等差系列 1、3、5……15，就可以在单元格 B2 和 B3 中分别输入 1 和 3，然后选中单元格区域 B2:B3，拖动填充至单元格 B9 即可。由此可以看出，只要输入等差序列的前两个数字再进行填充，Excel 就会以这两个数字的差额作为等差系列的递增或者递减值来填充后面的单元格。

用户也可以在数字的后面加上文本内容进行等差填充，其中的文本内容为重复填充，而数字还可以实现等差填充。

3. 日期填充

在 Excel 中可以对日期进行按日、按月和按年填充。

按日填充

在单元格 A1 中输入日期"2014/1/1"，然后选中该单元格进行拖动填充，即可得到按日增加的时间序列。

按月填充

在单元格 B2 和 B3 中分别输入日期"2014/1/1"和"2014/2/1"，然后选中单元格区域 B2:B3 进行拖动填充，即可得到按月增加的时间序列。

按年填充

在单元格 B2 和 B3 中分别输入日期"2006/1/1"和"2007/1/1"，然后选中单元格区域 B2:B3 进行拖动填充，即可得到按年增加的时间序列。

使用自动填充功能还可以返回每个月份的最后一天。例如在单元格 B1 和 B2 中分别输入日期"2014/1/31"和"2014/2/28"，然后选中单元格区域 B1:B2 进行拖动填充，即可返回后面每个月份的最后一天。

	A	B	C
1		2014/1/31	
2		2014/2/28	
3		2014/3/31	
4		2014/4/30	
5		2014/5/31	
6		2014/6/30	
7		2014/7/31	
8		2014/8/31	
9		2014/9/30	
10		2014/10/31	
11		2014/11/30	
12		2014/12/31	
13			

4. 特定内容填充

在 Excel 中还可以实现一些特定序列的填充，这些序列包括中英文的星期、月份和天干地支等内容。

例如在单元格 A1、B1 和 C1 中分别输入日期"星期一"、"Sunday"和"甲"，然后选中单元格区域 A1:C1 进行拖动填充，即可得到相应的序列。

	A	B	C	D
1	星期一	Monday	甲	
2				

	A	B	C	D
1	星期一	Monday	甲	
2	星期二	Tuesday	乙	
3	星期三	Wednesday	丙	
4	星期四	Thursday	丁	
5	星期五	Friday	戊	
6	星期六	Saturday	己	
7	星期日	Sunday	庚	
8	星期一	Monday	辛	
9	星期二	Tuesday	壬	
10	星期三	Wednesday	癸	

在 Excel 中之所以能够实现这些内容的自动填充，是因为这些内容已经存在于系统预设的序列中。单击 文件 按钮，从弹出的快捷菜单中选择【选项】菜单项，弹出【Excel选项】对话框，切换到【高级】选项卡中，单击【创建用于排序和填充序列的列表】组

合框中的 编辑自定义列表(O)... 按钮，弹出【自定义序列】对话框，就可以看到这些预设的序列。

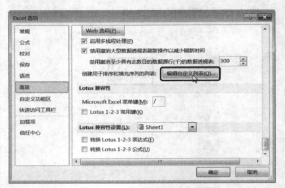

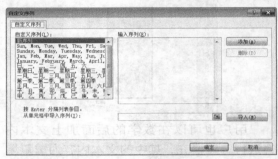

技巧 6　限制重复数据的录入

在工作表中录入大量数据时，有时难免会重复录入。使用数据有效性功能，能够严格限制数据的重复录入。

本实例的原始文件和最终效果所在位置如下。		
	原始文件	素材\原始文件\07\销售单.xlsx
	最终效果	素材\最终效果\07\销售单.xlsx

具体操作步骤如下。

❶打开本实例的原始文件，切换到工作表 Sheet1 中，选中单元格区域 B4:B8，切换到【数据】选项卡中，单击【数据工具】组中的 数据有效性 按钮，弹出【数据有效性】对话框。切换到【设置】选项卡，在【允许】下拉列表中选择【自定义】选项，然后在【公式】文本框中输入公式"=COUNTIF($B$4:$B$8,B4)=1"。

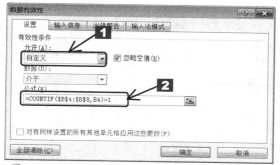

② 切换到【出错警告】选项卡，选中【输入无效数据时显示出错警告】复选框，然后在【输入无效数据时显示下列出错警告】组合框中的【样式】下拉列表中选择【停止】选项，在【标题】文本框中输入"警告"，在【错误信息】文本框中输入"不能重复输入货号！"。

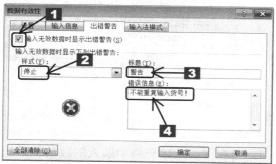

③ 单击 ▢确定▢ 按钮返回工作表中，如果在指定区域输入了重复数据，就会弹出【警告】提示对话框，提示用户不能重复输入货号，用户可以单击 ▢取消▢ 按钮重新录入数据。

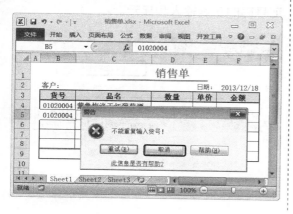

技巧 7　输入身份证号

在默认情况下，Excel 中每个单元格所能显示的数字为 11 位，超过 11 位的数字就会用科学计数法显示。例如 123456789012，就会显示为 1.23457E + 11。

现在的公民身份证号码按照国家标准编制，由 18 位数字组成，如果想要在单元格中正确保存并显示身份证号码，则必须将其以文本的形式来输入数字。在 Excel 中，有两种方法能够将数字转换成文本，即单引号法和设置单元格格式为文本格式的方法。

本实例的原始文件和 终效果所在位置如下。		
	原始文件	素材\原始文件\07\员工档案表.xlsx
	最终效果	素材\最终效果\07\员工档案表.xlsx

具体操作步骤如下。

① 打开本实例的原始文件，在单元格 C2 中首先输入一个英文状态下的单引号"'"，然后输入 18 位的身份证号码。

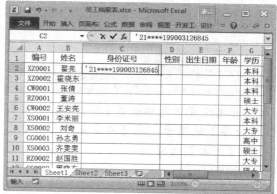

② 按下【Enter】键即可显示完整的身份证号码。

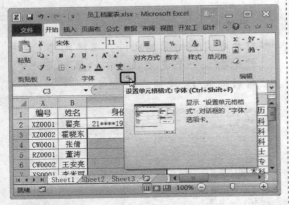

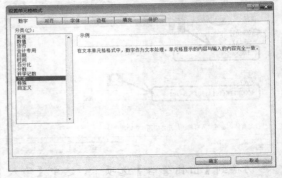

提示

　　这个单引号只是一种标识符，表示其后面的内容是文本字符串，而符号本身没有任何意义。尽管在编辑栏中显示出单引号，但它其实并不属于单元格内容的一部分。

❸选中单元格区域 C3:C25，切换到【开始】选项卡中，单击【字体】组右下角的【对话框启动器】按钮 。

❹弹出【设置单元格格式】对话框，切换到【数字】选项卡，在【分类】列表框中选择【文本】选项。

❺单击 确定 按钮返回工作表，此时即可按照输入一般文本的方式在单元格区域 C3:C25 中输入身份证号码。

　　当在 Excel 单元格中输入的数值位数超过 11 时，系统就会自动以科学计数法的形式来显示。另外，Excel 能够处理的数字精度最大为 15 位，所有多余 15 位的数字都会当作 0 来保存。而目前的身份证号码为 18 位，所以需要使用上述两种方法来实现身份证号码的正确输入和显示。

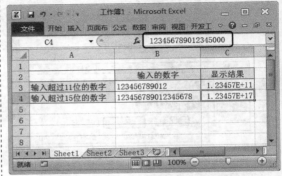

技巧 8　使用通配符查找数据

用户有时可能需要搜索一些有规律的数据，例如姓董的员工，包含"1987"的身份证号码。这时就不能进行完全匹配目标内容的精确查找了，但可以使用通配符进行模糊查找。

在 Excel 中用户可以使用通配符"?"（问号）和"*"（星号）进行模糊查找，其中"?"代表单个字符，"*"代表任意多个字符，并且应该在英文输入法状态下输入上述符号。通配符可以在查找与替换以及数据筛选中使用，且使用规则是完全一致的，下面以查找与替换为例介绍通配符的使用方法。

本实例的原始文件和最终效果所在位置如下。		
	原始文件	素材\原始文件\07\员工档案表 1.xlsx
	最终效果	无

具体操作步骤如下。

❶ 打开本实例的原始文件，切换到【开始】选项卡中，单击【编辑】组中的【查找和选择】按钮 ，从弹出的下拉列表中选择【查找】选项。

❷ 弹出【查找和替换】对话框，切换到【查找】选项卡中，在【查找内容】文本框中输入"董?"，然后单击 查找下一个(F) 按钮，即可定位到包含"董"姓单名的单元格中。

❸ 按照相同的方法在【查找内容】文本框中输入"*1987*"，然后单击 查找下一个(F) 按钮，即可定位到包含此数值"1987"的单元格中。

技巧 9　替换单元格格式

在 Excel 2010 中用户不仅可以查找和替换文本、数值等，而且还可以查找和替换单元格格式。

本实例的原始文件和最终效果所在位置如下。		
	原始文件	素材\原始文件\07\员工档案表 1.xlsx
	最终效果	素材\最终效果\07\员工档案表 1.xlsx

具体操作步骤如下。

❶ 打开本实例的原始文件，打开【查找和替换】对话框，切换到【替换】选项卡中，然后单击 选项(T) >> 按钮。

② 单击【查找内容】文本框右侧的 格式(M)... 按钮的下箭头按钮，然后从弹出的下拉列表中选择【从单元格选择格式】选项。

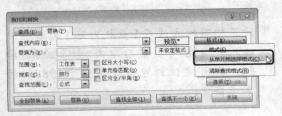

③ 随即【查找和替换】对话框会自动隐藏，同时鼠标指针变成"➕🖉"形状，然后可以单击某个单元格进行取样，例如单击单元格 C2。

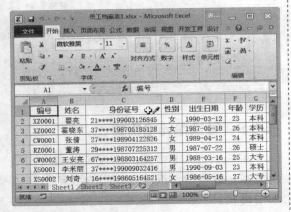

④ 随即【查找和替换】对话框会自动显示，此时已完成查找格式的设置。单击【替换为】文本框右侧的 格式(M)... 按钮的下箭头按钮，然后在弹出的下拉列表中选择【格式】选项。

提示

在设置查找格式和替换格式时，用户可以根据实际情况在 格式(M)... 按钮的下拉列表中选择【格式】或【从单元格选择格式】选项。如果能够在工作表中进行取样就选择【从单元格选择格式】选项，否则应选择【格式】选项进行手工设置。格式设置完毕，还可以通过选择【清除查找格式】或【清除替换格式】选项来清除已定义的格式。

⑤ 弹出【替换格式】对话框，切换到【字体】选项卡，在【颜色】下拉列表中选择【白色，背景1】选项。

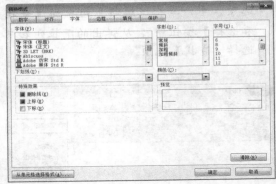

⑥ 切换到【填充】选项卡中，在【背景色】列表中选择【浅蓝】选项，然后单击 确定 按钮。

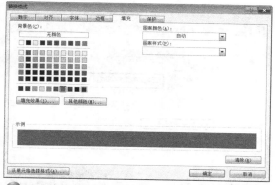

⑦返回【查找和替换】对话框，单击 全部替换(A) 按钮。

⑧弹出【Microsoft Excel】提示对话框，提示已经完成搜索并进行了替换，单击 确定 按钮即可。

⑨单击 关闭 按钮关闭【查找和替换】对话框返回工作表，即可看到格式替换后的效果。

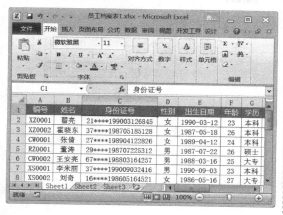

技巧 10　快速插入特殊符号

在实际工作中，用户经常需要在 Excel 2010 中输入一些特殊的字符，掌握它们的快速输入方法能够大大地提高工作效率。

1.　插入特殊符号

多数常用特殊符号的插入方法是：切换到【插入】选项卡中，单击【符号】组中的【符号】按钮，弹出【符号】对话框，用户可以在【符号】选项卡中的【字体】下拉列表和其【子集】下拉列表中选择具体的选项，单击 插入(I) 按钮即可。

例如在【字体】下拉列表中选择【Wingdings】选项，然后在下方的列表框中选择有趣的图形符号，选择单击 插入(I) 按钮即可。

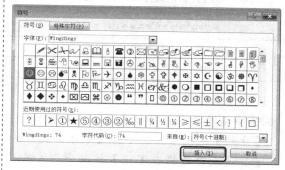

2.　快速输入对号与错号

对号√和错号×是 Excel 2010 中经常用到的符号，使用插入符号的方法插入比较麻烦，用户可以使用快捷键插入。

按住【Alt】键不放，同时在数字小键盘上输入"41420"，然后松开【Alt】键，即可在 Excel 中插入对号√；同样，输入"41409"即可插入错号×。

提示

笔记本用户在使用该技巧前必须切换到数字键盘模式。

3. 快速输入平方/立方

在使用 Excel 2010 计算面积或体积时，最常用到的就是平方或立方符号。虽然我们可以在 Excel 中用插入符号的办法来插入平方或立方符号，但是插入符号还是慢，不如直接输入这两个符号来得方便快捷。

在 Excel 中直接输入平方或立方符号需要用到【Alt】键的快捷键组合，在按下【Alt】键的同时，在数字小键盘上输入"178"，然后松开【Alt】键，输入的就是平方符号；同样，在数字小键盘上输入"179"，松开【Alt】键输入的则是立方符号。

技巧 11　为文本添加拼音

如果用户需要为某些生僻的汉字添加上拼音注释，可以在 Excel 2010 中使用"拼音指南"功能为中文添加上拼音。

本实例的原始文件和最终效果所在位置如下。	
原始文件	素材\原始文件\07\为文本添加拼音.xlsx
最终效果	素材\最终效果\07\为文本添加拼音.xlsx

具体操作步骤如下。

❶选中需要添加拼音的单元格 B3，切换到【开始】选项卡中，单击【字体】组中的【显示或隐藏拼音字段】按钮 右侧的下箭头按钮 ，从弹出的下拉列表中选择【显示拼音字段】选项。

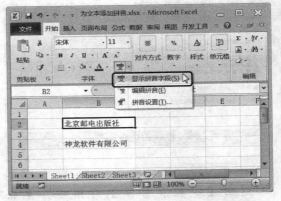

❷即可在单元格 B2 中开启对拼音字段的显示。

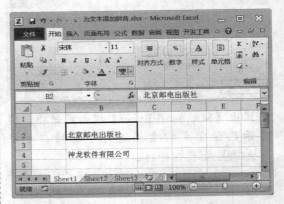

❸再次单击【显示或隐藏拼音字段】按钮 右侧的下箭头按钮 ，从弹出的下拉列表中选择【编辑拼音】选项。

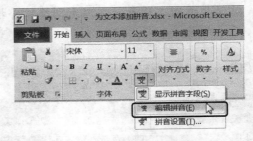

❹即可在单元格 B2 中显示拼音编辑框，输入相应的拼音。

⑤ 按下【Enter】键，然后调整列宽，即可显示添加的拼音。

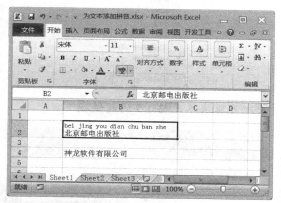

⑥ 按照相同的方法为单元格 B4 的文本添加上拼音。

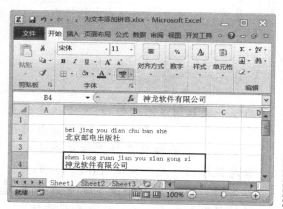

与 Word 相比，Excel 中的拼音功能既不能自动生成拼音，也不能在拼音中加入声调，甚至无法让拼音与字体自动对齐。

技巧 12　设置超链接

当用户在工作表的单元格中输入网址或电子邮箱地址等内容时，默认情况下 Excel 会自动将其转换为超链接的形式。下面介绍一些关于超链接的编辑或处理技巧。

本实例的原始文件和最终效果所在位置如下。		
	原始文件	素材\原始文件\07\员工档案表 2.xlsx
	最终效果	素材\最终效果\07\员工档案表 2.xlsx

修改超链接文本

具体操作步骤如下。

① 打开本实例的原始文件，将鼠标指针移至含有超链接的单元格 L5 上，鼠标指针形状会变成 "🖐" 形状，同时还会出现提示信息。如果此时像平常一样单击鼠标左键，就会自动启动 IE 浏览器或者 Outlook 等程序，也就无法选中该单元格。

② 为了选中含有超链接的单元格 L5，可以在单击单元格 L5 的同时按住鼠标左键不放，待鼠标指针由 "🖐" 形状变成 "✛" 形状时，就表明选中了单元格 L5。

3 选中单元格 L5 后，即可在编辑栏中对超链接中的文本内容进行修改了。

用户还可以通过键盘来选中包含超链接的单元格，即首先选中与目标单元格邻近的单元格，然后使用键盘上的方向键移到光标到目标单元格。

取消已有的超链接

在单元格中输入内容后按下【Enter】键，如果内容自动转换为超链接，用户可以马上按【Ctrl】+【Z】组合键，此时按下的【Ctrl】+【Z】组合键不会取消刚才输入的内容，而是取消普通内容到超链接的转换。

为避免输入的内容被转换为超链接，还可以在输入内容前先输入一个单引号"'"，这样，输入的内容就变为文本形式，不会进行超链接转换。

但如果对已经转换为超链接的文本进行取消操作，用户可以使用如下操作。

1 在选中的超链接单元格 L5 上单击鼠标右键，然后从弹出的快捷菜单中选择【取消超链接】菜单项。

2 即可取消单元格 L5 的超链接。

3 为了一次取消多个超链接，可以选中任意空白单元格，按【Ctrl】+【C】组合键进行复制，接着按住鼠标左键拖动选中包含超链接的单元格区域 L6:L10，单击鼠标右键，从弹出的快捷菜单中选择【选择性粘贴】▷【选择性粘贴】菜单项。

④弹出【选择性粘贴】对话框，在【运算】组合框中选中【加】单选钮。

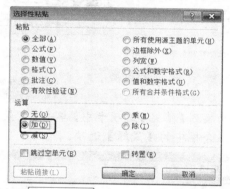

⑤单击 确定 按钮返回工作表中，即可看到选中的所有超链接已取消。

取消自动超链接

为了避免输入内容被自动转换为超链接，用户可以关闭自动超链接功能。

具体操作步骤如下。

① 单击 文件 按钮，从弹出的菜单项中选择【选项】菜单项，弹出【Excel 选项】对话框，切换到【校对】选项卡中，单击【自动更正选项】组合框中的 自动更正选项(A)... 按钮。

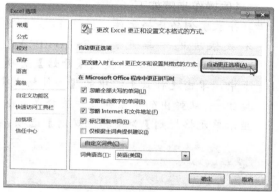

② 弹出【自动更正】对话框，切换到【键入时自动套用格式】选项卡中，撤选【键入时替换】组合框中的【Internet 及网络路径替换为超链接】复选框，单击 确定 按钮即可取消自动超链接。

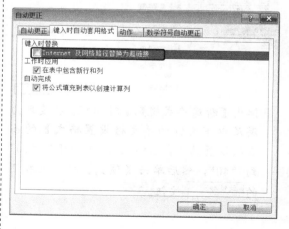

技巧 13　异常数值提醒

在一些 Excel 表中，如果需要标记一些异常数据，例如超过一定标准的数据和低于一定标准的数据，可以使用 Excel 的条件格式功能。

本实例的原始文件和最终效果所在位置如下。	
原始文件	素材\原始文件\07\销量记录表 1.xlsx
最终效果	素材\最终效果\07\销量记录表 1.xlsx

具体操作步骤如下。

❶ 打开本实例的原始文件，按住【Ctrl】键不放依次选中单元格区域 B4:B13、D4:D13 和 F4:F13，切换到【开始】选项卡中，单击【样式】组中的【条件格式】按钮，从弹出的下拉列表中选择【突出显示单元格规则】➤【其他规则】选项。

❷ 弹出【新建格式规则】对话框，将【只为满足以下条件的单元格设置格式】的各选项设置为"单元格值"、"未介于"、"10"到"40"，然后单击【预览】组合框右侧的 格式(F)... 按钮。

❸ 弹出【设置单元格格式】对话框，切换到【字体】选项卡中，在【字形】列表框中选择【倾斜】选项，然后在【颜色】下拉列表中选择【红色】选项。

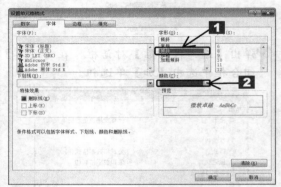

❹ 切换到【填充】选项卡中，单击【背景色】组合框中的【浅绿】选项。

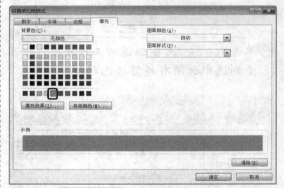

❺ 单击 确定 按钮返回【新建格式规则】对话框中，此时即可在【预览】组合框中看到设置的条件格式效果。

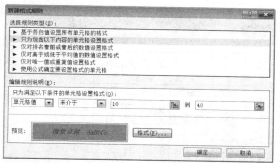

⑥单击 确定 按钮返回工作表中，即可看到设置条件格式后的效果。

技巧 14　突显双休日

在以日期为顺序或标准来记录数据的工作表中，如果希望将双休日单独标记出来，可以通过在条件格式中使用公式的方法来实现，具体的操作步骤如下。

本实例的原始文件和最终效果所在位置如下。		
	原始文件	素材\原始文件\07\销量记录表 2.xlsx
	最终效果	素材\最终效果\07\销量记录表 2.xlsx

①打开本实例的原始文件，选中单元格区域 A4:A13，切换到【开始】选项卡中，单击【样式】组中的【条件格式】按钮，从弹出的下拉列表中选择【新建规则】选项。

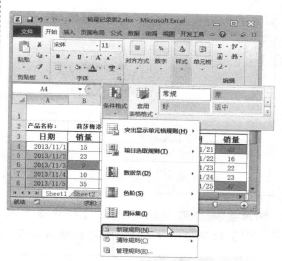

②弹出【新建格式规则】对话框，在【选择规则类型】列表框中选择【使用公式确定要设置格式的单元格】选项，在【编辑规则说明】组合框中的【为符合此公式的值设置格式】文本框中输入公式" =WEEKDAY(A4,2)>5 "，然后单击 格式(F)... 按钮。

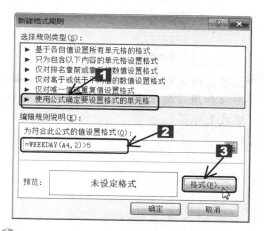

③弹出【设置单元格格式】对话框，切换到【字体】选项卡，在【字形】列表框中选择【加粗倾斜】选项。

④单击 [确定] 按钮返回【新建格式规则】对话框，单击 [确定] 按钮即可。

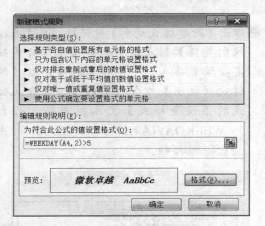

⑤在单元格区域 A4:A13 中可以看到日期为周六和周日的日期值就会以"粗体倾斜"格式表示了。

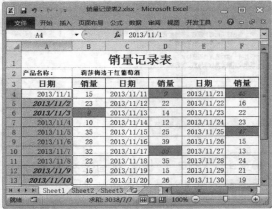

⑥按照同样方法分别设置单元格区域 C4:C13 和 E4:E13 的条件格式，其中公式如下，可以看到所有日期为周六和周日的日期值都会以"粗体倾斜"格式表示。

C4:C13:=WEEKDAY(C4,2)>5
E4:E13:=WEEKDAY(E4,2)>5

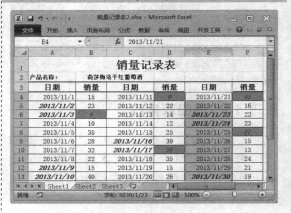

第 8 章
图形与图表

Excel 2010 中提供了许多图形，例如箭头、流程图、星与旗帜、标注等，通过这些图形可以为用户工作提供极大的便利；Excel 2010 中还提供了 11 种类型的图表，用户可以为数据创建图表，更形象、直观地分析数据的走向和趋势。

要 点 导 航

- 快速组合图形
- 去除空白日期
- 使用剪贴画填充数据系列
- 为图表添加滚动条
- 图中有图
- 孪生饼图

技巧 1　为图形添加文字

在工作表中利用插入形状功能绘制相应的图形后，用户可以不使用文本框功能直接在图形上添加文字。

本实例的原始文件和最终效果所在位置如下。	
原始文件	素材\原始文件\08\会议通知.xlsx
最终效果	素材\最终效果\08\会议通知.xlsx

❶打开本实例的原始文件，选中图形，单击鼠标右键，从弹出的快捷菜单中选择【编辑文字】菜单项。

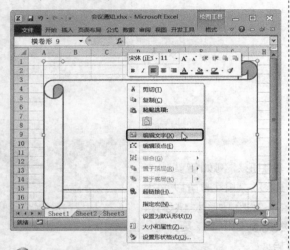

❷此时即可在图形中输入文字，并可对文字进行格式设置，如图所示。

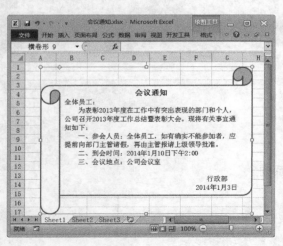

技巧 2　为图形添加阴影

为自选图形设置阴影效果，可以使图形的显示效果更加生动。

本实例的原始文件和最终效果所在位置如下。	
原始文件	素材\原始文件\08\会议通知 1.xlsx
最终效果	素材\最终效果\08\会议通知 1.xlsx

❶打开本实例的原始文件，选中图形，单击鼠标右键，从弹出的快捷菜单中选择【设置形状格式】菜单项。

❷弹出【设置形状格式】对话框，切换到【阴影】选项卡中，在【预设】下拉列表框中选择【向上偏斜】选项。

❸单击 [关闭] 按钮返回工作表中，阴影设
置效果如图所示。

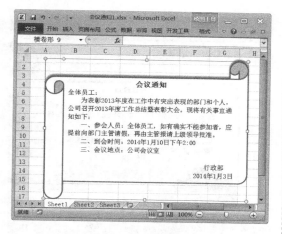

技巧 3 使图形具有立体效果

用户可以通过 Excel 2010 的三维格式和
三维旋转设置功能将图形设置成具有立体
感的效果。

原始文件	素材\原始文件\08\会议通知 2.xlsx	
最终效果	素材\最终效果\08\会议通知 2.xlsx	

❶打开本实例的原始文件，选中图形，打开
【设置形状格式】对话框，切换到【三维
旋转】选项卡中，在【预设】下拉列表
框选择【离轴 1 右】选项。

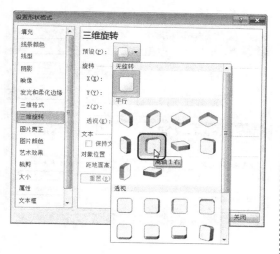

❷用户可以设置【旋转】组合框中的【X】、
【Y】、【Z】微调框，调整旋转角度。

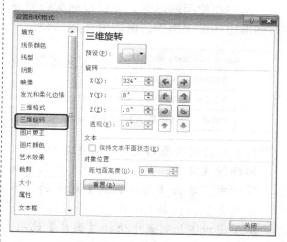

❸单击 [关闭] 按钮返回工作表中，立体效
果如图所示。

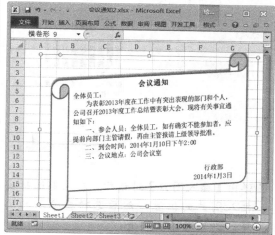

> **提示**
>
> 在【设置形状格式】对话框中，用户还可以切
> 换到【三维格式】选项卡中，在【表面效果】组合
> 框中的【材料】下拉列表中选择图形的表面材料；
> 在【照明】下拉列表中选择照明效果；在【角度】
> 微调框中设置光照的方向。如果想要取消三维效
> 果，用户只需在【三维格式】或【三维旋转】选项
> 卡中单击 [重置] 按钮即可。

技巧 4 设置图形填充颜色

用户在使用图形时，可以根据实际需要对图形进行美化操作，例如填充颜色等。

本实例的素材文件、原始文件和最终效果所在位置如下。	
素材文件	素材\素材文件\08\01.jpg
原始文件	素材\原始文件\08\会议通知2.xlsx
最终效	素材\最终效果\08\会议通知3.xlsx

❶ 打开本实例的原始文件，首先选中图形，切换到【绘图工具】栏中的【格式】选项卡中，单击【形状样式】组中的【形状填充】按钮右侧的下箭头按钮，从弹出的下拉列表中选择【图片】选项。

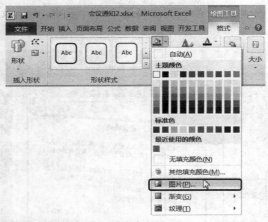

❷ 弹出【插入图片】对话框，在左侧选择要插入图片的位置，然后选择要插入的图片，例如选择"01.jpg"。

❸ 单击 插入(S) 按钮返回工作表中，即可看到设置后的填充效果。

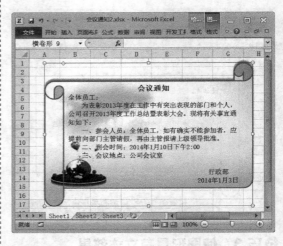

技巧 5 快速组合图形

在工作表中绘制多个图形后，为了便于对图形进行整体移动等操作，可以将多个图形组合在一起。

本实例的原始文件和最终效果所在位置如下。	
原始文件	素材\原始文件\08\招聘录用流程表.xlsx
最终效果	素材\最终效果\08\招聘录用流程表.xlsx

具体操作步骤如下。

❶ 打开本实例的原始文件，使用定位条件技巧（此技巧参照第6章技巧2）快速选中所有图形。

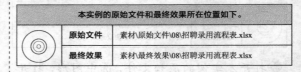

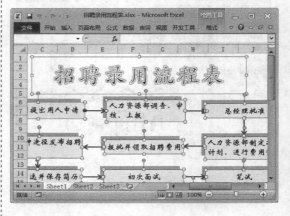

❷切换到【绘图工具】栏中的【格式】选项
卡中，单击【排列】组中的【组合】按
钮，从弹出的下拉列表中选择【组合】
选项。

❸即可将选中的图形组合成一个图形，从而
可以很方便地移动或者整体缩放图形。

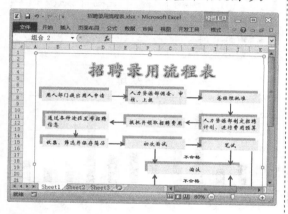

技巧 6　去除空白日期

　　在 Excel 2010 图表中使用日期作为分类
轴时，日期系列的显示是连续的，如果数据
源中的日期是不连续的，就会导致图表中出
现空白数据，此时需要去除水平（类别）轴
上的空白日期。

本实例的原始文件和最终效果所在位置如下。	
原始文件	素材\原始文件\08\1 月产品销售分析.xlsx
最终效果	素材\最终效果\08\1 月产品销售分析.xlsx

❶打开本实例的原始文件，切换到工作表
Sheet1 中可以看到表格中日期是不连续
的，没有"2014/1/8"的销售数据，但是
由于图表的分类轴依然按照连续的日期
显示，所以可以看到柱形图中存在"柱
体缺口"。

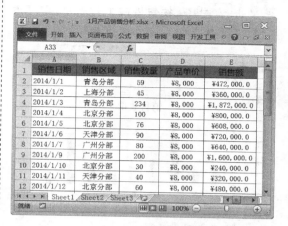

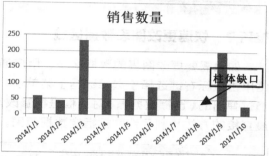

❷选中水平（类别）轴，单击鼠标右键，从
弹出的快捷菜单中选择【设置坐标轴格
式】菜单项，弹出【设置坐标轴格式】
对话框。切换到【坐标轴选项】选项卡
中，在【坐标轴类型】组合框中选中【文
本坐标轴】单选钮。

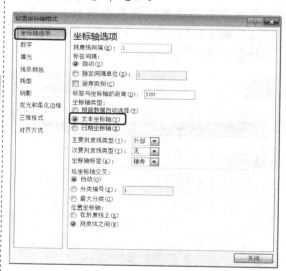

❸ 单击 【关闭】 按钮返回工作表中，即可看到没有数据的日期已经被去除。

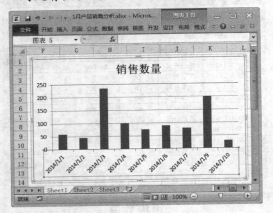

技巧 7 快速更改图表数据区域

如果需要更改图表的数据区域，用户通常单击鼠标右键选择【选择数据】菜单项，通过弹出的【选择数据源】对话框进行修改。最直接的方法是利用选取框指定数据范围。

本实例的原始文件和最终效果所在位置如下。		
原始文件	素材\原始文件\08\1 月产品销售分析 1.xlsx	
最终效果	素材\最终效果\08\1 月产品销售分析 1.xlsx	

❶ 打开本实例的原始文件，切换到工作表 Sheet1 中，选中需要更改数据区域的图表，工作表中的数据区域就会以彩色的选取框高亮显示，将鼠标指针移至单元格区域 A2:A10 的右下角处，此时鼠标指针会变成 "↘" 形状。

❷ 按住鼠标左键向下拖动至单元格 A12，释放鼠标左键即可完成图表数据区域的更改，图表会自动显示所选数据区域的数据。

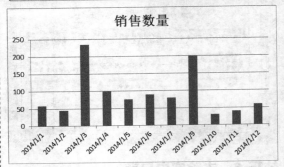

技巧 8 使用剪贴画填充数据系列

在图表中不仅可以使用形状和颜色来填充数据系列，还可以使用图片或者剪贴画。某些图表中，使用与图表内容相关的图片或剪贴画来填充图表对象，可以使其更加生动形象和个性化。

本实例的原始文件和最终效果所在位置如下。		
原始文件	素材\原始文件\08\1 月产品销售分析 2.xlsx	
最终效果	素材\最终效果\08\1 月产品销售分析 2.xlsx	

具体操作步骤如下。

❶ 打开本实例的原始文件，切换到工作表 Sheet2 中，再切换到【插入】选项卡中，单击【插图】组中的【剪贴画】按钮，打开【剪贴画】任务窗格，在【搜索文字】文本框中输入 "产品"，然后单击

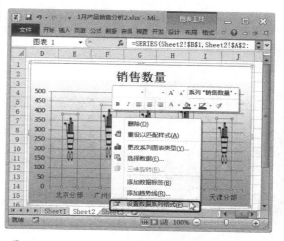

② 选择一种合适的剪贴画，单击即可将其插入到工作表中，单击【剪贴画】任务窗格右上角的【关闭】按钮 × 关闭任务窗格，然后适当地调整图片的大小。

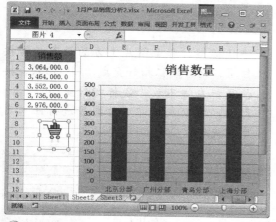

③ 选中剪贴画，按下【Ctrl】+【C】组合键将其复制，然后选中图表中的数据系列，按下【Ctrl】+【V】组合键进行粘贴。此时图片将被拉伸显示，需要进一步的调整，即在数据系列上单击鼠标右键，从弹出的快捷菜单中选择【设置数据系列格式】菜单项。

按钮，即可在下方列表框中显示出所有符合条件的剪贴画。

④ 弹出【设置数据系列格式】对话框，切换到【填充】选项卡中，在【插入自】组合框中选中【层叠】单选钮。

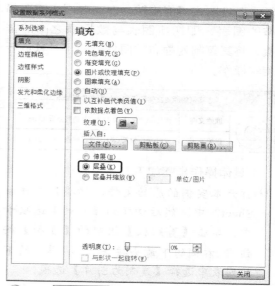

⑤ 单击 关闭 按钮返回图表中，即可看到剪贴画填充数据系列的设置效果。

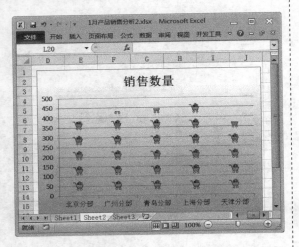

技巧 9　将图表复制为静态图片

　　当数据源发生改变时，图表会自动更新，而且图表不能旋转。但有时用户需要静态的图表，即切断图表与数据源之间的链接，将其复制为静态的图片，即可对其进行旋转操作。

本实例的原始文件和最终效果所在位置如下。	
原始文件	素材\原始文件\08\1 月产品销售分析 3.xlsx
最终效果	素材\最终效果\08\1 月产品销售分析 3.xlsx

　　具体操作步骤如下。

❶打开本实例的原始文件，切换到工作表 Sheet2 中，然后切换到【开始】选项卡中，单击【剪贴板】组中的【复制】按钮右侧的下箭头按钮，从弹出的下拉列表中选择【复制为图片】选项。

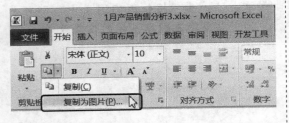

❷弹出【复制图片】对话框，在【外观】组合框中选中【如屏幕所示】单选钮，在【格式】组合框中选中【图片】单选钮。

❸单击 确定 按钮，在工作表中选中一空白单元格，按下【Ctrl】+【V】组合键，粘贴复制的图片。

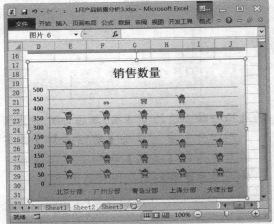

❹将鼠标指针移至图片上方的绿色旋转按钮上，此时鼠标指针变成 "🔄" 形状，按住鼠标左键不放，鼠标指针变为 "🔄" 形状，拖动鼠标即可对图片进行任意角度的旋转。

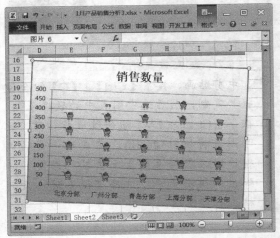

技巧 10　添加趋势线

如果要想查看 Excel 2010 中图表某一系列数据的变化趋势，可以为图表中的系列添加趋势线，这样我们就可以对数据进行预测分析了。

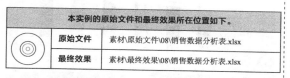

本实例的原始文件和最终效果所在位置如下。	
原始文件	素材\原始文件\08\销售数据分析表.xlsx
最终效果	素材\最终效果\08\销售数据分析表.xlsx

具体操作步骤如下。

❶打开本实例的原始文件，在图表中选中数据系列，然后单击鼠标右键，在弹出的快捷菜单中选择【添加趋势线】菜单项。

❷弹出【设置趋势线格式】对话框，切换到【趋势线选项】选项卡中，在【趋势预测/回归分析类型】组合框中选中【线性】单选钮。

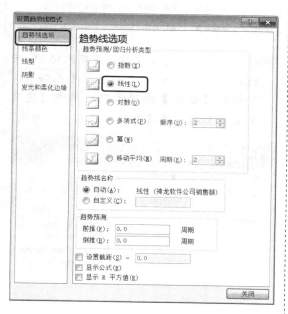

❸单击 关闭 按钮返回图表中，即可为该图表添加上趋势线。

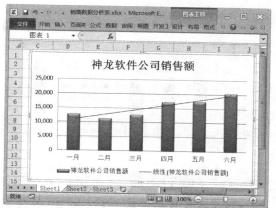

提示

并不是所有的图表都可以添加趋势线，用户可以为非堆积型的二维面积图、条形图、柱形图、折线图、股价图、XY 散点图和气泡图等的数据系列添加趋势线，但不能向三维图表、堆积图表、雷达图、饼图和圆环图等的数据系列添加趋势线。

技巧 11　显示趋势线公式

在图表中添加趋势线时，系统会自动计算出趋势线公式的相关参数。

本实例的原始文件和最终效果所在位置如下。	
原始文件	素材\原始文件\08\销售数据分析表 1.xlsx
最终效果	素材\最终效果\08\销售数据分析表 1.xlsx

❶打开本实例的原始文件，选中添加的趋势线后单击鼠标右键，从弹出的快捷菜单中选择【设置趋势线格式】菜单项。

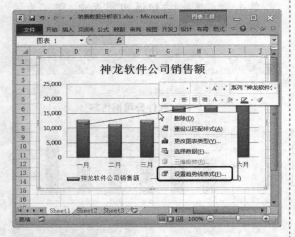

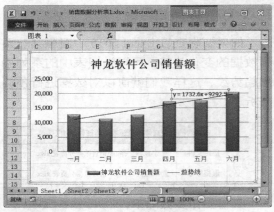

② 弹出【设置趋势线格式】对话框，切换到
【趋势线选项】选项卡中，在【趋势线名
称】组合框中选中【自定义】单选钮，
并在右侧的文本框中输入"趋势线"，然
后选中【显示公式】复选框。

提示

　　并不是所有类型的趋势线都可以显示公式，例
如移动平均类型的趋势线就不能显示公式。

技巧 12　为图表添加滚动条

　　图表中如果数据系列过多，不方便用户
查看数据，此时可以利用滚动条控件控制图
表显示的数据区域，以便于查看数据表中的
数据。

本实例的原始文件和最终效果所在位置如下。		
	原始文件	素材\原始文件\08\销售数据分析表 2.xlsx
	最终效果	素材\最终效果\08\销售数据分析表 2.xlsx

① 打开本实例的原始文件，在单元格 D1 中
输入"显示月份"，然后选中单元格 E1，
切换到【公式】选项卡中，单击【定义
的名称】组中的【名称管理器】按钮。

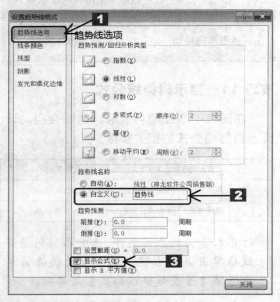

③ 单击 关闭 按钮返回工作表中，即可看
到趋势线的公式。

❷弹出【名称管理器】对话框，单击 新建(N)... 按钮。

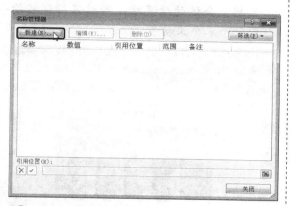

❸弹出【新建名称】对话框，在【名称】文本框中输入"月份数"，在【引用位置】文本框中显示了引用的单元格位置。

❹单击 确定 按钮返回【名称管理器】中，即可看到新定义的名称。

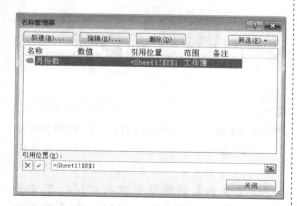

❺按照相同的方法新建名称"显示月份"，引用位置为"=OFFSET(Sheet1!\$A\$2,0,0,月份数,1)"；新建名称"销售额"，其引用位置为"=OFFSET(Sheet1!\$B\$2,0,0,月份数,1)"。

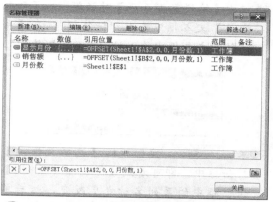

❻设置完毕单击 关闭 按钮即可返回工作表，然后在单元格 E1 中输入 1～12 的任意一个数字，例如输入"5"，并按下【Enter】键确认输入。

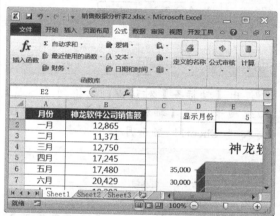

❼选中图表，单击鼠标右键，从弹出的快捷菜单中选择【选择数据】菜单项，弹出【选择数据源】对话框，在【图例项（系列）】组合框中选中【神龙软件公司销售额】选项，单击 编辑(E) 按钮。

⑧ 弹出【编辑数据系列】对话框，在【系列名称】文本框中输入"销售额"，在【系列值】文本框中输入"=Sheet1!销售额"。

⑨ 单击 确定 按钮返回【选择数据源】对话框中，即可看到【图例项（系列）】组合框中的系列名称发生改变，然后单击 编辑(T) 按钮。

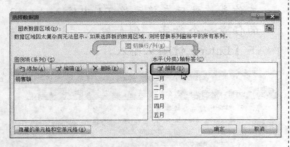

⑩ 弹出【轴标签】对话框，切换到【标题】选项卡，在【轴标签区域】文本框中输入"=Sheet1!显示月份"。

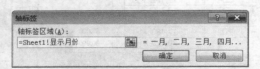

⑪ 单击 确定 按钮返回【选择数据源】对话框中，再次单击 确定 按钮返回图表中，切换到【开发工具】选项卡中，单击【控件】组中的【插入控件】按钮，从弹出的下拉列表中选择【滚动条（窗体控件）】选项。

⑫ 此时鼠标指针变成"十"形状，将其移至图表标题的右侧，按住鼠标左键拖动鼠标至合适的位置后，释放鼠标即可绘制一个水平滚动条。

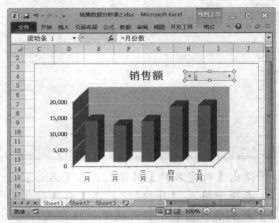

⑬ 选中该滚动条，单击鼠标右键，从弹出的快捷菜单中选择【设置控件格式】菜单项。

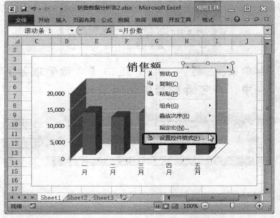

⑭ 弹出【设置控件格式】对话框，切换到【控制】选项卡，在【最小值】微调框中输入"1"，在【最大值】微调框中输入"12"，在【步长】微调框中输入"1"，在【页步长】微调框中输入"5"，在【单元格链接】文本框中输入"月份数"，并选中【三维阴影】复选框。

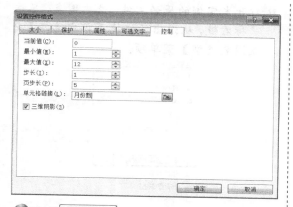

⑮单击 确定 按钮返回图表中，单击图表任意位置取消对滚动条的选中，然后将鼠标指针移至滚动条上，当鼠标指针变成"🖐"形状时，左右拖动滚动条中的水平滑块即可实现图表的动态显示，而且单元格 E1 中的数值也随之变化。

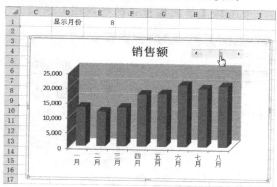

技巧 13 设置数据标志位置

默认情况下，图表中数据系列的数据标志都是在固定位置显示的，例如柱形图中，数据标志一般显示在柱形上方。

本实例的原始文件和最终效果所在位置如下。		
	原始文件	素材\原始文件\08\销售数据分析表 3.xlsx
	最终效果	无

❶打开本实例的原始文件，切换到工作表 Sheet1 中，可以看到图表中数据系列的数据标志显示在柱形上方。

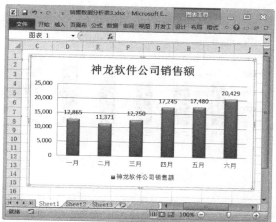

❷双击数据标志，弹出【设置数据标签格式】对话框，切换到【标签选项】选项卡中，在【标签位置】组合框中列出了 4 个选项，如下图所示。

❸用户可以根据需要选择不同的选项，单击 关闭 按钮，数据标签的位置效果如图所示。

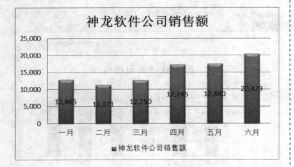

居中

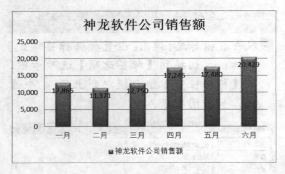

数据标签内

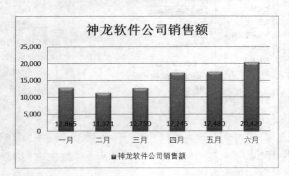

轴内侧

技巧 14　更改图表类型

在实际工作中，如果用户对所创建的图表类型不满意，还可以对图表类型进行更改。

本实例的原始文件和最终效果所在位置如下。		
	原始文件	素材\原始文件\08\销售数据分析表 4.xlsx
	最终效果	素材\最终效果\08\销售数据分析表 4.xlsx

1 打开本实例的原始文件，选中图表，单击鼠标右键，从弹出的快捷菜单中选择【更改图表类型】菜单项。

2 弹出【更改图表类型】对话框，切换到【折线图】选项卡中，在【折线图】组合框中选择【带数据标记的折线图】选项。

3 单击　确定　按钮返回图表中，对图表进行美化设置，效果如图所示。

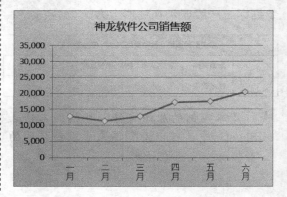

采用相同方法用户还可以将图表更改为三维饼图或二维条形图，更直观形象地表现各月份销售额情况，效果如图所示。

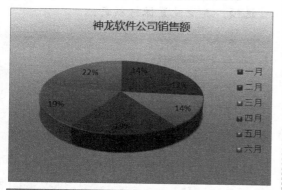

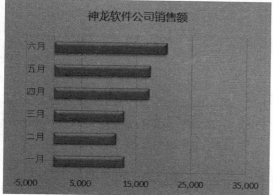

技巧 15 统一多个图表大小

如果在一张工作表中插入了多个图表，每个图表的大小各不相同，会影响整张工作表的美观。用户如果一一对其进行设置很麻烦，此时可以使用技巧快速将所有工作表设置成统一大小。

本实例的原始文件和最终效果所在位置如下。		
	原始文件	素材\原始文件\08\销售数据分析表 5.xlsx
	最终效果	素材\最终效果\08\销售数据分析表 5.xlsx

❶打开本实例的原始文件，按住【Ctrl】键，选中所有图表，然后单击鼠标右键，从弹出的快捷菜单中选择【大小和属性】菜单项。

❷弹出【设置形状格式】对话框，切换到【大小】选项卡中，在【尺寸和旋转】组合框中的【高度】和【宽度】微调框中分别输入"7.2 厘米"和"10 厘米"。

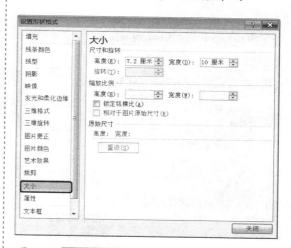

❸单击 关闭 按钮返回工作表中，即可将所有图表调整为统一大小。

技巧 16 添加误差线

误差线是用图形的方式表示数据系列中每个数据标志的潜在误差或不确定度。

本实例的原始文件和最终效果所在位置如下。		
	原始文件	素材\原始文件\08\销售数据分析表 6.xlsx
	最终效果	素材\最终效果\08\销售数据分析表 6.xlsx

❶打开本实例的原始文件，选中图表，切换到【图表工具】栏中的【布局】选项卡，单击【分析】组中的【误差线】按钮，从弹出的下拉列表中选择【标准误差误差线】选项。

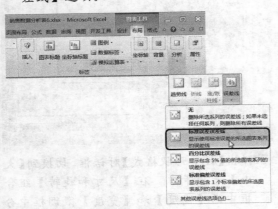

❷即可在图表的数据系列上添加上误差线。

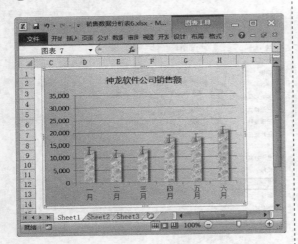

❸选中误差线，单击鼠标右键，从弹出的快捷菜单中选择【设置错误栏格式】菜单项。

❹弹出【设置误差线格式】对话框，切换到【垂直误差线】选项卡中，在【显示】组合框中的【方向】选项中选中【正偏差】选项，其他设置保持不变。

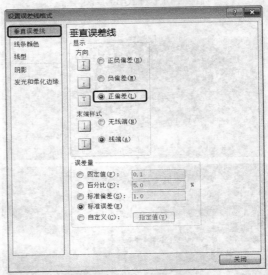

❺单击 [关闭] 按钮返回工作表中，即可看到对误差线的设置效果。

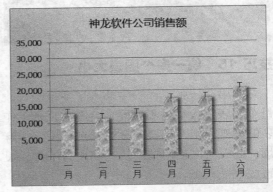

技巧 17　解析 5 种误差量

在添加误差线时可以看到其中包含 5 种误差量，用户可以根据实际需要选择误差线的误差量类型。

● 定值

定值误差量是一个自定义的固定数值。定值误差线的中心与数据系列的数值相同，正负偏差为对称的数值，并且所有数据点的误差量数值都相等。

● 百分比

百分比误差量是一个自定义的百分比与各个数据点数值相乘得到的数值。百分比误差线的中心与数据系列的数值相同，正负偏差为对称的数值，各数据点误差量的大小与各数据点的数值成正比。

● 标准偏差

标准偏差误差量是由一个公式计算出来的标准偏差与自定义的倍数相乘得到的数值。其误差线的中心为数据系列各个数据点的平均值，正负偏差为不对称的数值，各数据点的误差量数值均相同。

数据系列的各数据点数值的波动越大，标准偏差就越大；如果数据系列各数据点的数值相同，标准偏差则为0。

● 标准误差

标准误差误差量是一个由公式计算出来的标准误差的数值。标准误差误差线的中心与数据系列的数值相同，正负偏差为对称的数值，并且所有数据点的误差量数值都相同。

● 自定义

自定义误差量的每一个数据点都可以对应一个自定义的数值。其误差线的中心分别与数据系列各个数据点的数值相同。

技巧 18 自定义误差量

下面以在散点图中自定义误差量为例，介绍自定义误差量在实际中的应用效果。

本实例的原始文件和最终效果所在位置如下。	
原始文件	素材\原始文件\08\自定义误差量.xlsx
最终效果	素材\最终效果\08\自定义误差量.xlsx

❶ 打开本实例的原始文件，选中图表，切换到【图表工具】栏中的【布局】选项卡中，单击【分析】组中的【误差线】按钮，从弹出的下拉列表中选择【其他误差线选项】选项。

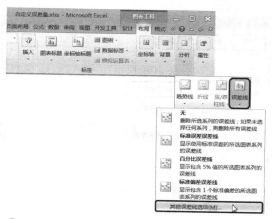

❷ 弹出【设置误差线格式】对话框，直接单击 关闭 按钮返回工作表中，即可为散点图数据系列添加上误差线。

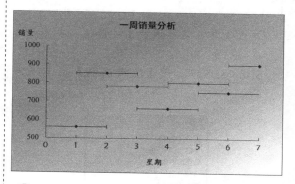

❸ 在【当前所选内容】组中的【图表元素】下拉列表中选择【系列"日销量"X误差线】选项，然后单击 设置所选内容格式 按钮。

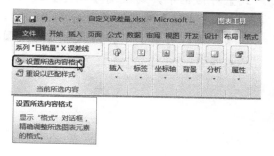

④ 弹出【设置误差线格式】对话框，切换到【水平误差线】选项卡中，在【显示】组合框中的【方向】选项中选中【负偏差】单选钮，在【误差量】组合框中选中【自定义】单选钮，然后单击 指定值(V) 按钮。

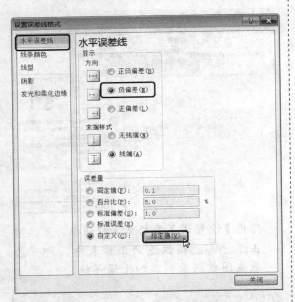

⑤ 弹出【自定义错误栏】对话框，在【正错误值】文本框中输入"=Sheet1!$B$3:$B$9"，在【负错误值】文本框中输入"=Sheet1!$A$3:$A$9"。

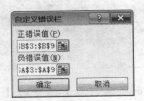

⑥ 单击 确定 按钮返回【设置误差线格式】对话框中，切换到【线型】选项卡中，在【宽度】微调框中输入"1.25磅"，在【短划线类型】下拉列表中选择【圆点】选项。

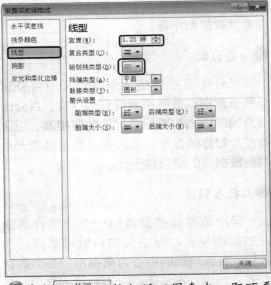

⑦ 单击 关闭 按钮返回图表中，即可看到系列"日销量"X误差线的设置效果。

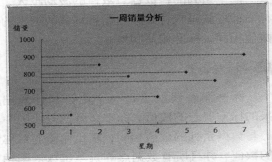

⑧ 按照相同的方法选择"系列'日销量'Y误差线"，打开【设置误差线格式】对话框，切换到【垂直误差线】选项卡中，在【显示】组合框中的【方向】选项中选中【负偏差】单选钮，在【误差量】组合框中选中【自定义】单选钮，然后单击 指定值(V) 按钮。

⑨弹出【自定义错误栏】对话框，在【负错误值】文本框中输入"=Sheet1!$B$3:$B$9"。

⑩单击 确定 按钮返回【设置误差线格式】对话框中，设置线型，然后单击 关闭 按钮，最终效果如图所示。

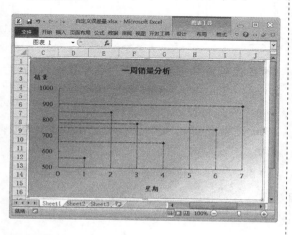

技巧 19　用单元格填充代替图表区

将图表的图表区设置为透明色后，用户可以用单元格填充来代替图表区的填充。

本实例的原始文件和最终效果所在位置如下。		
	原始文件	素材\原始文件\08\销售数据分析表 7.xlsx
	最终效果	素材\最终效果\08\销售数据分析表 7.xlsx

❶打开本实例的原始文件，首先需要选中图表区所对应的单元格区域，在编辑栏的名称框里输入"C1:I16"。

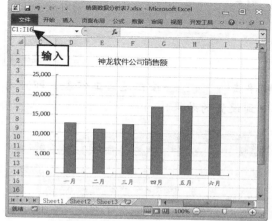

❷按下【Enter】键即可选中该区域。

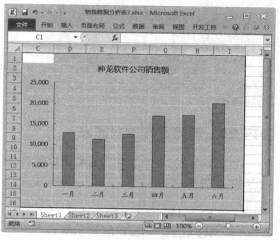

❸切换到【开始】选项卡中，单击【字体】组右下角的【对话框启动器】按钮，弹出【设置单元格格式】对话框，切换

到【填充】选项卡，首先在【背景色】组合框中选择【橄榄色，强调文字颜色 3，淡色 40%】选项，然后在【图案颜色】下拉列表中选择【水绿色，强调文字颜色 5，淡色 40%】选项，在【图案样式】下拉列表中选择【6.25% 灰色】选项。

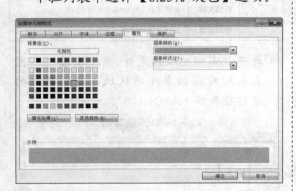

④ 单击 确定 按钮返回工作表，即可看到设置的效果。

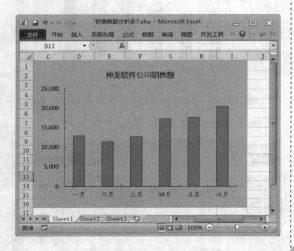

技巧 20　利用鼠标改变图表

在 Excel 2010 中利用 VBA 可以制作动态图表，使图表随着活动单元格的改变而改变。

本实例的原始文件和最终效果所在位置如下。		
	原始文件	素材\原始文件\08\利用鼠标改变图表.xlsx
	最终效果	素材\最终效果\08\利用鼠标改变图表.xlsx

① 打开本实例的原始文件，在工作表标签 Sheet1 上单击鼠标右键，从弹出的快捷菜单中选择【查看代码】菜单项。

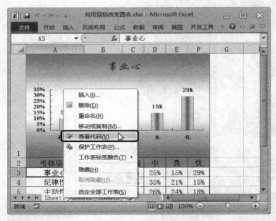

② 随即会弹出【Microsoft Visual Basic for Applications-利用鼠标改变图表.xlsx -[Sheet1(代码)]】VBA 程序编辑窗口。

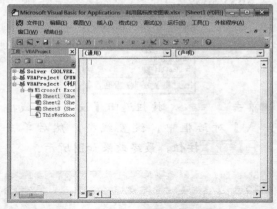

③ 在代码窗口中输入如下 VBA 程序代码。

```
Private    Sub    Worksheet_SelectionChange(ByVal
Target As Range)
 Dim r As Integer, c As Integer   '定义两个整形
变量
    r = Target.Row   '变量 r 等于选中单元格的
行号
    c = Target.Column   '变量 c 等于选中单元格
的列号
If r < 15 And r > 2 And c < 7 Then
```

```
        ChartObjects.Select   '选中图表
        ActiveChart.SeriesCollection(1).Values   =
Range(Cells(r,2), Cells(r,6))  '设置选取图表的系
列数据引用区域
        ActiveChart.SeriesCollection(1).Name   =
Cells(r,1)  '设置图表标题
        Cells(r,c).Select
    End If
End Sub
```

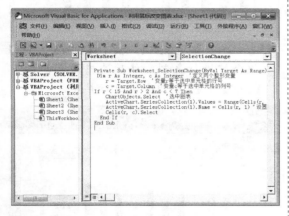

④单击【标准】工具栏中的【保存】按钮，弹出【Microsoft Excel】提示对话框，提示用户无法在未启用宏的工作簿中保存以下功能，单击 是(Y) 按钮继续保存为未启用宏的工作簿，然后单击 VBA 程序编辑窗口的【关闭】按钮 关闭编辑窗口，返回工作表中。

⑤切换到工作表中，此时在单元格区域 A3:F14 中选取任意一个单元格，图表便会更新为显示单元格所在行的数据。

技巧 21　图表标题随单元格变化

在 Excel 图表中，图表标题、类别轴标题以及数值轴标题在图表中一般都是固定不变的，但是用户可以通过单元格引用，实现图表标题随单元格变化而变化。

本实例的原始文件和最终效果所在位置如下。		
	原始文件	素材\原始文件\08\图表标题随单元格变化.xlsx
	最终效果	素材\最终效果\08\图表标题随单元格变化.xlsx

①打开本实例的原始文件，选中图表标题，在编辑栏中输入"=Sheet1!$A$13"。

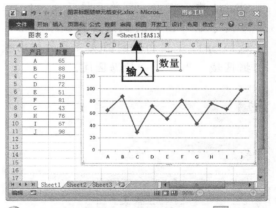

②单击编辑栏中的【输入】按钮 确认输入，此时图表标题与单元格 A13 建立了链接，在单元格 A13 中输入"2014 年"，图表标题便自动更改为"2014 年"。

219

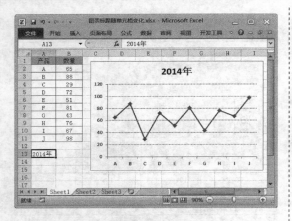

技巧 22　图表背景的分割

　　利用添加辅助数据和组合图表的技术对图表背景进行横向或纵向分割，进而更加清晰地显示出实际数据与预定目标之间的关系，下面分别介绍横向分割和纵向分割。

本实例的原始文件和最终效果所在位置如下。	
原始文件	素材\原始文件\08\图表背景的分割.xlsx
最终效果	素材\最终效果\08\图表背景的分割.xlsx

● 横向分割

①打开本实例的原始文件，切换到工作表 Sheet1 中，可以看到单元格区域 A1:B11 是用于制作图表的数据区域，单元格区域 D1:F11 是横向分割图表背景的辅助数据区域，用于划分数据区间。

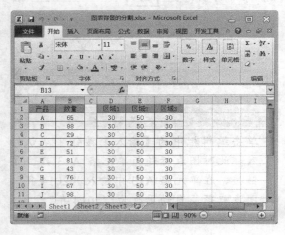

②选中单元格区域 D1:F11，在工作表中插入一个堆积柱形图，如图所示。

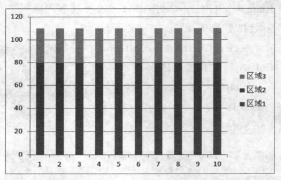

③选中单元格 A1:B11，按下【Ctrl】+【C】组合键进行复制，然后选中图表，按下【Ctrl】+【V】组合键进行粘贴。

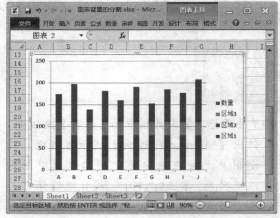

④选中数据系列"数量"，将其图表类型修改为带数据标记的折线图。

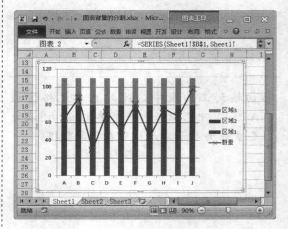

⑤双击垂直（值）轴，弹出【设置坐标轴格式】对话框，切换到【坐标轴选项】选项卡中，在【最大值】组合框中选中【固定】单选钮，然后在右侧的文本框中输入"100.0"。

⑥单击 关闭 按钮返回图表中，双击任意堆积柱形数据系列，弹出【设置数据系列格式】对话框，切换到【系列选项】选项卡中，将【分类间距】设置为".0%"。

⑦单击 关闭 按钮返回图表中，效果如图所示。

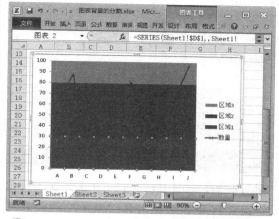

⑧对图表进行美化，横向分割折线图的效果如图所示。

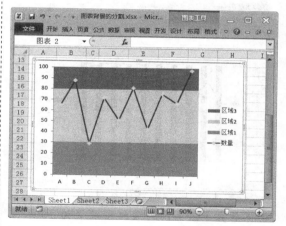

纵向分割

①切换到工作表 Sheet2 中，可以看到单元格区域 A1:B11 是用于制作图表的数据区域，单元格区域 C1:C11 是纵向分割图表背景的辅助数据区域，辅助列中的数值是一个大于数据列最大值的整数数值，这里取"100"。

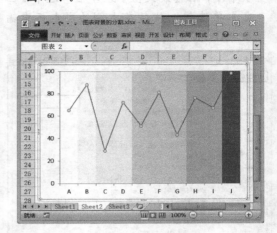

④ 依次设置数据系列"背景"的填充颜色，然后设置图表，纵向分割背景效果，如图所示。

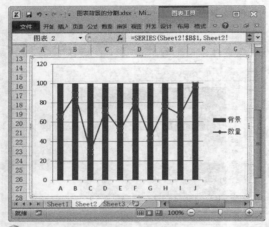

② 选中单元格区域 A1:C11，插入一个柱形图，然后将数据系列"数量"的图表类型更改为带数据标记的折线图。

技巧 23　为图表添加直线

在 Excel 2010 中，使用插入形状插入一条直线很简单，但是如果想要在图表中画直线以强调特定的坐标，就需要使用此技巧来完成。

本实例的原始文件和最终效果所在位置如下。	
原始文件	素材\原始文件\08\为图表添加直线.xlsx
最终效果	素材\最终效果\08\为图表添加直线.xlsx

① 打开本实例的原始文件，在单元格 D1 和 D2 中分别输入"水平线"和"70"，作为画水平线的辅助数据。

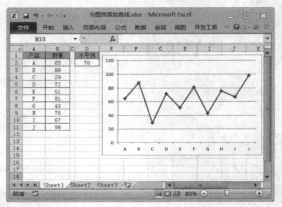

③ 将垂直（值）轴的最大值设置为 100，主要刻度单位设置为 20，然后将数据系列"背景"的分类间距调整为 0，效果如图所示。

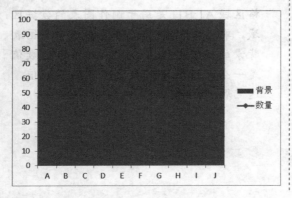

② 将单元格区域 D1:D2 复制粘贴到图表中，即可快速添加数据系列"水平线"，此数据系列只有一个点。

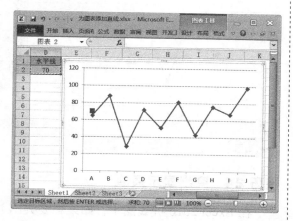

③ 选中数据系列"水平线"，将其图表类型修改为 XY（散点图），然后切换到【图表工具】栏中的【布局】选项卡中，单击【分析】组中的【误差线】按钮，从弹出的下拉列表中选择【其他误差线选项】选项。

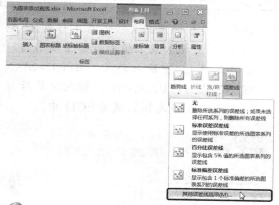

④ 弹出【设置误差线格式】对话框，切换到【水平误差线】选项卡，在【误差量】组合框中选中【自定义】单选钮，然后选中 指定值(V) 按钮。

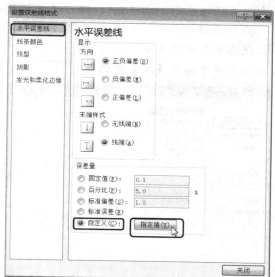

⑤ 弹出【自定义错误栏】对话框，在【正错误值】文本框中输入"10"，在【负错误值】文本框中输入"1"。

⑥ 单击 确定 按钮返回【设置误差线格式】对话框，然后单击 关闭 按钮返回图表中，即可在图表中添加上一条水平线。

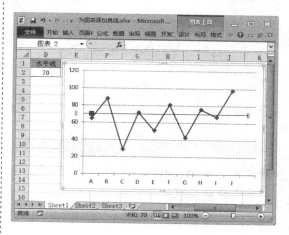

⑦ 双击数据系列"水平线",弹出【设置数据系列格式】对话框,切换到【数据标记选项】选项卡中,在【数据标记类型】组合框中选中【无】单选钮。

⑧ 单击 关闭 按钮返回图表中,即可看到将数据系列"水平线"的数据点隐藏起来,然后设置水平线格式,效果如图所示。

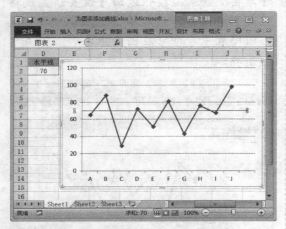

⑨ 将单元格 D2 中的输入修改为"50",水平线会自动随之变化。

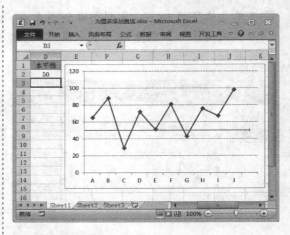

技巧 24 突出显示最值

在 Excel 2010 折线图中,如果想要突出显示最大值和最小值,需要使用辅助列在工作表中计算出最大值与最小值,然后通过设置其数据标记的格式对其进行突出显示。

本实例的原始文件和最终效果所在位置如下。		
原始文件	素材\原始文件\08\突出显示最值.xlsx
最终效果	素材\最终效果\08\突出显示最值.xlsx

① 打开本实例的原始文件,在工作表 C 列和 D 列中添加最大值和最小值辅助列,在单元格 C2 中输入公式"=IF(B2=MAX($B$2:$B$11),B2,NA())",输入完毕后将公式填充至单元格区域 C3:C11 中。

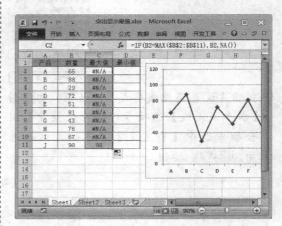

② 在单元格 D2 中输入公式 "=IF(B2=MIN($B$2:$B$11),B2,NA())",输入完毕后将公式填充至单元格区域 D3:D11 中。

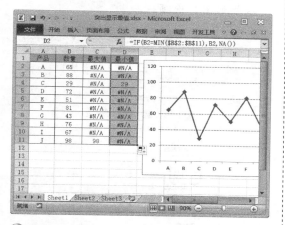

③ 复制单元格 C1:D11,然后选中图表,按下【Ctrl】+【V】进行粘贴,即可在图表中添加最大值和最小值数据系列。

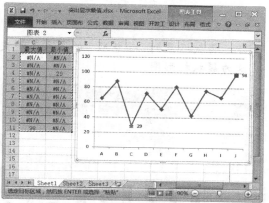

④ 如果数据源发生改变,折线图会自动随之变化,同时最大值和最小值也会随之变化。例如将单元格 B6 修改为 "17",按下【Enter】键即可看到图表中最值变化。

	A	B	C	D
1	产品	数量	最大值	最小值
2	A	65	#N/A	#N/A
3	B	88	#N/A	#N/A
4	C	29	#N/A	#N/A
5	D	72	#N/A	#N/A
6	E	17	#N/A	17
7	F	81	#N/A	#N/A
8	G	43	#N/A	#N/A
9	H	76	#N/A	#N/A
10	I	67	#N/A	#N/A
11	J	98	98	#N/A

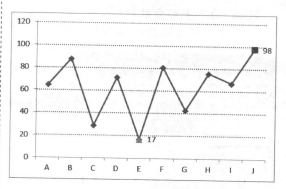

技巧 25 模拟坐标轴

默认情况下,Excel 2010 中图表的坐标轴刻度间距是相等的,如果图表中数据集中显示在某个数据段内,可以设置显示指定数据刻度。

本实例的原始文件和最终效果所在位置如下。	
原始文件	素材\原始文件\08\模拟坐标轴.xlsx
最终效果	素材\最终效果\08\模拟坐标轴.xlsx

① 打开本实例的原始文件,选中单元格区域 A9:B14,切换到【插入】选项卡中,单击【图表】组中的【散点图】按钮,从弹出的下拉列表中选择【带直线和数据标记的散点图】选项。

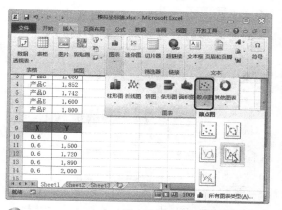

② 即可在图表中插入一个 XY 散点图,复制单元格区域 A1:B7,切换到【开始】选项卡中,单击【剪贴板】组中的【粘贴】

按钮 的下半部分按钮 ，从弹出的下拉列表中选择【选择性粘贴】选项。

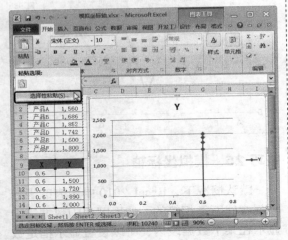

③ 弹出【选择性粘贴】对话框，在【添加单元格为】组合框中选中【新建系列】单选钮，在【数值轴在】组合框中选中【列】单选钮，选中【首行为系列名称】和【首列为分类 X 值】复选框。

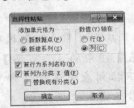

④ 单击 确定 按钮返回图表中，可以看到新添加的数据系列"销售额"。

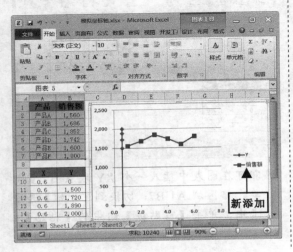

⑤ 选中数据系列"销售额"，切换到【插入】选项卡中，单击【图表】组中的【柱形图】按钮 ，从弹出的下拉列表中选择【簇状柱形图】选项。

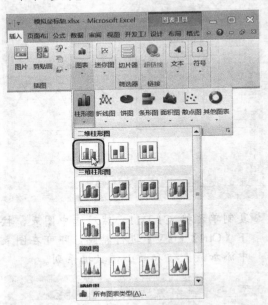

⑥ 即可将数据系列"销售额"的图表类型更改为簇状柱形图。

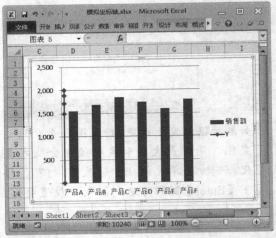

⑦ 将图表中的垂直（值）轴、网格线和图例设置为无，然后为数据系列"Y"添加数据标签，并将其标签位置设置为左侧，效果如图所示。

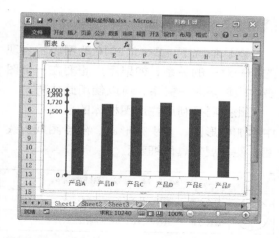

技巧 26　模拟坐标轴标签

当图表中柱形图中的数值为负值时，坐标轴标签会显示在负值的柱形中，使用堆积柱形图模拟坐标轴标签，即可在合适的位置显示坐标轴标签。

本实例的原始文件和最终效果所在位置如下。		
	原始文件	素材\原始文件\08\模拟坐标轴标签.xlsx
	最终效果	素材\最终效果\08\模拟坐标轴标签.xlsx

❶ 打开本实例的原始文件，选中水平（类别）轴，按下【Ctrl】+【1】组合键，弹出【设置坐标轴格式】对话框，切换到【坐标轴选项】选项卡中，在【坐标轴标签】下拉列表中选择【无】选项。

❷ 单击　关闭　按钮返回图表中，即可看到水平（类别）轴被隐藏起来了，选中图表，切换到【图表工具】栏中的【布局】选项卡中，单击【标签】组中的数据标签按钮，从弹出的下拉列表中选择【居中】选项。

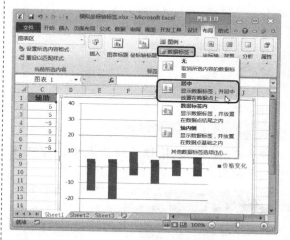

❸ 即可为图表数据系列添加上数据标签。

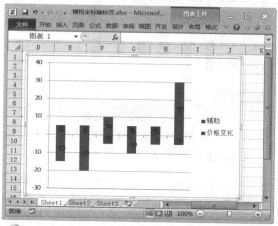

❹ 选中数据系列"辅助"，按下【Ctrl】+【1】组合键，弹出【设置数据标签格式】对话框，切换到【标签选项】选项卡中，在【标签包括】组合框中选中【类别名称】复选框，撤选【值】复选框。

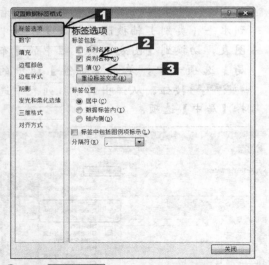

⑤单击 [关闭] 按钮返回图表中，即可显示类别名称。

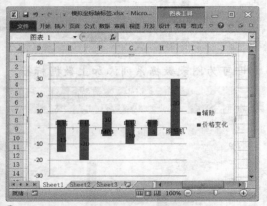

⑥将数据系列"辅助"的填充设置为"无填充"，坐标轴标签设置效果如图所示。

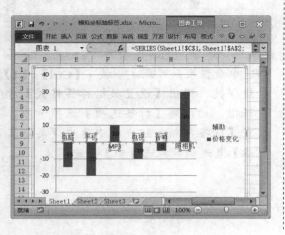

技巧 27　图中有图

默认情况下，Excel 2010 的图表中表现的是一对一的关系，如果用户想要在一个图表中表现多对一关系，可以使用此技巧。

此技巧是利用柱形图柱体的范围，在其中添加柱形图、堆积柱形图、散点图或折线图，使其展现具体细节。

本实例的原始文件和最终效果所在位置如下。	
原始文件	素材\原始文件\08\图中有图.xlsx
最终效果	素材\最终效果\08\图中有图.xlsx

区域辅助法

①打开本实例的原始文件，切换到工作表 Sheet1 中，将其重命名为"区域辅助法"，根据单元格区域 B1:G5 的数据内容，建立辅助区域 B7:E27。

②选中单元格区域 D7:E27，切换到【插入】选项卡中，单击【图表】组中的【柱形图】按钮，从弹出的下拉列表中选择【簇状柱形图】选项，即可在工作表中插入一个簇状柱形图，调整其大小和位置。

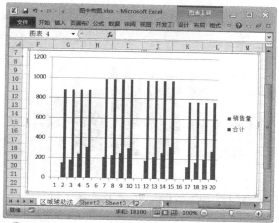

❸ 选中图表，单击鼠标右键，从弹出的快捷菜单中选择【选择数据】菜单项，弹出【选择数据源】对话框，在【水平（分类）轴标签】组合框中单击 编辑(T) 按钮。

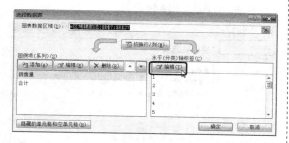

❹ 弹出【轴标签】对话框，将光标定位在【轴标签区域】文本框中，在工作表中选中单元格区域 B8:C27。

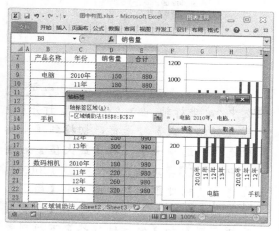

❺ 单击两次 确定 按钮返回图表中，即可看到水平（类别）轴的设置效果。

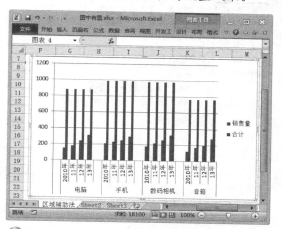

❻ 选中数据系列"合计"，按下【Ctrl】+【1】组合键，弹出【设置数据系列格式】对话框，切换到【系列选项】选项卡中，将【分类间距】设置为".0%"。

❼ 切换到【填充】选项卡中，选中【纯色填充】单选钮，在【颜色】下拉列表中选择【浅蓝】选项，然后单击 关闭 按钮。

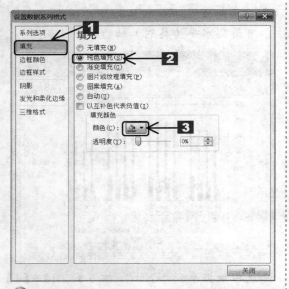

8 选中数据系列"销售量",按照相同的方法打开【设置数据系列格式】对话框,切换到【系列选项】选项卡中,将【分类间距】设置为"20%",在【系列绘制在】组合框中选中【次坐标轴】单选钮。

9 切换到【填充】选项卡中,选中【纯色填充】单选钮,在【颜色】下拉列表中选择【红色】选项,单击 关闭 按钮返回图表中,数据系列设置效果如图所示。

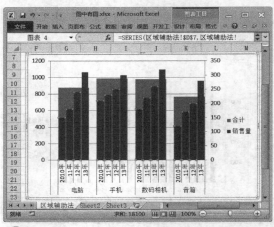

10 选中"垂直(值)轴",打开【设置坐标轴格式】对话框,切换到【坐标轴选项】选项卡中,在【主要刻度线类型】和【坐标轴标签】下拉列表中选择【无】选项,单击 关闭 按钮。

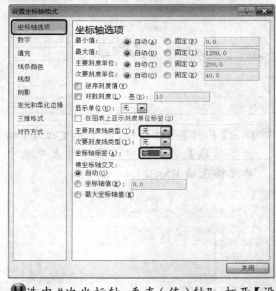

11 选中"次坐标轴 垂直(值)轴",打开【设置坐标轴格式】对话框,切换到【坐标轴选项】选项卡中,在【最大值】右侧选中【固定】单选钮,输入数值"1200.0",在【主要刻度单位】右侧选中【固定】单选钮,输入数值"200.0",在【主要刻度线类型】和【坐标轴标签】下拉列表中选择【无】选项。

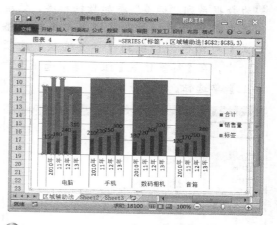

14 将"标签"数据系列修改为"仅带数据标记的散点图"。

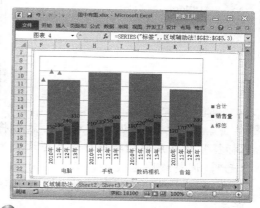

12 单击 关闭 按钮返回图表中，选中数据系列"销售量"，单击鼠标右键，从弹出的快捷菜单中选择【添加数据标签】菜单项，即可为其添加上数据标签。

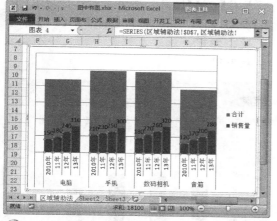

13 添加"标签"数据系列。选中图表，在编辑栏中输入公式"=SERIES("标签",,区域辅助法!$G$2:$G$5,3)"，按下【Enter】键，即可在图表中添加上名为"标签"的数据系列。

15 选中"标签"数据系列，将编辑栏中的公式修改为"=SERIES("标签",{3.5,8.5,13.5,18.5},区域辅助法!$G$2:$G$5,3)"，按下【Enter】键可以看到"标签"数据系列的位置发生了变化。

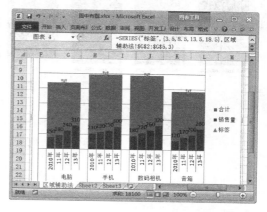

⓰为数据系列"标签"添加数据标签,然后选中数据标签,打开【设置数据标签格式】对话框,切换到【标签选项】选项卡中,在【标签位置】组合框中选中【靠上】单选钮。

⓱单击 关闭 按钮返回图表中,然后将"标签"数据系列的数据标记类型设置为"无",调整绘图区大小、删除"标签"图例项、移动图例位置,最终效果如图所示。

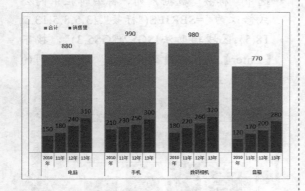

柱—散点结合法

❶切换到工作表 Sheet2 中,将其重命名为"柱-散点结合法",将工作表"区域辅助法"中单元格区域 B1:G5 中的数据复制到工作表"柱-散点结合法"中,然后建立区域 B7:E27。

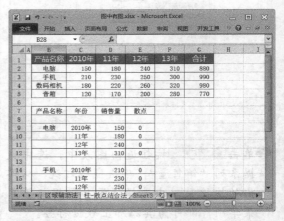

❷按住【Ctrl】键同时选中单元格区域 B1:B5 和 G1:G5,然后按下【Alt】+【F1】组合键,即可快速在工作表中插入一个簇状柱形图。

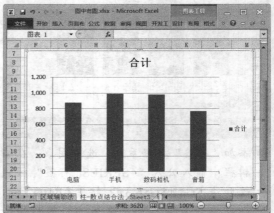

❸选中"合计"数据系列,按下【Ctrl】+【1】组合键,打开【设置数据系列格式】对话框,切换到【系列选项】选项卡中,将其【分类间距】设置为"20%"。

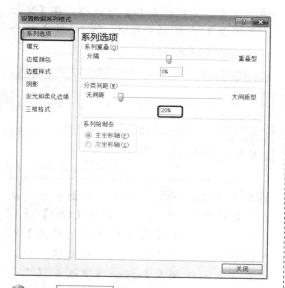

4 单击 关闭 按钮返回图表中，选中图表，切换到【图表工具】栏中的【设计】选项卡中，单击【数据】组中的【选择数据】按钮。

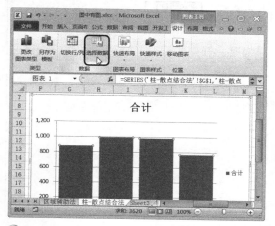

5 弹出【选择数据源】对话框，在【图例项（系列）】组合框中单击 添加(A) 按钮。

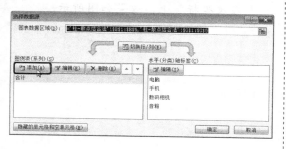

6 弹出【编辑数据系列】对话框，在【系列名称】文本框中输入 "='柱-散点结合法'!$D$7"，在【系列值】文本框中输入 "='柱-散点结合法'!$D$8:$D$27"。

7 输入完毕单击 确定 按钮返回【选择数据源】对话框中，按照相同的方法在【图例项（系列）】组合框中添加【散点】系列。

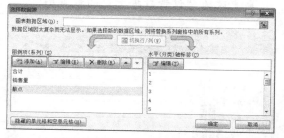

8 单击 确定 按钮返回图表中，选中数据系列 "销售量"，单击鼠标右键，从弹出的快捷菜单中选择【更改系列图表类型】菜单项。

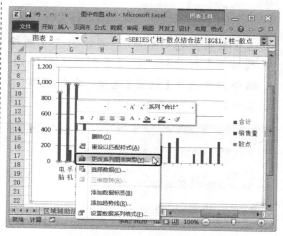

9 弹出【更改图表类型】对话框，切换到【XY(散点图)】选项卡中，选择【仅带数据标记的散点图】选项。

⑩单击 确定 按钮返回图表中，使用相同方法将数据系列"散点"的图表类型也更改为"仅带数据标记的散点图"。

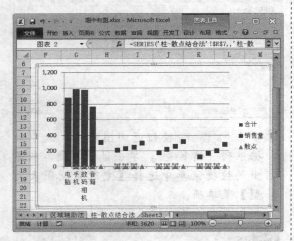

⑪选中数据系列"散点"，再次打开【选择数据源】对话框，在【图例项（系列）】组合框中选中【散点】选项，单击 编辑(E) 按钮。

⑫弹出【编辑数据系列】对话框，在【X轴系列值】文本框中输入"='柱-散点结合法'!$C$8:$C$27"。

⑬单击两次 确定 按钮返回图表中，选中数据系列"销售量"，按下【Ctrl】+【1】组合键，弹出【设置数据系列格式】对话框，切换到【系列选项】选项卡中，在【系列绘制在】组合框中选中【次坐标轴】单选钮。

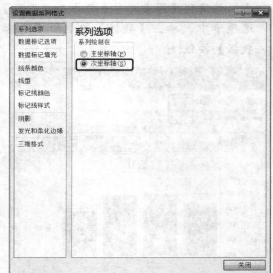

⑭单击 关闭 按钮返回图表中，按照相同的方法设置数据系列"散点"系列绘制在次坐标轴上，效果如图所示。

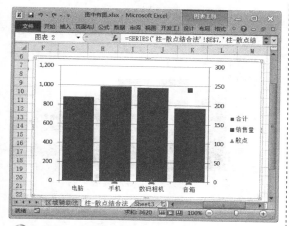

⑮添加次要横坐标。选中图表，切换到【图表工具】栏中的【布局】选项卡中，单击【坐标轴】组中的【坐标轴】按钮，从弹出的快捷菜单中选择【次要横坐标轴】➤【显示默认坐标轴】选项，即可为图表添加上次要横坐标轴。

⑯选中"次坐标轴 水平（值）轴"，按下【Ctrl】+【1】组合键，弹出【设置坐标轴格式】对话框，切换到【坐标轴选项】选项卡中，在【最小值】右侧选中【固定】单选钮，输入数值"1.0"，在【最大值】右侧选中【固定】单选钮，输入数值"21.0"，在【主要刻度线类型】和【坐标轴标签】下拉列表中选择【无】选项。

⑰按照相同方法设置"次坐标轴 垂直（值）轴"，设置其【最大值】为【固定】数值"1200.0"，【主要刻度单位】为【固定】数值"200.0"，在【主要刻度线类型】和【坐标轴标签】下拉列表中选择【无】选项，设置完毕单击 关闭 按钮。

⑱添加误差线。根据添加误差线的方法为数据系列"销售量"添加误差线，然后将"系列'销售量' X误差线"删除，选中"系列'销售量' Y误差线"，打开【设置

误差线格式】对话框，切换到【垂直误差线】选项卡中，在【显示】组合框中的【方向】选项中选中【负偏差】单选钮，在【末端样式】选项中选中【无线端】单选钮，在【误差量】组合框中选中【自定义】单选钮，然后单击 指定值(V) 按钮。

⑲弹出【自定义错误栏】对话框，在【负错误值】文本框中输入 "='柱-散点结合法'!\$D\$8:\$D\$27"。

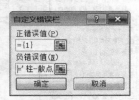

⑳单击 确定 按钮返回【设置误差线格式】对话框，将【线条颜色】设置为"红色，【线型宽度】设置为"15 磅"，单击 关闭 按钮返回图表中，即可看到系列"销售量"Y 误差线的设置效果。

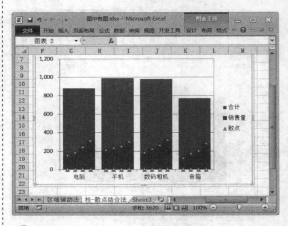

㉑设置"水平（类别）轴"格式。选中水平（类别）轴，打开【设置坐标轴格式】对话框，切换到【坐标轴选项】选项卡中，在【标签与坐标轴的距离】文本框中输入"800"。

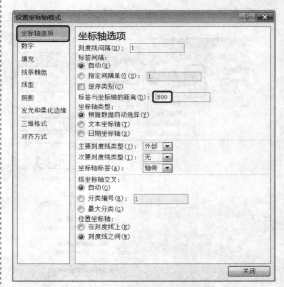

㉒单击 关闭 按钮返回图表中，即可看到设置效果，选中数据系列"散点"，切换到【图表工具】栏中的【布局】选项卡中，单击【标签】组中的 数据标签 按钮，从弹出的下拉列表中选择【其他数据标签选项】选项。

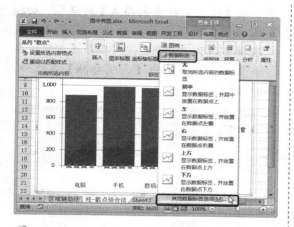

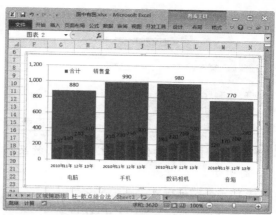

23 弹出【设置数据标签格式】对话框，切换到【标签选项】选项卡中，在【标签包括】组合框中选中【X 值】复选框，撤选【Y 值】复选框，在【标签位置】组合框中选中【靠下】单选钮。

24 单击 关闭 按钮返回图表中，设置数据系列标签，删除"散点"图例项，调整图例位置，最终效果如图所示。

直接法

1 将工作表 Sheet3 重命名为"直接法"，在单元格区域 B1:G5 中创建数据，然后选中单元格区域 B1:G5，按下【Alt】+【F1】组合键，即可在工作表中插入一个簇状柱形图。

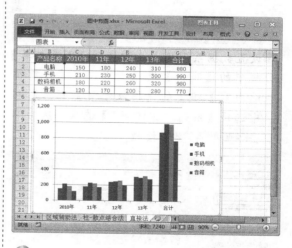

2 设置数据系列格式。选中图表，单击鼠标右键，从弹出的快捷菜单中选择【选择数据】菜单项，弹出【选择数据源】对话框，单击 切换行/列(W) 按钮。

3 单击 确定 按钮返回工作表中,效果如图所示。

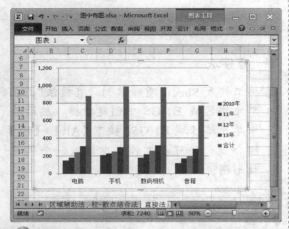

4 设置数据系列格式。切换到【图表工具】栏中的【布局】选项卡中,在【当前所选内容】组中的【图表元素】下拉列表中选择【系列"2010年"】选项,然后单击 设置所选内容格式 按钮。

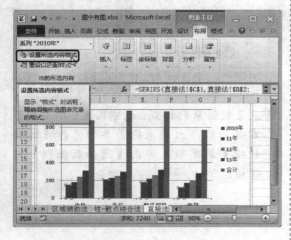

5 弹出【设置数据系列格式】对话框,切换到【系列选项】选项卡中,调整【系列重叠】值为"-20%",然后在【系列绘制在】组合框中选中【次坐标轴】单选钮,单击 关闭 按钮。

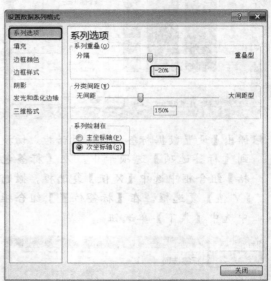

6 按照相同的方法设置系列"11年"、"12年"和"13年",然后设置系列"合计",调整其【系列重叠】为".0%",【分类间距】为"20%"。

⑦单击 关闭 按钮返回图表中，数据系列的设置效果如图所示。

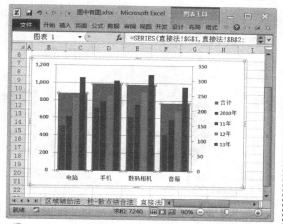

⑧设置次坐标轴格式。选中"次坐标轴 垂直（值）轴"，按下【Ctrl】+【1】组合键，弹出【设置坐标轴格式】对话框，切换到【坐标轴选项】选项卡中，在【最大值】右侧选中【固定】单选钮，输入数值"1200.0"，在【主要刻度单位】右侧选中【固定】单选钮，输入数值"200.0"，在【主要刻度线类型】和【坐标轴标签】下拉列表中选择【无】选项。

⑨单击 关闭 按钮，效果如图所示。

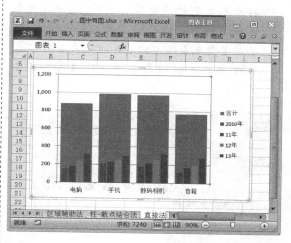

⑩调整图例位置，为数据系列添加数据标签，最终效果如图所示。

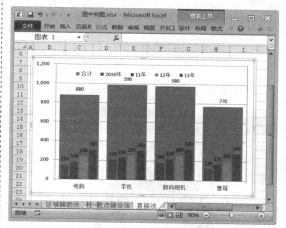

技巧 28　孪生饼图

用户可以使用在统一个图表中创建两个结构相同的饼图，对数据进行更加直观的比较，此图表称为孪生饼图。

本实例的原始文件和最终效果所在位置如下。		
	原始文件	素材\原始文件\08\孪生饼图.xlsx
	最终效果	素材\最终效果\08\孪生饼图.xlsx

具体操作步骤如下。

❶打开本实例对应的原始文件,选中单元格区域 A1:C7,切换到【插入】选项卡中,单击【图表】组中的【其他图表】按钮,从弹出的下拉列表框中选择【圆环图】选项。

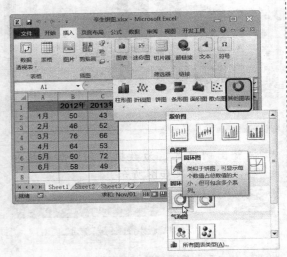

❷即可在工作表中插入一个圆环图。

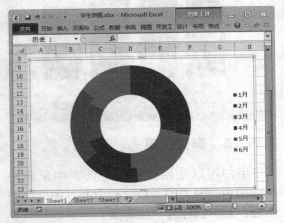

❸选中数据系列"2012 年",切换到【图表工具】栏中的【设计】选项卡中,单击【类型】组中的【更改图表类型】按钮。

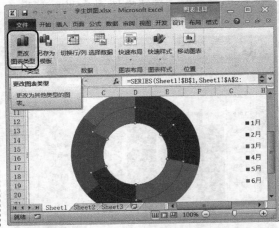

❹弹出【更改图表类型】对话框,切换到【饼图】选项卡中,选择【复合饼图】选项。

❺单击 确定 按钮返回图表中,在数据系列"2012 年"上单击鼠标右键,从弹出的快捷菜单中选择【设置数据系列格式】菜单项。

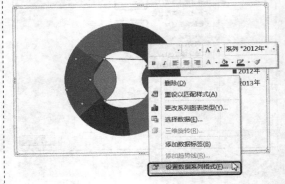

⑥弹出【设置数据系列格式】对话框，切换到【系列选项】选项卡中，在【第二绘图区包含最后一个】微调框中输入"6"，在【系列绘制在】组合框中选中【次坐标轴】单选钮。

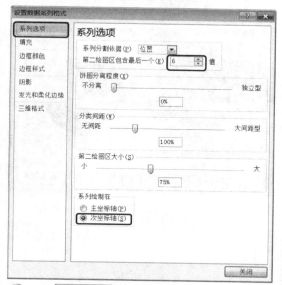

⑦单击 关闭 按钮返回图表中，即可看到数据系列"2012年"的设置效果。

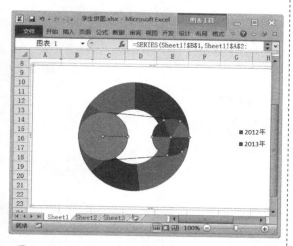

⑧按照相同的方法将数据系列"2013年"更改为复合饼图，并打开【设置数据系列格式】对话框。切换到【系列选项】选项卡中，在【第二绘图区包含最后一个】微调框中输入"0"。

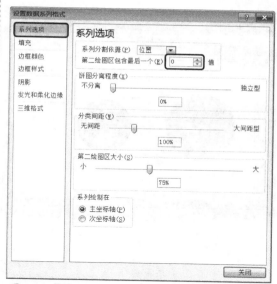

⑨单击 关闭 按钮返回图表中，即可看到设置效果。

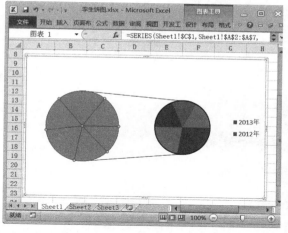

⑩选中数据系列"2012年"的数据点"7"，按下【Ctrl】+【1】组合键，打开【设置数据点格式】对话框，切换到【填充】选项卡中，选中【无填充】单选钮，切换到【边框颜色】选项卡中，选中【无线条】单选钮，单击 关闭 按钮，设置效果如图所示。

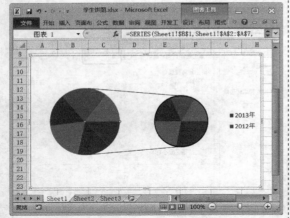

11 删除图表中的系列线,分别为两个饼图添加标题和数据标签,然后调整图表分类间距,美化图表,最终效果如图所示。

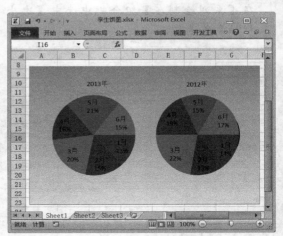

第 9 章
数据分析

在日常办公中，使用 Excel 2010 提供的数据分析功能可以极大地提高工作效率，例如使用排序、筛选和分类汇总功能可以很方便地实现数据的查询，使用模拟运算、单变量求解和规划求解等高级分析工具可以轻松解决很多复杂问题。本章介绍有关数据分析的技巧。

要 点 导 航

- 自定义序列排序
- 快速制作工资条
- 对筛选结果重新编号
- 自动建立分级显示
- 多变量假设分析
- 规划求解测算运营收入

技巧 1　有标题数据表排序

在 Excel 工作表中，一般情况下用户制作的表格都带有标题，用户可以根据标题字段进行排序。

例如本实例中展示了一张工资表，用户想要先按照基本工资的降序排列，再按照奖金的降序排列，操作步骤如下。

本实例的原始文件和最终效果所在位置如下。	
原始文件	素材\原始文件\09\工资表 1.xlsx
最终效果	素材\最终效果\09\工资表 1.xlsx

❶ 打开本实例的原始文件，选中数据区域中的任意一个单元格，例如单元格 A4，切换到【数据】选项卡，单击【排序和筛选】组中的【排序】按钮。

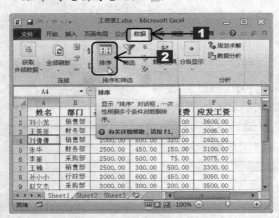

❷ 弹出【排序】对话框，在【主要关键字】下拉列表中选择【基本工资】选项，在【次序】下拉列表中选择【降序】选项，然后单击【添加条件(A)】按钮。

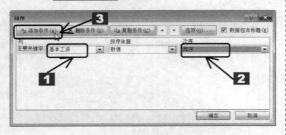

❸ 即可添加排序条件，在【次要关键字】下拉列表中选择【奖金】选项，在【次序】下拉列表中选择【降序】选项。

❹ 单击 确定 按钮返回工作表中，即可看到工作表根据"基本工资"的降序排列，当"基本工资"相同时，就根据"奖金"的降序排列。

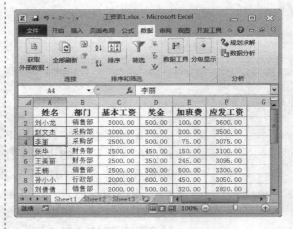

技巧 2　无标题数据表排序

有时工作表的数据列表中没有列标题，如果要对其进行排序，操作步骤如下。

本实例的原始文件和最终效果所在位置如下。	
原始文件	素材\原始文件\09\工资表 2.xlsx
最终效果	素材\最终效果\09\工资表 2.xlsx

❶ 打开本实例的原始文件，可以看到该数据表没有列标题。如果要对 F 列进行降序排序，可以选中数据区域中的任意一个单元格，切换到【数据】选项卡，单击【排序和筛选】组中的【排序】按钮。

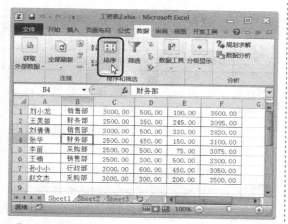

② 弹出【排序】对话框，在【主要关键字】下拉列表中选择【列 F】选项，在【次序】下拉列表中选择【降序】选项。

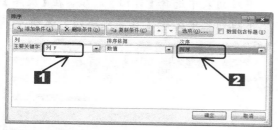

③ 单击 确定 按钮返回工作表中，即可看到排序结果。

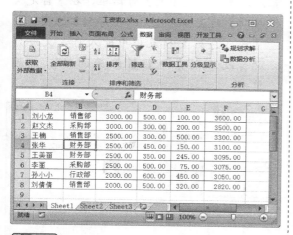

技巧 3 按笔画排序

默认情况下，Excel 2010 对文本是按照字母的顺序进行排序的。但在某些情况下，可能需要对中文字符按照笔画的多少进行排序。

在 Excel 中按照笔画排序的规则通常是：先按照字的笔画数多少排列；如果笔画数相同，Excel 按照其内码顺序进行排列。

本实例的原始文件和最终效果所在位置如下。		
	原始文件	素材\原始文件\09\工资表 3.xlsx
	最终效果	素材\最终效果\09\工资表 3.xlsx

① 打开本实例的原始文件，选中数据区域中的任意单元格，切换到【数据】选项卡，单击【排序和筛选】组中的【排序】按钮。

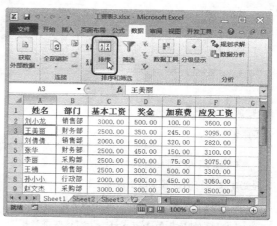

② 弹出【排序】对话框，在【主要关键字】下拉列表中选择【姓名】选项，单击 选项(O)... 按钮。

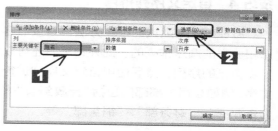

❸弹出【排序选项】对话框，在【方法】组合框中选中【笔划排序】单选钮。

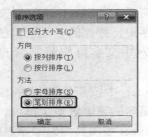

❹单击 确定 按钮返回【排序】对话框中，再次单击 确定 按钮返回工作表中，即可看到排序结果。

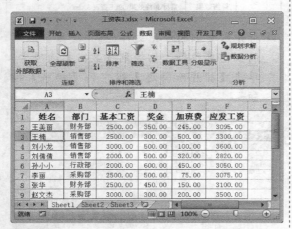

提示

　　Excel默认的排序方式为按照字母顺序排序，但是当中文字符的拼音字母组成完全相同时，例如当"李"、"莉"、"丽"等字在一起作为比较对象时，Excel会自动地依据笔画方式进一步对这些拼音相同的字再次排序。

技巧4　自定义序列排序

　　Excel 2010默认的排序方法都是按照字母和数字的顺序排列的。此外，用户还可以定义自己的序列，然后使用自定义序列进行排序。例如公司内部部门包括"行政部"、"人力资源部"、"财务部"、"销售部"等。

本实例的原始文件和最终效果所在位置如下。		
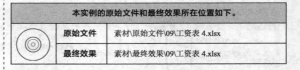	原始文件	素材\原始文件\09\工资表4.xlsx
	最终效果	素材\最终效果\09\工资表4.xlsx

❶打开本实例的原始文件，选中数据区域中的任意单元格，切换到【数据】选项卡，单击【排序和筛选】组中的【排序】按钮。

❷弹出【排序】对话框，在【主要关键字】下拉列表中选择【部门】选项，在【次序】下拉列表中选择【自定义序列】选项。

❸弹出【自定义序列】对话框，在【自定义序列】列表框中选中【新序列】选项，在【输入序列】列表框中输入自定义序列"行政部,财务部,销售部,采购部"，然后单击 添加(A) 按钮。

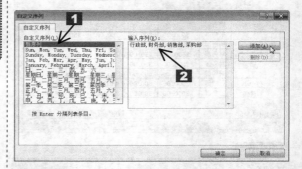

提示

　　输入自定义序列时，使用半角逗号进行分隔。

④ 即可将自定义的序列添加到【自定义序列】列表框中，选中新添加的自定义序列。

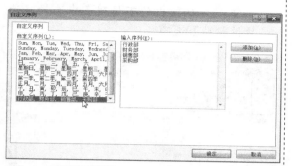

⑤ 单击 确定 按钮返回【排序】对话框中，即可看到【次序】下拉列表中显示了自定义的序列。

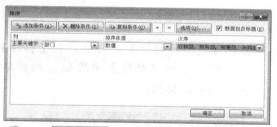

⑥ 单击 确定 按钮返回工作表中，即可看到排序结果。

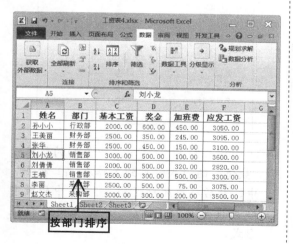

技巧5 按行排序

在数据表中不仅可以按列进行排序，也可以按行进行排序。

本实例的原始文件和最终效果所在位置如下。		
	原始文件	素材\原始文件\09\区域销售表.xlsx
	最终效果	素材\最终效果\09\区域销售表.xlsx

① 打开本实例的原始文件，选中单元格区域B2:F5，切换到【数据】选项卡中，单击【排序和筛选】组中的【排序】按钮。

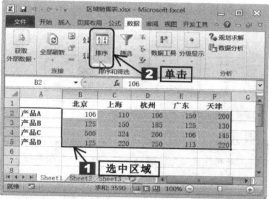

② 弹出【排序】对话框，单击 选项(O)... 按钮。

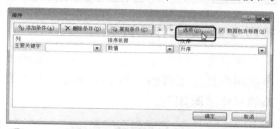

③ 弹出【排序选项】对话框，在【方向】组合框中选中【按行排序】单选钮。

④ 单击 确定 按钮返回【排序】对话框，在【主要关键字】和【次要关键字】下拉列表中分别选择【行2】和【行3】选项，在【次序】下拉列表中均选择【升序】选项。

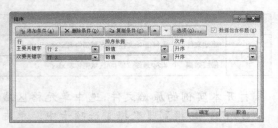

5 单击 确定 按钮返回工作表中，即可看到排序结果。

提示

此排序表示先按照第 2 行 "产品 A" 的各地区销售数量进行升序排列，当销售数量相同时，按照第 3 行 "产品 B" 的各地区销售数量进行升序排列。

技巧 6　快速制作工资条

在员工人数不多的情况下，可以使用排序法制作员工工资条。使用排序法制作工资条的具体步骤如下。

本实例的原始文件和最终效果所在位置如下。		
	原始文件	素材\原始文件\09\工资表 5.xlsx
	最终效果	素材\最终效果\09\工资表 5.xlsx

1 打开本实例的原始文件，切换到工作表 "工资表" 中，选中单元格区域 A1:F9，按下【Ctrl】+【C】组合键进行复制。

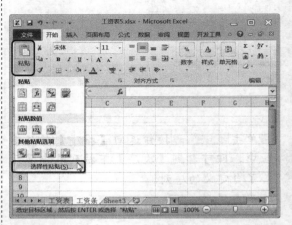

2 切换到工作表 "工资条" 中，选中单元格 A1，切换到【开始】选项卡中，单击【剪贴板】组中的【粘贴】按钮的下半部分按钮，从弹出的下拉列表中选择【选择性粘贴】选项。

3 弹出【选择性粘贴】对话框，在【粘贴】组合框中选中【数值】单选钮，然后单击 确定 按钮。

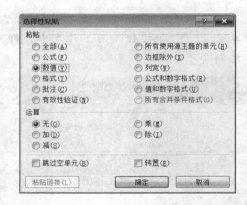

4 即可将工作表 "工资表" 中复制的数据以 "数值" 的形式粘贴到工作表 "工资条" 中，然后将单元格区域 C2:F9 中的数字格式设置为保留两位小数位数的数值形式。

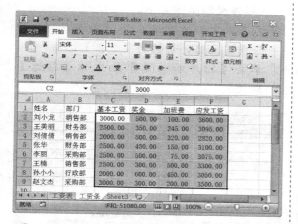

5 在单元格区域 G2:G9 中填充序列 1~8，然后按照相同顺序将 8 个数字复制到单元格区域 G10:G17 中。

6 选中数据区域的任意一个单元格，根据 G 列对数据区域进行升序排序。

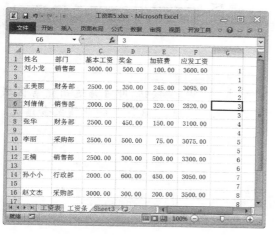

7 选中单元格区域 A3:F15，按下【F5】键，打开【定位】对话框，单击 定位条件(S)... 按钮。

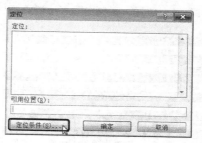

8 弹出【定位条件】对话框，选中【空值】单选钮。

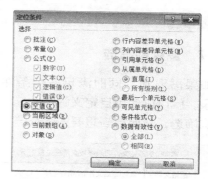

9 单击 确定 按钮即可选中当前区域中的所有空白单元格，输入公式"=A1"，按下【Ctrl】+【Enter】组合键，即可在空白单元格中填充相应的列标题。

⑩清除 G 列内容，对单元格区域 A1:F16 进行美化设置，效果如图所示。

技巧 7 多条件筛选

如果需要筛选同时满足多个条件的数据记录，就可以使用自定义筛选功能，并进行多次筛选，从而得到想要的筛选结果。

本实例的原始文件和最终效果所在位置如下。	
原始文件	素材\原始文件\09\销售业绩表 1.xlsx
最终效果	素材\最终效果\09\销售业绩表 1.xlsx

本实例假设要从一张业绩奖金计算表中筛选出销售区域为"A 区"或"B 区"，并且业绩奖金额大于等于 350 而小于等于 600 的数据记录，就可以使用自定义筛选功能来实现。

具体操作步骤如下。

❶打开本实例的原始文件，在数据区域选中任意单元格，切换到【数据】选项卡中，单击【排序和筛选】组中的【筛选】按钮。

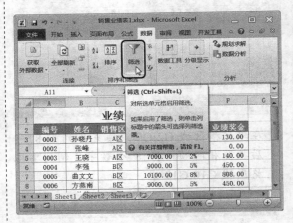

❷即可进入筛选状态，单击"销售区域"字段右侧的自动筛选按钮，从弹出的下拉列表中撤选【C 区】复选框。

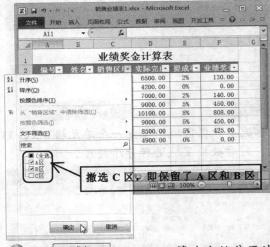

❸单击 确定 按钮，即可筛选出销售区域为"A 区"或"B 区"的业绩奖金情况。

4 在前面筛选的基础上继续对数据进行下一个条件的筛选。单击"业绩奖金"字段右侧的自动筛选按钮▼，从弹出的下拉列表中选择【数字筛选】➤【自定义筛选】选项。

5 弹出【自定义自动筛选方式】对话框，在【业绩奖金】组合框中的第 1 个条件下拉列表文本框中选择【大于或等于】选项，并在其右侧的下拉列表文本框中输入"350"，在第 2 个条件下拉列表中选择【小于或等于】选项，并在其右侧的下拉列表文本框中输入"600"，选中【与】单选钮（表示两个条件之间的逻辑关系为"与"），然后单击 ▭确定▭ 按钮。

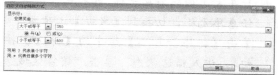

6 返回工作表中即可看到最终的筛选结果。

技巧 8 使用筛选功能批量修改数据

如果用户要对同一列中分散的相同数据进行统一修改，那么就可以使用自动筛选功能实现数据的批量修改。

本实例的原始文件和最终效果所在位置如下。	
原始文件	素材\原始文件\09\销售业绩表 2.xlsx
最终效果	素材\最终效果\09\销售业绩表 2.xlsx

打开本实例的原始文件，如果要将"销售区域"字段中的"B 区"全部修改为"D区"，就可以使用自动筛选功能来实现，具体的操作步骤如下。

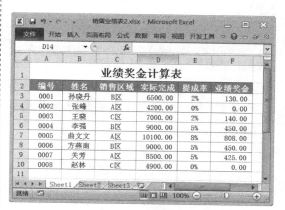

❶打开本实例的原始文件，在数据区域选中任意单元格，切换到【数据】选项卡中，单击【排序和筛选】组中的【筛选】按钮，进入筛选状态。单击"销售区域"字段右侧的自动筛选按钮，从弹出的下拉列表中撤选【（全选）】复选框，然后选中【B区】复选框。

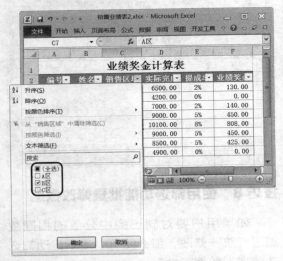

❷单击 确定 按钮，此时即可筛选出所有销售区域为"B区"的数据记录。

❸在单元格 C3 中输入"D 区"，然后将单元格C3中的内容向下复制填充至单元格C8。

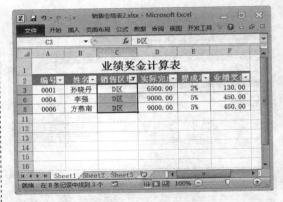

❹单击"销售区域"字段右侧的自动筛选按钮，从弹出的下拉列表中选择【（全选）】复选框，然后单击 确定 按钮。

❺此时即可看到 C 列中的所有"B 区"已被修改为"D 区"，而那些在筛选状态下被隐藏的数据记录则不会被修改。

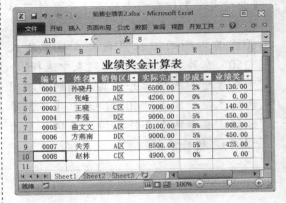

技巧 9　筛选状态下的计算

当数据表根据一定的条件进行筛选后，使用 SUM 函数或其他一些统计函数对数据表进行计算的结果并不会根据筛选结果的变化而改变。

如果用户希望只对筛选出来的数据进行计算，那么就可以使用 SUBTOTAL 函数。该函数的功能是返回列表或数据库中的分类汇总，其语法形式如下：

SUBTOTAL(function_num,ref1,ref2,...)

参数 function_num 为 1 到 11（包含隐藏值）或 101 到 111（忽略隐藏值）之间的数字，指定使用何种函数在列表中进行分类汇总计算；ref1 和 ref2 为要进行分类汇总计算的 1 到 29 个区域或引用。function_num 的取值情况如下表所示。

function_num （包含隐藏　）	function_num （忽略隐藏值）	对应函数
1	101	AVERAGE
2	102	COUNT
3	103	COUNTA
4	104	MAX
5	105	MIN
6	106	PRODUCT
7	107	STDEV
8	108	STDEVP
9	109	SUM
10	110	VAR
11	111	VARP

当 function_num 为从 1 到 11 的常数时，SUBTOTAL 函数将包括通过选择【格式】▶【行】▶【隐藏】菜单项所隐藏的行中的值。当 function_num 为从 101 到 111 的常数时，SUBTOTAL 函数将忽略通过选择【格式】▶【行】▶【隐藏】菜单项所隐藏的行中的值。SUBTOTAL 函数忽略任何不包括在筛选结果中的行，无论使用什么 function_num 值。

下面利用 SUBTOTAL 函数对销售业绩奖金计算表中的业绩奖金额进行汇总计算。

本实例的原始文件和最终效果所在位置如下。		
	原始文件	素材\原始文件\09\销售业绩表 3.xlsx
	最终效果	素材\最终效果\09\销售业绩表 3.xlsx

❶ 打开本实例的原始文件，在单元格 C12 中输入公式 "=SUBTOTAL(9,F3:F10)"，输入完毕单击编辑栏中的【输入】按钮，即可显示出计算结果。

提示

本实例是筛选条件下的计算，所以参数 function_num 的值可以使用 1 ~ 11 或者 101 ~ 111，即在单元格 C12 中也可以输入公式 "=SUBTOTAL(109,F3:F10)"，它与公式 "=SUBTOTAL(9,F3:F10)" 的计算结果是一样的。

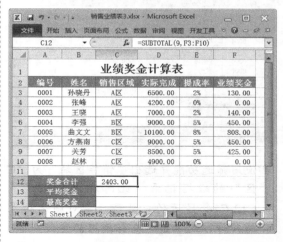

❷ 在单元格 C13 中输入公式 "=SUBTOTAL(1,F3:F10)"，输入完毕单击编辑栏中的【输入】按钮，即可显示出计算结果。

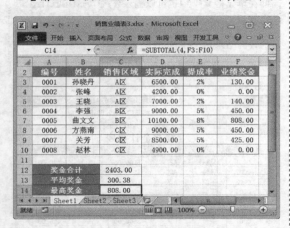

③ 在单元格 C14 中输入公式"=SUBTOTAL (4,F3:F10)",输入完毕单击编辑栏中的【输入】按钮 ✓ ,即可显示出计算结果。

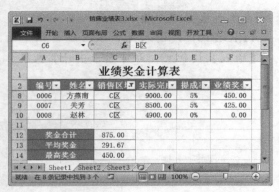

④ 使用筛选功能筛选出"销售区域"为"C区"的数据记录。此时在单元格区域 C12:C14 显示的统计值只是对筛选结果的统计,而不是对全部数据的统计。

技巧 10 筛选中通用符的应用

在对文本型数据字段进行筛选时,可以使用通配符"*"或"?"来设置模糊的匹配条件。

通配符的含义如下:星号"*"可以代替任意多的任意字符;问号"?"代表单个任意字符。引用星号或问号符号本身作为筛选条件时,需要在星号或问号前面加波形符"~"前导。

	本实例的原始文件和最终效果所在位置如下。	
◎	原始文件	素材\原始文件\09\销量统计表 1.xlsx
	最终效果	素材\最终效果\09\销量统计表 1.xlsx

本实例假设要在销量统计表中筛选出货号以字母"K"开头的数据记录,就可以使用通配符"*"进行筛选,具体的操作步骤如下。

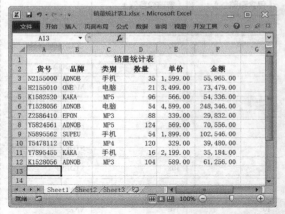

① 打开本实例的原始文件,选中数据区域的任意一个单元格,切换到【数据】选项卡中,单击【排序和筛选】组中的【筛选】按钮 ,进入筛选状态。单击"货号"字段右侧的自动筛选按钮 ,从弹出的下拉列表中选择【文本筛选】➤【等于】选项。

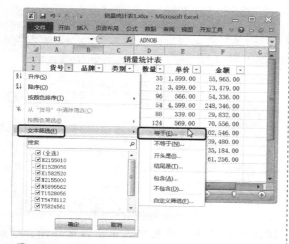

② 弹出【自定义自动筛选方式】对话框，在【货号】下拉列表自动选择【等于】选项，在右侧的下拉列表文本框中输入"K*"。

③ 单击 确定 按钮返回工作表中，即可看到筛选结果。

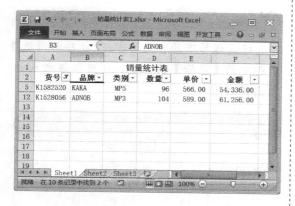

技巧 11 使用高级筛选

使用高级筛选需要在数据区域之外的区域单击设置条件区域，以设置比自动筛选更加复杂的筛选条件，同时还可以将筛选结果存放到不同的位置上。

	本实例的原始文件和最终效果所在位置如下。	
原始文件	素材\原始文件\09\销量统计表 2.xlsx	
最终效果	素材\最终效果\09\销量统计表 2.xlsx	

本实例假设要从销量统计表中筛选出品牌为"ADNOB"，类别为"MP3"的数据记录，即可在工作表中创建如单元格区域 A16:B17 所示的条件区域；如果要从中筛选出数量大于 50 或者金额大于 100000 的数据记录，即可在工作表中创建如单元格区域 D16:E18 所示的条件区域。

	A	B	C	D	E	F
1			销量统计表			
2	货号	品牌	类别	数量	单价	金额
3	N2155000	ADNOB	手机	35	1,599.00	55,965.00
4	N2155010	ONE	电脑	21	3,499.00	73,479.00
5	K1582520	KAKA	MP5	96	566.00	54,336.00
6	T1528056	ADNOB	电脑	54	4,599.00	248,346.00
7	Z2586410	EFON	MP3	88	339.00	29,832.00
8	Y5824561	ADNOB	MP5	124	569.00	70,556.00
9	N5895562	SUPEU	手机	54	1,899.00	102,546.00
10	T5478112	ONE	MP4	120	329.00	39,480.00
11	Y7895455	KAKA	手机	16	2,199.00	35,184.00
12	K1528056	ADNOB	MP3	104	589.00	61,256.00
13	N1586310	EFON	手机	49	2,139.00	104,811.00
14	T1268050	ADNOB	MP3	54	729.00	39,366.00
15						
16	品牌	类别		数量	金额	
17	ADNOB	MP3		>50		
18					>100000	

从中可以看出条件区域的首行必须为列标题，并且列标题名称应和数据列表中的相应标题保持一致。从第 2 行开始为具体的条件，如果条件之间为"与"的关系，就应该将条件放置在同一行，如本实例中的第 1 个条件区域 A16:B17；如果条件之间为"或"的关系，就应该将条件放置在不同行中，如本实例中的第 2 个条件区域 D16:E18。

根据上述两个条件区域进行高级筛选的具体步骤如下。

① 打开本实例的原始文件，在数据区域中选中任意单元格，切换到【数据】选项卡中，单击【排序和筛选】组中的【高级】按钮 。

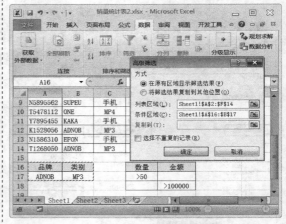

2 弹出【高级筛选】对话框，在【方式】组合框中选中【在原有区域显示筛选结果】单选钮，将光标定位到【列表区域】文本框中，在工作表中选中单元格区域 A2:F14,随即该区域的引用地址会自动填充在【列表区域】文本框中。

3 将光标置于【条件区域】文本框中，选中工作表中的单元格区域 A16:B17,即可将该条件区域的引用地址自动填充在【条件区域】文本框中，然后单击 确定 按钮。

4 此时即可在工作表中显示出筛选结果。

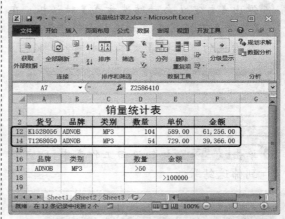

5 进行高级筛选操作后，单击【排序和筛选】组中的【清除】按钮，即可取消之前的高级筛选。

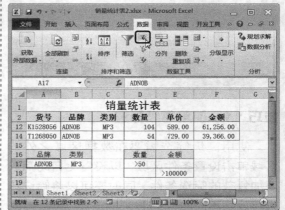

6 根据第 2 个条件区域进行高级筛选。按照前面介绍的方法打开【高级筛选】对话框，在【方式】组合框中选中【将筛选结果复制到其他位置】单选钮，并使用同样的方法设置【列表区域】文本框、【条件区域】文本框和【复制到】文本框的引用地址分别为 "Sheet1!$A$2:$F$14"、" Sheet1!$D$16:$E$18 " 和 " Sheet1!$A$20"。

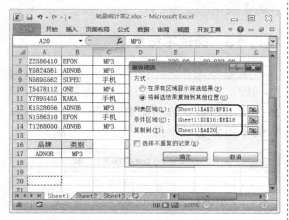

7 单击 确定 按钮，此时即可以单元格 A20 为起点粘贴筛选后的数据记录，如图所示。

技巧 12 复制筛选结果

在高级筛选中，用户也可以将筛选结果复制到其他工作表中。

本实例的原始文件和最终效果所在位置如下。		
原始文件	素材\原始文件\09\销量统计表 3.xlsx	
最终效果	素材\最终效果\09\销量统计表 3.xlsx	

本实例假设将工作表 Sheet1 中的数据按照条件区域 A16:C18 进行筛选，然后将筛选结果复制到工作表 Sheet2 中，具体的操作步骤如下。

	A	B	C	D	E	F
1	销量统计表					
2	货号	品牌	类别	数量	单价	金额
3	N2155000	ADNOB	手机	35	1,599.00	55,965.00
4	N2155010	ONE	电脑	21	3,499.00	73,479.00
5	K1582520	KAKA	MP5	96	566.00	54,336.00
6	T1528056	ADNOB	电脑	54	4,599.00	248,346.00
7	Z2586410	EFON	MP3	88	339.00	29,832.00
8	Y5824561	ADNOB	MP5	124	569.00	70,556.00
9	N5895562	SUPEU	手机	54	1,899.00	102,546.00
10	T5478112	ONE	MP4	120	329.00	39,480.00
11	Y7895455	KAKA	手机	16	2,199.00	35,184.00
12	K1528056	ADNOB	MP3	104	589.00	61,256.00
13	N1586310	EFON	手机	49	2,139.00	104,811.00
14	T1268050	ADNOB	MP3	54	729.00	39,366.00
15						
16	品牌	数量	金额			
17	ONE		>50			
18	EFON	>100000				

1 打开本实例的原始文件，切换到工作表 Sheet2，选中任意单元格，然后切换到【数据】选项卡中，单击【排序和筛选】组中的【高级】按钮。

② 弹出【高级筛选】对话框，在【方式】组合框中选中【将筛选结果复制到其他位置】单选钮，将光标定位在【列表区域】文本框中，切换到工作表 Sheet1 中，选中单元格区域 A2:F14，即可在【列表区域】文本框中显示出相应的引用位置 "Sheet1!$A$2:$F$14"；将光标定位在【条件区域】文本框中，切换到工作表 Sheet1 中，选中单元格区域 A16:C18，即可在【条件区域】中显示出相应的引用位置 "Sheet1!$A$16:$C$18"。

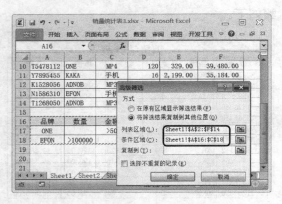

③ 将光标定位在【复制到】文本框中，在工作表 Sheet2 中选中单元格 A1，即可在【复制到】文本框中显示出引用位置。

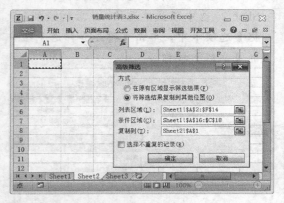

④ 单击 [确定] 按钮，即可将工作表 Sheet1 中的筛选结果复制到工作表 Sheet2 中。

技巧 13　筛选不重复值

重复值是用户在处理数据时经常遇到的问题，Excel 提供了很多功能解决类似问题，使用高级筛选功能来直接筛选数据列表中的不重复值是也是一种很好的方法。

本实例的原始文件和最终效果所在位置如下。		
	原始文件	素材\原始文件\09\销量统计表 4.xlsx
	最终效果	素材\最终效果\09\销量统计表 4.xlsx

① 打开本实例的原始文件，选中单元格区域 B3:B14，切换到【数据】选项卡中，单击【排序和筛选】组中的【高级】按钮 ▽。

② 弹出【高级筛选】对话框，在【方式】组合框中选中【将筛选结果复制到其他位置】单选钮，在【列表区域】文本框中输入 "$B$2:$B$14"，在【复制到】文本

框中输入"Sheet1!$H$2",然后选中【选择不重复的记录】复选框,单击 确定 按钮。

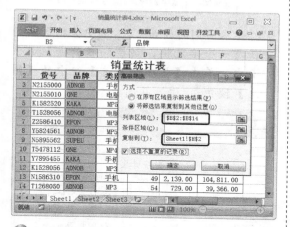

❸此时即可在以单元格 H2 为起点的单元格区域中显示筛选结果。

技巧 14 对筛选结果重新编号

在 Excel 2010 工作表中进行了筛选操作之后,筛选结果的序号值将不再连续,如果希望这些序号值在筛选状态下仍能保持连续,可以借助 SUBTOTAL 函数创建公式来实现。

SUBTOTAL 函数的语法:SUBTOTAL(function_num,ref1,ref2,...)

	本实例的原始文件和最终效果所在位置如下。
原始文件	素材\原始文件\09\销售业绩表 4.xlsx
最终效果	素材\最终效果\09\销售业绩表 4.xlsx

❶打开本实例的原始文件,将单元格区域 A3:A10 中的数据删除,选中单元格 A3,输入公式"=N(SUBTOTAL(3,C$3:C3))",输入完毕单击编辑栏中的【输入】按钮 ✓,即可看到计算结果。

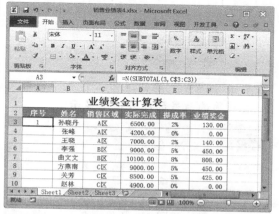

❷将公式填充至单元格区域 A4:A10 中。

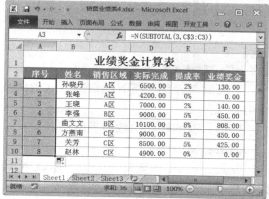

❸单击数据区域的任意一个单元格,切换到【数据】选项卡中,单击【排序和筛选】组中的【筛选】按钮,此时处于筛选状态,单击"销售区域"字段右侧的自动筛选按钮,从弹出的下拉列表中撤选【B 区】选项。

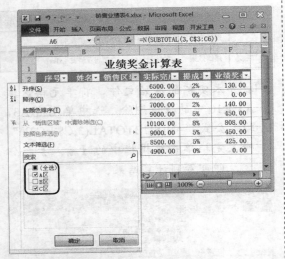

④ 单击 [确定] 按钮返回工作表中，即可看到筛选结果的序号连续显示。

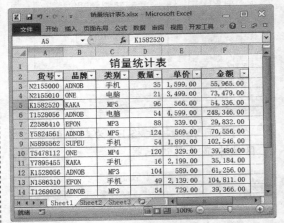

下面简单介绍一下 N 函数的公式语法及使用方式。

用途：返回转化为数值后的值。

语法：N(value)

参数：value 为要转化的值。函数 N 可以转化下表列出的值:数字返回该数字，日期返回该日期的序列号，TRUE 返回 1，FALSE 返回 0，错误值(如#DIV/0!)返回该错误值，其他值返回 0。

技巧 15　简化重复的筛选操作

使用自定义视图可以大大简化筛选的设置操作，以便快速进行筛选操作。

本实例的原始文件和最终效果所在位置如下。		
原始文件	素材\原始文件\09\销量统计表 5.xlsx	
最终效果	素材\最终效果\09\销量统计表 5.xlsx	

❶ 打开本实例的原始文件,选中数据区域的任意一个单元格，切换到【数据】选项卡中，单击【排序和筛选】组中的【筛选】按钮，进入筛选状态。

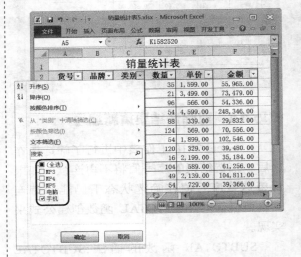

❷ 单击 "类别" 字段右侧的自动筛选按钮，从弹出的下拉列表中撤选【(全选)】复选框，然后选中【手机】复选框。

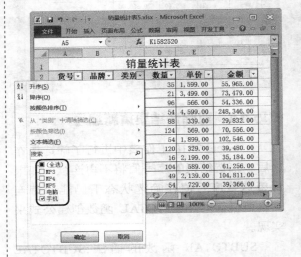

❸ 单击 [确定] 按钮返回工作表中,筛选结果如图所示。

❹切换到【视图】选项卡中，单击【工作簿视图】组中的【自定义视图】按钮 。

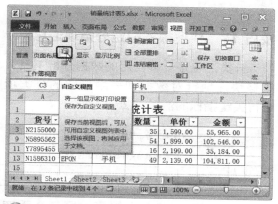

❺弹出【视图管理器】对话框，单击【添加(A)...】按钮。

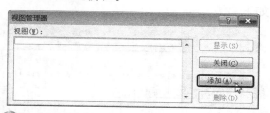

❻弹出【添加视图】对话框，在【名称】文本框中输入"shouji"，单击【确定】按钮即可完成设置。

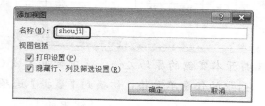

❼取消筛选状态，然后切换到【视图】选项卡中，再次单击【工作簿视图】组中的【自定义视图】按钮 。

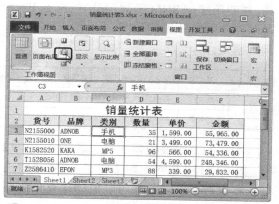

❽弹出【视图管理器】对话框，在【视图】列表框中选择【shouji】选项，然后单击【显示(S)】按钮。

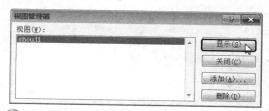

❾即可关闭【视图管理器】对话框，同时显示出筛选结果。

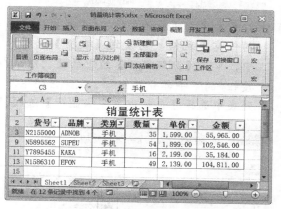

　　当用户改变筛选条件或取消筛选状态后，用户可以使用视图管理器快速得到筛选结果，但是自定义视图功能不适用于 Excel 2010 中的高级筛选，在工作表处于保护状态时也不适用。

技巧 16　自动建立分级显示

如果用户在数据表中设置了汇总行或列，并使用了如 SUM 函数等公式，那么 Excel 可以自动判断分级的位置，从而自动分级显示数据表。

本实例的原始文件和最终效果所在位置如下。	
原始文件	素材\原始文件\09\区域销售表 1.xlsx
最终效果	素材\最终效果\09\区域销售表 1.xlsx

本实例工作表的第 5 行、第 8 行、第 12 行、第 13 行和 F 列中均使用了 SUM 函数进行求和运算，所以此表可以自动建立分级显示，具体的操作步骤如下。

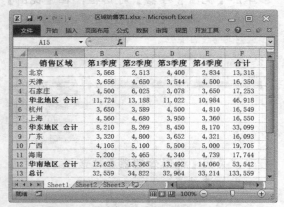

❶打开本实例的原始文件，选中数据区域中的任意单元格，切换到【数据】选项卡中，单击【分级显示】组中的【创建组】按钮的下半部分按钮，从弹出的下拉列表中选择【自动建立分级显示】选项。

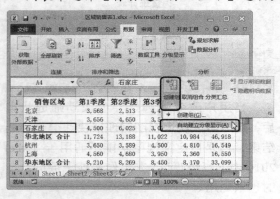

❷此时即可在数据列表的行方向和列方向上自动生成分级显示的样式。

技巧 17　快速根据指定分类项汇总

分类汇总是一种常用的数据分析工具，能够快速地针对数据列表中指定的分类项进行关键指标的汇总计算。

本实例的原始文件和最终效果所在位置如下	
原始文件	素材\原始文件\09\员工销售业绩表 1.xlsx
最终效果	素材\最终效果\09\员工销售业绩表 1.xlsx

本实例以汇总各个销售地区各个季度的销售额为例进行介绍，具体操作步骤如下。

❶打开本实例的原始文件，选中数据区域 C 列中的任意单元格，切换到【数据】选项卡中，单击【排序和筛选】组中的【升序】

按钮 ⧖↓。

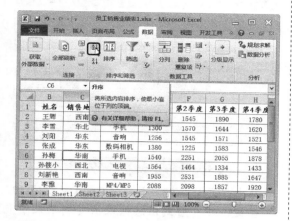

❷ 即可将数据列表按照销售地区的升序进
　行排列。

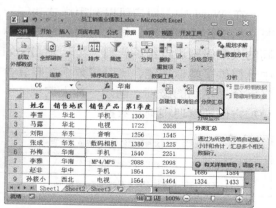

❸ 单击【分级显示】组中的【分类汇总】按
　钮。

❹ 弹出【分类汇总】对话框，在【分类字段】
下拉列表中选择【销售地区】选项，在
【汇总方式】下拉列表中选择【求和】选
项，在【选定汇总项】列表框中分别选
中【第 1 季度】、【第 2 季度】、【第 3 季
度】和【第 4 季度】复选框。

❺ 单击【确定】按钮返回工作表中，此时
即可汇总各个销售区域的各个季度的销
售量。

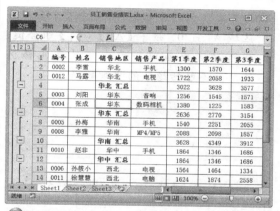

❻ 单击左侧的分级显示控制按钮中的按钮
②，即可隐藏表中的明细数据，只显示
所有的汇总行。

提示

　　要正确地对数据进行分类汇总，首先必须要对分类项字段进行排序操作，然后再进行分类汇总。

　　分类汇总只针对于数据列表，而不能对 Excel 表格进行分类汇总。

技巧 18　复制分类汇总结果

　　在得到分类汇总结果后，用户希望可以将汇总数据转换成一张新的工作表，但是如果进行简单的复制粘贴操作，结果就会包括明细数据，想要只复制汇总结果的操作步骤如下。

本实例的原始文件和最终效果所在位置如下。	
原始文件	素材\原始文件\09\员工销售业绩表 2.xlsx
最终效果	素材\最终效果\09\员工销售业绩表 2.xlsx

❶打开本实例的原始文件，选中整个数据表区域 A1:H20，按下【Alt】+【;】组合键，即可只选中当前显示出来的单元格区域，而不包括隐藏的明细数据。

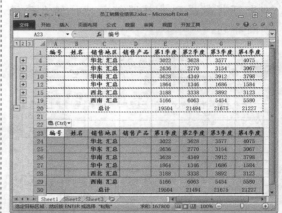

❷按下【Ctrl】+【C】组合键进行复制，此时可以发现复制状态与普通的复制状态不同。

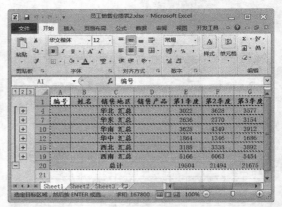

❸选中单元格 A23，按下【Ctrl】+【V】组合键，即可看到汇总结果被复制下来了。

技巧 19　多层次预览表格

　　在实际工作中，很多报表中都含有大量数据，且记录并非数据列表，而是有级别的。

　　在 Word 中，用户可以利用样式功能为长文档创建大纲级别，将文档的内容按照不同的大纲级别进行组织管理。实际上，Excel 中也提供了类似功能，可以将数据按照其含义区分为不同的级别，创建一种大纲视图，更加方便地管理和浏览数据。

本实例的原始文件和最终效果所在位置如下。	
原始文件	素材\原始文件\09\年度销售表.xlsx
最终效果	素材\最终效果\09\年度销售表.xlsx

①打开本实例的原始文件,选中工作表中任意单元格,切换到【数据】选项卡中,单击【分级显示】组中的【创建组】按钮的下半部分按钮，从弹出的下拉列表中选择【自动建立分级显示】选项。

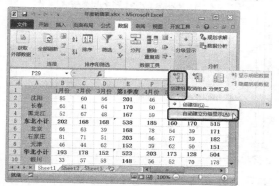

②此时即可在工作表中建立分级,但是由于西南地区只有一行明细数据，因此 Excel 没有建立其分级。

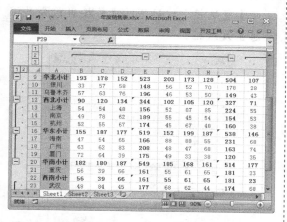

③选中第 21 行,再次单击【分级显示】组中的【创建组】按钮的下半部分按钮，从弹出的下拉列表中选择【创建组】选项。

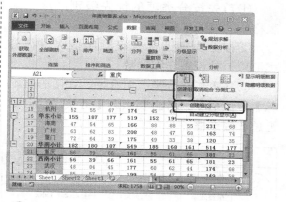

④即可为西南地区创建分级显示,用户可以单击行方向和列方向的分级显示控制按钮来分层次浏览表格。

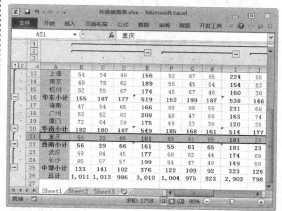

提示

尽管可以使用分级显示功能来帮助用户管理和浏览超大容量数据表，但从制作表格的效率与表格的可维护角度出发，用户应该尽量将原始数据与各种计算结果分开管理。

技巧 20 多重分类汇总

在某些情况下,用户需要同时按照两个或更多个分类项来对字段进行汇总计算,用户想要使用分类汇总功能需要遵循以下几条规则:

①首先按分类项的优先级别顺序来对表格中的相关字段排序；

②按分类项的优先级顺序多次进行分类汇总，并设置详细参数；

③从第二次分类汇总开始，在【分类汇总】对话框中，务必要撤选【替换当前分类汇总】复选框。

本实例的原始文件和最终效果所在位置如下。	
原始文件	素材\原始文件\09\员工销售业绩表 3.xlsx
最终效果	素材\最终效果\09\员工销售业绩表 3.xlsx

❶打开本实例的原始文件，首先选中数据区域中任意单元格，打开【排序】对话框，在【主要关键字】下拉列表中选择【销售地区】选项，在【次要关键字】下拉列表中选择【姓名】选项，在【次序】下拉列表中均选择【升序】选项。

❷设置完毕后单击 确定 按钮，即可将数据列表按照"销售地区"和"姓名"字段进行升序排序，且"销售地区"优先级高于"姓名"。

❸根据"销售地区"字段对数据列表进行分类汇总。

❹再次打开【分类汇总】对话框，在【分类字段】下拉列表中选择【姓名】选项，在【汇总方式】下拉列表中选择【求和】选项，在【选定汇总项】列表框中选中【总计】复选框，然后撤选【替换当前分类汇总】复选框。

❺单击 确定 按钮返回工作表中，即可按照"销售地区"和"姓名"进行多重分类汇总。

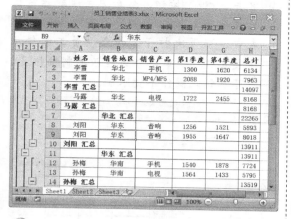

❻单击分级显示控制按钮 ③，即可看到多重分类汇总结果。

如果想要取消多重分类汇总，恢复到原始数据列表状态，用户可以再次打开【分类汇总】对话框，单击 全部删除(R) 按钮即可。

技巧 21 受保护工作表的分级显示

如果对已经创建好分级显示视图的工作表进行保护工作表操作，则无法再调整数据的显示级别。

本实例的原始文件和最终效果所在位置如下。	
原始文件	素材\原始文件\09\员工销售业绩表 4.xlsx
最终效果	素材\最终效果\09\员工销售业绩表 4.xlsx

本实例对已经设置了分级显示的工作表进行保护工作表操作，再次单击分级显示控制按钮时会自动弹出【Microsoft Excel】

提示对话框，提示用户不能对受保护的工作表使用该命令，必须先撤销工作表保护。

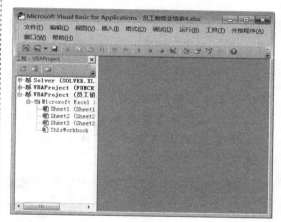

如果用户希望在保护工作表的同时，能够对分级显示视图进行调整，需要借助宏代码的帮助，具体操作步骤如下。

❶打开本实例的原始文件，按下【Alt】+【F11】组合键，打开【Microsoft Visual Basic for Applications-员工销售业绩表 4.xlsx】编辑器窗口。

❷双击左侧工程资源管理器窗口中的【ThisWorkbook】选项，在右侧的代码窗口中输入以下代码。

```
Private Sub Workbook_Open()
    Worksheets("Sheet1").Protect
    Password:="123", userinterfaceonly:=True
    Worksheets("Sheet1").EnableOutlining = True
End Sub
```

提示

在上述代码中"Sheet1"表示分级显示视图表格所在工作表名称，"123"为保护工作表的密码，用户可以根据自己的实际情况修改这两处代码。

③单击【标准】工具栏中的【保存】按钮 🔲，弹出【Microsoft Excel】提示对话框，提示用户无法在未启用宏的工作簿中保存该命令，单击 否(N) 按钮。

④弹出【另存为】对话框，在左侧选择保存位置，然后在【保存类型】下拉列表中选择【Excel 启用宏的工作簿（*.xlsm）】选项。

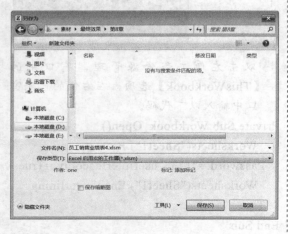

⑤单击 保存(S) 按钮，然后单击编辑器窗口的【关闭】按钮 ❌ 关闭窗口返回工作表中，当再次打开工作表"员工销售业绩表4.xlsm"，单击分级显示控制按钮 2，即可看到此操作不受限制。

技巧 22　快速合并多张明细表

用户喜欢使用多个工作表管理不同类别的明细数据，其结构和内容基本相同，如果需要对其进行合并汇总，就需要使用合并计算功能。

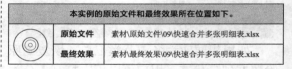

本实例的原始文件和最终效果所在位置如下。	
原始文件	素材\原始文件\09\快速合并多张明细表.xlsx
最终效果	素材\最终效果\09\快速合并多张明细表.xlsx

本实例中展示了 3 个地区的产品销售情况，将其汇总得到一张产品销售汇总表。

1 打开本实例的原始文件，单击【插入工作表】按钮 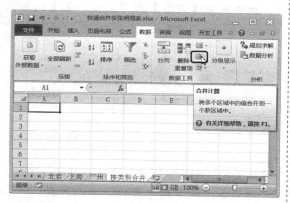 插入工作表 Sheet1，并将其重命名为"按类别合并"，在该工作表中选中单元格 A1，切换到【数据】选项卡中，单击【数据工具】组中的【合并计算】按钮 图。

2 弹出【合并计算】对话框，在【函数】下拉列表中默认设置【求和】选项，将光标定位在【引用位置】文本框中，选中工作表"北京"中的单元格区域 A1:C5。

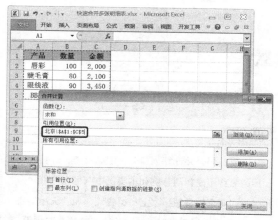

3 单击 添加(A) 按钮，即可将引用位置添加到【所有引用位置】列表框中，按照相同方法将其他 2 个单元格区域添加到【所有引用位置】列表框中，在【标签位置】组合框中选中【首行】和【最左列】复选框。

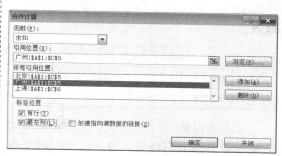

4 单击 确定 按钮返回工作表中，即可看到按类别合并汇总后的效果。

提示

在使用按类别合并功能时，数据源列表必须包含行或列标题，并且在【合并计算】对话框的【标签位置】组合框中必须选中【首行】和【最左列】复选框，合并计算过程中不能复制数据源的格式。

合并计算功能，除了可以按类别合并计算外，还可以按数据表的数据位置进行合并计算。使用按位置合并的方法，只是将数据表中相同位置上的数据进行合并计算，即不考虑数据源表的行列标题是否相同。

技巧 23 创建分户汇总报表

合并计算最基本的功能就是分类汇总，但如果数据区域中的列字段包含了多个类别，可以利用合并计算功能将数据表中的全部类别汇总到同一个表格上，形成分户汇总报表。

本实例的原始文件和最终效果所在位置如下。	
原始文件	素材\原始文件\09\创建分户汇总报表.xlsx
最终效果	素材\最终效果\09\创建分户汇总报表.xlsx

本实例为某一月份北京、上海和天津 3 个城市的产品销售数据，分别位于不同工作表中，要求创建分户汇总报表。

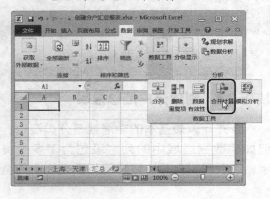

使用合并计算功能创建分户汇总报表的具体操作步骤如下。

❶ 打开本实例的原始文件，单击【插入工作表】按钮 插入工作表并将其重命名为"汇总"，在该工作表中选中单元格 A1，切换到【数据】选项卡中，单击【数据工具】组中的【合并计算】按钮。

❷ 弹出【合并计算】对话框，在【函数】下拉列表中默认设置【求和】选项，在【所有引用位置】列表框中添加"北京!\$A\$1:\$B\$5"、"上海!\$A\$1:\$B\$4"和"天津!\$A\$1:\$B\$4" 3 个引用位置（方法可参照上一技巧），在【标签位置】组合框中选中【首行】和【最左列】复选框。

❸ 单击 [确定] 按钮返回工作表中，即可得到各个城市销售额的分户汇总表。

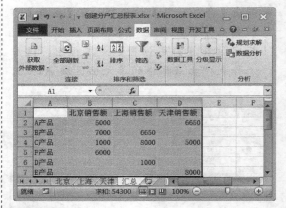

> **提示**
>
> 要利用合并计算创建分户汇总报表，计算列的标题名称不能相同，例如本实例中列标题分别被命名为"北京销售额"、"上海销售额"和"天津销售额"，如果列标题相同，则合并计算时就会汇总成一列，不能实现创建分户报表。

技巧 24　合并计算多个分类字段

通常情况下，合并计算只能对最左列的分类字段的数据表进行合并计算，但实际工作中，数据源表可能包含多个分类字段，对于这种数据表，不能使用通常的合并计算操作来完成，而要借助一些辅助操作来完成。

本实例的原始文件和最终效果所在位置如下。	
原始文件	素材\原始文件\09\合并计算多个分类字段.xlsx
最终效果	素材\最终效果\09\合并计算多个分类字段.xlsx

本实例中前两列为"品种"和"规格型号"两个文本型分类字段。对于这样的数据表，不能用合并计算操作直接进行合并，需要先借助一些辅助操作。

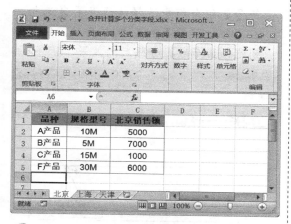

❶打开本实例的原始文件，选中工作表标签"北京"，然后按住【Shift】键不放，一次选中工作表标签"上海"和"天津"，此时即可同时选中这 3 个工作表，即工作组。

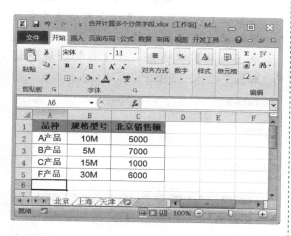

❷在工作表"北京"中的 A 列前插入一个空白列，在单元格 A2 中输入公式"=B2&","&C2"，输入完毕，将公式向下填充至单元格 A6。

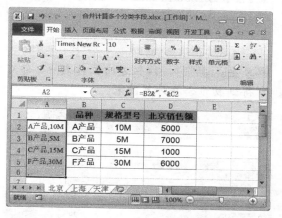

❸单击【插入工作表】按钮 插入工作表并将其重命名为"汇总"，在该工作表中选中单元格 A1，切换到【数据】选项卡中，单击【数据工具】组中的【合并计算】按钮。

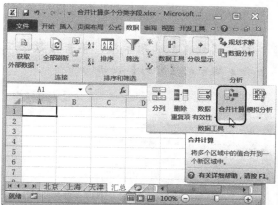

❹弹出【合并计算】对话框，【函数】下拉列表中默认设置为【求和】选项，在【所有引用位置】列表框中添加"北京!$A$1:$D$5"、"上海!$A$1:$D$4"和"天津!$A$1:$D$4"3 个引用位置，在【标签位置】组合框中选中【首行】和【最左列】复选框。

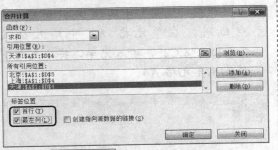

5 单击 确定 按钮返回工作表中，即可得到初步合并计算结果。

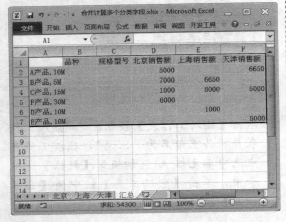

6 下面将 A 列中的"品种"和"规格型号"分隔为两列。选中单元格区域 A2:A7，切换到【数据】选项卡中，单击【数据工具】组中的【分列】按钮。

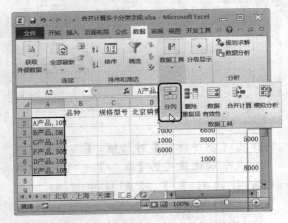

7 弹出【文本分列向导-第 1 步，共 3 步】对话框，在【原始数据类型】组合框中选中【分隔符号】单选钮。

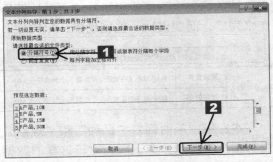

8 单击 下一步(N) > 按钮，弹出【文本分列向导-第 2 步，共 3 步】对话框，在【分隔符号】组合框中选择【逗号】复选框，在【数据预览】列表框中显示了数据分列线，显示数据分隔后的效果。

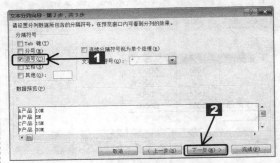

9 单击 下一步(N) > 按钮，弹出【文本分列向导-第 3 步，共 3 步】对话框，在【数据预览】列表框中选中第 1 列数据，在【列数据格式】组合框中选中【文本】单选钮，在【目标区域】文本框中输入"$A$2"；然后在【列数据格式】组合框中选中第 2 列数据，在【列数据格式】组合框中选中【文本】单选钮，在【目标区域】文本框中输入"$B$2"。

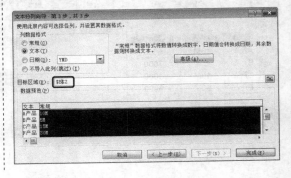

⑩单击 [完成(F)] 按钮，即可看到"品种"和"规格型号"已经分列。

⑪删除辅助列 A 列，并对表格进行美化，汇总效果如图所示。

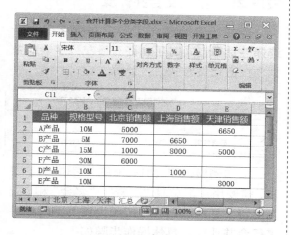

技巧 25 快速核对多表之间的数据

在实际工作中，用户需要经常进行多表数据之间的稽核，对于比较简单的数据列表，完全可以使用合并计算来处理。

本实例的原始文件和最终效果所在位置如下。		
	原始文件	素材\原始文件\09\快速核对多表之间数据.xlsx
	最终效果	素材\最终效果\09\快速核对多表之间数据.xlsx

本实例两个工作表中展示了两组数据，日期不完全一致，数据也存在差异，要快速核对这两组数据，具体操作步骤如下。

	A	B	C			A	B	C
1	日期	A数据			1	日期	B数据	
2	1月5日	5,481.6671			2	1月5日	5,481.6671	
3	1月6日	2,897.8292			3	1月8日	3,010.6236	
4	1月9日	8,541.5673			4	1月9日	8,541.5673	
5	1月10日	1,411.6635			5	1月10日	1,410.6635	
6	1月11日	1,619.1683			6	1月11日	1,619.1683	
7	1月12日	7,862.6885			7	1月12日	7,962.6885	
8	1月13日	3,313.3271			8	1月13日	3,313.3271	
9	1月14日	3,319.8385			9	1月15日	8,780.3736	
10	1月15日	8,788.3736			10	1月16日	9,410.0755	
11	1月17日	6,300.4437			11	1月17日	6,322.4437	
12	1月18日	7,432.2023			12	1月18日	7,432.2023	
13	1月19日	4,581.2591			13	1月19日	4,581.2591	
14	1月20日	6,372.4250			14	1月20日	6,372.4250	
15	1月21日	2,217.7617			15	1月21日	2,217.7617	
16	1月23日	1,274.8824			16	1月23日	1,274.8824	
17	1月24日	6,843.8661			17	1月24日	6,843.8661	
18	1月25日	5,373.9930			18	1月25日	5,373.9930	
19					19	1月26日	8,731.7036	
					20	1月27日	2,189.9015	

①打开本实例的原始文件，切换到工作表 Sheet3 中，选中单元格 A1，打开【合并计算】对话框，在【所有引用位置】列表框中添加这 2 个数据区域，在【标签位置】组合框中选中【首行】和【最左列】复选框。

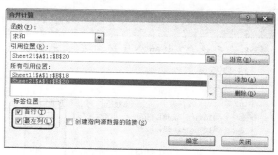

②单击 [确定] 按钮返回工作表中，即可得到汇总结果。

	A	B	C
1		A数据	B数据
2	41644	5,481.6671	5,481.6671
3	41645	2,897.8292	
4	41647		3,010.6236
5	41648	8,541.5673	8,541.5673
6	41649	1,411.6635	1,410.6635
7	41650	1,619.1683	1,619.1683
8	41651	7,862.6885	7,962.6885
9	41652	3,313.3271	3,313.3271
10	41653	3,319.8385	
11	41654	8,788.3736	8,780.3736
12	41655		9,410.0755
13	41656	6,300.4437	6,322.4437
14	41657	7,432.2023	7,432.2023
15	41658	4,581.2591	4,581.2591
16	41659	6,372.4250	6,372.4250
17	41660	2,217.7617	2,217.7617
18	41662	1,274.8824	1,274.8824
19	41663	6,843.8661	6,843.8661
20	41664	5,373.9930	5,373.9930
21	41665		8,731.7036
22	41666		2,189.9015

❸在单元格 D1 中输入列标题"匹配",然后在单元格 D2 中输入公式"=B2=C2",输入完毕按下【Enter】键即可看到单元格 D2 中显示"TRUE"。

	A	B	C	D
1	日期	A数据	B数据	匹配
2	1月5日	5,481.6671	5,481.6671	TRUE
3	1月6日	2,897.8292		FALSE
4	1月8日		3,010.6236	FALSE
5	1月9日	8,541.5673	8,541.5673	TRUE
6	1月10日	1,411.6635	1,410.6635	FALSE
7	1月11日	1,619.1683	1,619.1683	TRUE
8	1月12日	7,862.6885	7,962.6885	FALSE
9	1月13日	3,313.3271	3,313.3271	TRUE
10	1月14日	3,319.8385		FALSE
11	1月15日	8,788.3736	8,780.3736	FALSE
12	1月16日		9,410.0755	FALSE
13	1月17日	6,300.4437	6,322.4437	FALSE
14	1月18日	7,432.2023	7,432.2023	TRUE
15	1月19日	4,581.2591	4,581.2591	TRUE
16	1月20日	6,372.4250	6,372.4250	TRUE
17	1月21日	2,217.7617	2,217.7617	TRUE
18	1月23日	1,274.8824	1,274.8824	TRUE
19	1月24日	6,843.8661	6,843.8661	TRUE
20	1月25日	5,373.9930	5,373.9930	TRUE
21	1月26日		8,731.7036	FALSE
22	1月27日		2,189.9015	FALSE

提示

该公式计算 A 数据与 B 数据是否匹配,TRUE 表示匹配,FALSE 表示不匹配。

❹将单元格 D2 中的公式填充至单元格区域 D3:D22。

	A	B	C	D
1		A数据	B数据	匹配
2	41644	5,481.6671	5,481.6671	TRUE
3	41645	2,897.8292		FALSE
4	41647		3,010.6236	FALSE
5	41648	8,541.5673	8,541.5673	TRUE
6	41649	1,411.6635	1,410.6635	FALSE
7	41650	1,619.1683	1,619.1683	TRUE
8	41651	7,862.6885	7,962.6885	FALSE
9	41652	3,313.3271	3,313.3271	TRUE
10	41653	3,319.8385		FALSE
11	41654	8,788.3736	8,780.3736	FALSE
12	41655		9,410.0755	FALSE
13	41656	6,300.4437	6,322.4437	FALSE
14	41657	7,432.2023	7,432.2023	TRUE
15	41658	4,581.2591	4,581.2591	TRUE
16	41659	6,372.4250	6,372.4250	TRUE
17	41660	2,217.7617	2,217.7617	TRUE
18	41662	1,274.8824	1,274.8824	TRUE
19	41663	6,843.8661	6,843.8661	TRUE
20	41664	5,373.9930	5,373.9930	TRUE
21	41665		8,731.7036	FALSE
22	41666		2,189.9015	FALSE

❺设置 A 列数据的数字格式,然后美化表格,最终效果如图所示。

技巧 26　自定义合并计算

合并计算除了允许用户对列字段进行选择性计算,同时还允许对最左列字段的数据项按自定义方式进行计算。

本实例的原始文件和最终效果所在位置如下。		
	原始文件	素材\原始文件\09\自定义合并计算.xlsx
	最终效果	素材\最终效果\09\自定义合并计算.xlsx

本实例显示了 2014 年第 1 季度的工资表,需要用户汇总其"工资"、"奖金"和"应发工资"三项数据,并按照设置的部门顺序进行合并计算,具体操作步骤如下。

1月份工资表

	A	B	C	D	E	F	G
2	部门	姓名	性别	年龄	工资	奖金	应发工资
3	财务部	王琳琳	女	32	6,200	500	6,700
4	业务部	箫音	男	28	6,000	500	6,500
5	业务部	张楠	男	33	6,900	500	7,400
6	经理室	李晓华	女	21	5,800	500	6,300

2月份工资表

	A	B	C	D	E	F	G
2	部门	姓名	性别	年龄	工资	奖金	应发工资
3	行政部	王乐	男	22	4,600	600	5,200
4	财务部	王琳琳	女	32	5,900	600	6,500
5	业务部	箫音	男	28	5,100	600	5,700
6	财务部	展浩	女	22	5,600	600	6,200
7	业务部	张楠	男	33	7,100	600	7,700
8	经理室	李晓华	女	21	8,300	600	8,900

① 打开本实例的原始文件，切换到工作表"汇总"中，选中单元格区域 A2:D6，切换到【数据】选项卡中，单击【数据工具】组中的【合并计算】按钮 。

② 弹出【合并计算】对话框，在【所有引用位置】列表框中分别添加"1 月份"、"2 月份"和"3 月份"的引用数据区域，在【标签位置】组合框中选中【首行】和【最左列】复选框。

③ 单击 确定 按钮返回工作表中，生成的汇总效果如图所示。

技巧 27　合并计算的多种计算方式

通常情况下，对数据源表进行合并计算时，汇总的数据表只能用一种计算方式，而通过适当地设置，分多次执行合并计算，可以实现在合并计算中使用多种计算方式的目的。

本实例的原始文件和最终效果所在位置如下。		
	原始文件	素材\原始文件\09\员工培训成绩表.xlsx
	最终效果	素材\最终效果\09\员工培训成绩表.xlsx

本实例要使用合并计算功能计算员工培训成绩表中销售部员工的"平均分"、"最高分"和"最低分"。

1 打开本实例的原始文件，切换到工作表"成绩表"中，使用筛选功能筛选"销售部"员工的培训成绩。

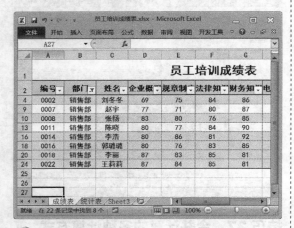

2 切换到工作表"统计表"中，选中单元格A3，按下【Ctrl】+【1】组合键，弹出【设置单元格格式】对话框，切换到【数字】选项卡中，在【分类】列表框中选择【自定义】选项，然后在右侧的【类型】文本框中输入"；；；"平均分""。

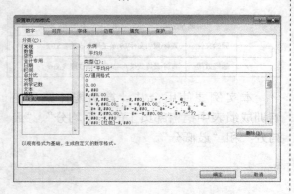

3 单击 确定 按钮返回工作表中，按照相同的方法将"最高分"和"最低分"分别设置为"；；；"最高分""和"；；；"最低分""，然后在单元格A5中输入"销售部"，此时由于该单元格已设置自定义单元格格式，因此显示的是"最低分"。

4 选中单元格 A2:I5，按照前面介绍的方法打开【合并计算】对话框，在【函数】下拉列表中选择【最小值】选项，将光标定位在【引用位置】文本框中，然后切换到工作表"成绩表"中，选中单元格区域 B2:K24。

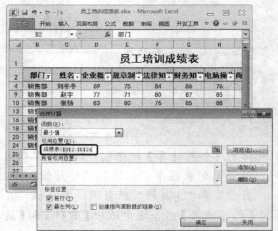

5 单击 添加(A) 按钮即可将引用位置添加到【所有引用位置】列表框中，在【标签位置】组合框中选中【首行】和【最左列】复选框。

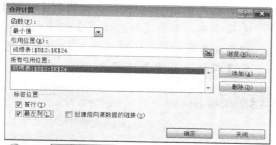

6 单击 [确定] 按钮，即可计算出销售部各考核项目的最低分。

7 在单元格 A4 中输入"销售部"，该单元格显示为"最高分"。

8 选中单元格区域 A2:I4，打开【合并计算】对话框，在【函数】下拉列表中选择【最大值】选项，其他保持设置不变。

9 单击 [确定] 按钮，即可计算出销售部各考核项目的最高分。

	A	B	C	D	E	F	G	H	I
1				培训成绩统计表					
2	部门	企业概况	规章制度	法律知识	财务知识	电脑操作	商务礼仪	质量管理	总分
3									
4	最高分	87	86	85	92	91	91	92	594
5	最低分	69	71	76	81	65	67	78	548
6									
7									

10 按照相同的方法计算出"销售部"的平均分，效果如图所所示。

	A	B	C	D	E	F	G	H	I
1				培训成绩统计表					
2	部门	企业概况	规章制度	法律知识	财务知识	电脑操作	商务礼仪	质量管理	总分
3	平均分	80.375	79	82.25	85.875	81.25	82.75	83.875	575.38
4	最高分	87	86	85	92	91	91	92	594
5	最低分	69	71	76	81	65	67	78	548
6									
7									
8									

提示

　　本实例通过逐步缩小合并计算结果区域，使用不同的计算方式，分次进行合并计算，这样可以在一个统计汇总表中反映多个合并计算的结果。

　　通过设置自定义单元格格式的方法，将原"销售部"字段显示为统计汇总的方式。这样既满足合并计算最左列的条件要求，又能显示实际统计汇总方式。

技巧 28 　同一变量的多重分析

　　某投资项目预期年收益率为 3.6%~4.4%，分别以最低收益率和最高收益率为计算依据，来分析投资 10 万~100 万元一年的不同收益情况。

本实例的原始文件和最终效果所在位置如下。	
原始文件	无
最终效果	素材\最终效果\09\同一变量的多重分析.xlsx

1 新建一个工作簿，将其保存为"同一变量的多重分析.xlsx"，在工作表中输入基本项目。

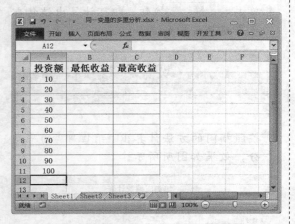

②选中单元格 B2，输入公式"=A2*3.6%"，输入完毕单击编辑栏中的【输入】按钮✔，即可计算出最低收益。

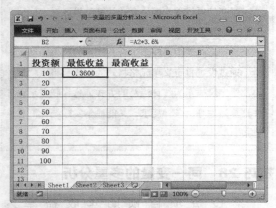

③选中单元格 C2，输入公式"=A2*4.4%"，输入完毕单击编辑栏中的【输入】按钮✔，即可计算出最高收益。

④选中单元格区域 A2:C11，切换到【数据】选项卡中，单击【数据工具】组中的【模拟分析】按钮，从弹出的下拉列表中选择【模拟运算表】选项。

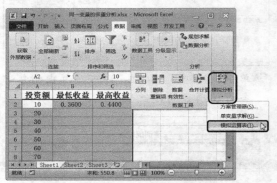

⑤弹出【模拟运算表】对话框，将光标定位在【输入引用列的单元格】文本框中，然后选中唯一变量所在单元格 A2。

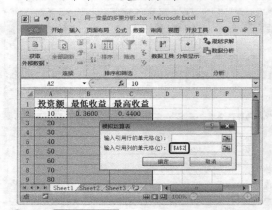

⑥单击 确定 按钮，即可计算出最低年收益率和最高年收益率下各个投资额投资一年的收益。

技巧 29　双变量假设分析

如果要分析在年利率和贷款年限同时变化时，每月的还款金额情况，就需要使用双变量模拟运算表。使用双变量模拟运算表可以同时分析两个因素对最终结果的影响。

本实例的原始文件和最终效果所在位置如下。	
原始文件	无
最终效果	素材\最终效果\09\双变量假设分析.xlsx

❶ 新建一个工作簿，将其重命名为"双变量假设分析.xlsx"，在其中输入贷款金额、年利率、贷款年限等项目信息。

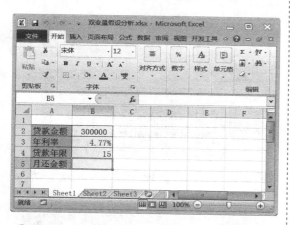

❷ 选中单元格 B5，输入公式"=-PMT(B3/12, B4*12,B2)"，输入完毕单击编辑栏中的【输入】按钮✓，即可计算出月还款额。

❸ 在单元格区域 A7:F12 中建立不同贷款利率以及不同贷款年限的分析模型。

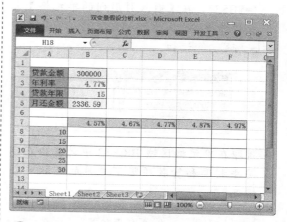

❹ 选中单元格 A7，输入公式"=B5"，输入完毕单击编辑栏中的【输入】按钮✓。

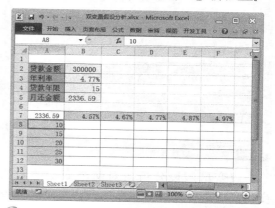

❺ 选中单元格区域 A7:F12，切换到【数据】选项卡中，单击【数据工具】组中的【模拟分析】按钮，从弹出的下拉列表中选择【模拟运算表】选项。

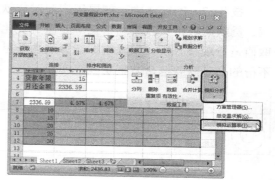

❻弹出【模拟运算表】对话框，在【输入引用行的单元格】文本框中输入公式"=$B$3"，在【输入引用列的单元格】文本框中输入公式"=$B$4"，然后单击 确定 按钮。

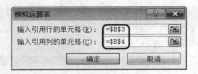

❼随即在单元格区域 B8:F12 中计算出在不同年利率和贷款年限下每月的还款金额情况。

双变量假设分析可对两个变量的取值变化同时进行分析。在操作上，与之前的单变量假设分析所不同的地方在于：需要同时构建行和列两个方向上两组交叉的变量组。

技巧 30　多变量假设分析

技巧 29 的实例中，如果用户要对贷款额、贷款期限和贷款年利率三个变量的变化取值进行观察分析，仅凭模拟运算表功能是不行的，还需要结合方案功能来实现。

本实例的原始文件和最终效果所在位置如下。	
原始文件	素材\原始文件\09\多变量假设分析.xlsx
最终效果	素材\最终效果\09\多变量假设分析.xlsx

1.　添加方案

假设在技巧 29 的实例中增加不同贷款金额变化的影响分析，分别取贷款 50 万元和 20 万元为影响因素，观察每月还款额的相应变化情况。

❶打开本实例的原始文件,选中变量贷款金额所在单元格 B2，切换到【数据】选项卡中，单击【数据工具】组中的【模拟分析】按钮，从弹出的下拉列表中选择【方案管理器】选项。

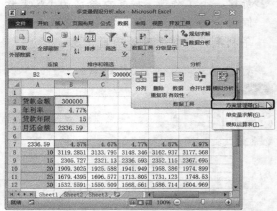

❷弹出【方案管理器】对话框，单击 添加(A)... 按钮。

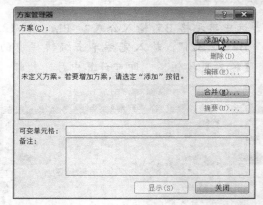

❸弹出【添加方案】对话框，在【方案名】文本框中输入"贷款金额 50 万元"，在【可变单元格】文本框中显示了当前选定的单元格 B2。

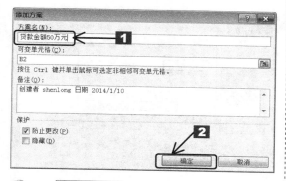

④单击 确定 按钮，弹出【方案变量值】
对话框，在【请输入每个可变单元格的
值】文本框中输入"500000"。

⑤单击 添加(A) 按钮返回【添加方案】对
话框，按照相同的方法分别添加方案"贷
款金额 30 万元"和"贷款金额 20 万元"，
方案变量值分别为"300000"和
"200000"，添加完毕后返回【方案管理
器】对话框中，即可在【方案】列表框
中看到已添加的方案。

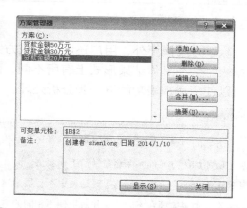

⑥在【方案】列表框中选择【贷款金额 30
万元】选项，单击 显示(S) 按钮，然后
单击 关闭 按钮，即可看到贷款金额
为 30 万元时不同年限不同年利率下的每
月还款额变化情况。

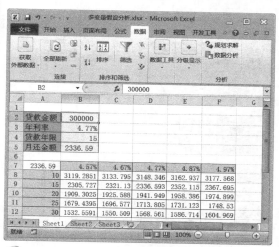

⑦如果在【方案】列表框中选择【贷款金额
50 万元】选项，单击 显示(S) 按钮，然
后单击 关闭 按钮，即可看到贷款金
额为 50 万元时不同年限不同年利率下的
每月还款额变化情况。

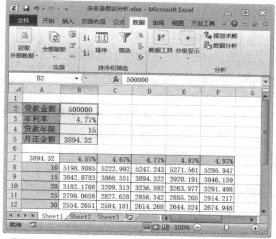

⑧如果在【方案】列表框中选择【贷款金额
20 万元】选项，单击 显示(S) 按钮，然
后单击 关闭 按钮，即可看到贷款金
额为 20 万元时不同年限不同年利率下的
每月还款额变化情况。

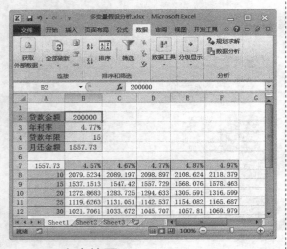

2. 方案摘要

通过方案管理器选择不同的方案可以分别显示相应的假设分析运算结果，如果用户希望这些结果能够同时显示在一起，可以将方案生成摘要。

提示

一个方案摘要最多只能显示 32 个单元格的结果，因此结果单元格中的选定区域不能包含太多单元格。

❶ 按照前面介绍的方法打开【方案管理器】对话框，单击 摘要(U)... 按钮。

❷ 弹出【方案摘要】对话框，在【报表类型】组合框中选中【方案摘要】单选钮，在【结果单元格】文本框中输入需要显示结果数据的单元格区域"B8:B12,D8:D12,F8:F12"。

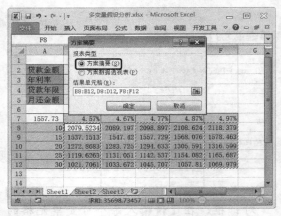

❸ 单击 确定 按钮，即可在工作簿中自动插入一个名为"方案摘要"的工作表，并在其中显示摘要结果。

方案摘要				
	当前值:	贷款金额50万元	贷款金额30万元	贷款金额20万元
可变单元格:				
$B$2	200000	500000	300000	200000
结果单元格:				
$B$8	2079.523414	5198.808534	3119.285121	2079.523414
$B$9	1537.151318	3842.878295	2305.726977	1537.151318
$B$10	1272.868335	3182.170837	1909.302502	1272.868335
$B$11	1119.626314	2799.065785	1679.439471	1119.626314
$B$12	1021.706056	2554.265139	1532.559084	1021.706056
$D$8	2098.897099	5247.242747	3148.345648	2098.897099
$D$9	1557.728668	3894.321671	2336.593003	1557.728668
$D$10	1294.632815	3236.582038	1941.949223	1294.632815
$D$11	1142.536603	2856.341507	1713.804904	1142.536603
$D$12	1045.707053	2614.267634	1568.56058	1045.707053
$F$8	2118.378758	5295.946894	3177.568136	2118.378758
$F$9	1578.463492	3946.15873	2367.695238	1578.463492
$F$10	1316.599203	3291.498007	1974.898804	1316.599203
$F$11	1165.686992	2914.217481	1748.530488	1165.686992
$F$12	1069.979296	2674.94824	1604.968944	1069.979296

注释："当前值"这一列表示的是在建立方案汇总时，可变单元格的值。
每组方案的可变单元格均以灰色底纹突出显示。

除了方案摘要外，用户还可以生成方案数据表，会在具体结果形式上有所不同，而且可以使用透视表功能进一步分析处理。

提示

方案的创建是基于工作表级别的，在当前工作表上所添加的方案都只保存在当前工作表上，而在其他工作表的【方案管理器】对话框中不会显示这些方案。如果需要在不同的工作表中使用相同的方案，在保证使用环境相同的情况下，可以使用方案的合并功能进行复制。

技巧 31　规划求解测算运营收入

在生产管理和经营决策过程中，经常会遇到一些规划问题。例如生产的组织安排、产品的运输调度以及原料的恰当搭配等问题。其共同点是合理地利用有限的人力、物力和财力等资源，得到最佳的经济效果。利用 Excel 的规划求解功能，就可以方便快捷地帮助用户得到各种规划问题的最佳解。

本实例的原始文件和最终效果所在位置如下。	
原始文件	素材\原始文件\09\规划求解测算运营收入.xlsx
最终效果	素材\最终效果\09\规划求解测算运营收入.xlsx

本实例假设某公司需要在华北、华东、东北和西北地区开展市场，已知在华北、华东、东北和西北地区在一定时期内的运输需求量分别为 30 万吨、40 万吨、55 万吨和 45 万吨，总计 170 万吨；而公司的运营能力为 155 万吨，其中公司运输 1 部、2 部和 3 部的运营能力分别为 60 万吨、45 万吨和 50 万吨。运输各部在不同地区的运输单位价格一定的条件下，如何合理地调配各部在不同地区的业务量才能获得最大的业务总收入？

① 打开本实例的原始文件，即可看到规划求解模型，约束条件 1 是该公司运输各部在各个地区的需求量，约束条件 2 是运输各部相应的运营能力。

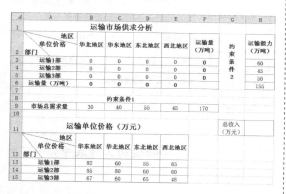

② 选中单元格 H11，输入公式"=SUMPRODUCT(B3:E5,B13:E15)"，输入完毕按【Enter】键，即可计算出要求解的总收入。

（截图：运输市场供求分析表格，运输单位价格数据表）

提示

SUMPRODUCT 函数的功能：在给定的几组数组中，将数组间对应的元素相乘，并返回乘积之和。

语法：SUMPRODUCT（array1,array2,array3,…）

其中 array1,array2,array3,…为 2 到 30 个数组，其相应元素需要进行相乘并求和。

③ 选中单元格 H11，切换到【数据】选项卡中，单击【分析】组中的 ➌规划求解 按钮。

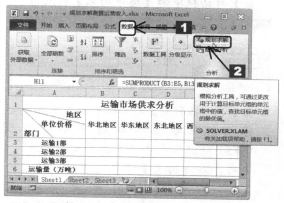

④ 弹出【规划求解参数】对话框，在【设置目标】文本框中显示了选中的目标单元格 H11，在【到】组合框中选中【最大值】单选钮，在【通过更改可变单元格】文本框中输入决策变量所在的单元格区域"$B$3:$E$5"，然后单击 添加(A) 按钮。

⑤ 弹出【添加约束】对话框，在【单元格引用】文本框中输入运输各部待调配运输量所在的单元格位置 "$B$6:$E$6"，在右侧下拉列表中选择【<=】选项，在【约束】文本框中输入销售地区需求量所在的单元格位置 "=$B$9:$E$9"，此约束表示该运输部在各个地区的运输总量不能大于该地区的总需求量，单击 添加(A) 按钮，即可将约束添加到【规划求解参数】对话框中的【遵守约束】列表框中。

⑥ 在【单元格引用】文本框中输入运输各部待调配运输量所在的单元格位置 "$F$3:$F$5"，在右侧下拉列表中选择【=】选项，在【约束】文本框中输入销售地区需求量所在的单元格位置 "=$H$3:$H$5"，此约束表示该运输各部在各个地区的运输总量等于各个部门相应的运输能力。

⑦ 单击 确定(O) 按钮返回【规划求解参数】对话框，在【遵守约束】列表框中显示了添加的约束条件，选中【使无约束变量为非负数】复选框。

⑧ 单击 求解(S) 按钮，弹出【规划求解结果】对话框，提示用户规划求解找到一解。

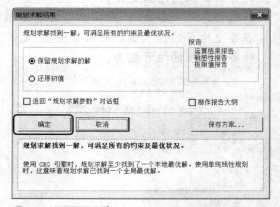

⑨ 单击 确定 按钮返回工作表中，即可看到规划求解结果。

	地区 单位价格 部门	华北地区	华东地区	东北地区	西北地区	运输量 (万吨)	约束条件2	运输能力 (万吨)
1	运输市场供求分析							
3	运输1部	25	0	0	35	60		60
4	运输2部	4.999999	40	0	0	45		45
5	运输3部	0	0	50	0	50		50
6	运输量(万吨)	30	40	50	35			155
7	约束条件1							
9	市场总需求量	30	40	45	45	170		

	地区 单位价格 部门	华东地区	华北地区	东北地区	西北地区		总收入 (万元)	11200
11	运输单位价格(万元)							
13	运输1部	82	60	55	65			
14	运输2部	85	80	60	60			
15	运输3部	67	60	65	48			

技巧 32　单变量求解关键数据

单变量求解是解决假定一个公式要取得某一结果值，其中变量的引用单元格应取值为多少的问题。

本实例的原始文件和最终效果所在位置如下。	
原始文件	素材\原始文件\09\单变量求解关键数据.xlsx
最终效果	素材\最终效果\09\单变量求解关键数据.xlsx

本实例假设产品的直接材料成本与单位产品直接材料成本和生产量有关，现企业为生产产品准备了 30 万元的成本费用，在单位产品直接材料成本不变的情况下，最多可生产多少产品？

❶ 打开本实例的原始文件，切换到工作表"总产量"中，选中单元格 F10，输入公式"=F8*F9"，然后单击编辑栏中的【输入】按钮 。

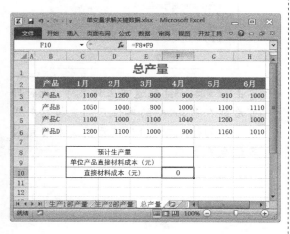

❷ 在单元格 F8 中输入 6 月份产品 A 的产量"1000"，在单元格 F9 中输入产品 A 的单位产品直接材料成本"120"，然后按【Enter】键，即可在单元格 F10 中得到产品 A 的直接材料成本。

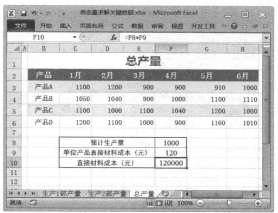

❸ 假设 30 万元的成本费用都用来生产产品 A，求解最多可生产多少产品 A。选中单元格 F10，切换到【数据】选项卡，单击【数据工具】组中的【模拟分析】按钮 ，从弹出的下拉列表中选择【单变量求解】选项。

❹ 弹出【单变量求解】对话框，当前选中的单元格 F10 显示在【目标单元格】文本框中，在【目标值】文本框中输入"300000"，将光标定位在【可变单元格】文本框中。

Word/Excel/PPT 2010
办公技巧

5 在工作表中单击单元格 F8，即可将其添加到【可变单元格】文本框中。

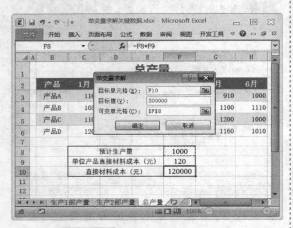

6 单击 确定 按钮，弹出【单变量求解状态】对话框，显示出求解结果。

7 单击 确定 按钮，即可看到在产品 A 的单位产品直接材料成本不变的情况下，30 万元的成本费用最多能生产 2500 个产品 A。

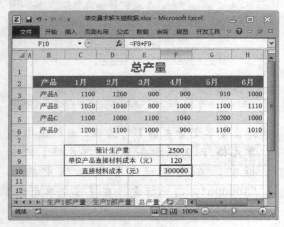

8 假设 30 万元的成本费用中只投入 15 万元用来生产产品 A，求解最多可生产多少产品 A。在【数据工具】组中单击【模拟分析】按钮，从弹出的下拉列表中选择【单变量求解】选项。

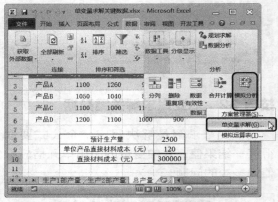

9 弹出【单变量求解】对话框，分别设置【目标单元格】和【可变单元格】，在【目标值】文本框中输入"150000"。

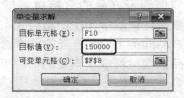

10 单击 确定 按钮，弹出【单变量求解状态】对话框，显示出求解结果。

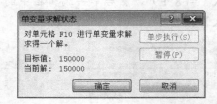

11 单击 确定 按钮返回工作表中，此时即可看到在产品 A 的单位产品直接材料成本不变的情况下，15 万元的成本费用最多能生产 1250 个产品 A。

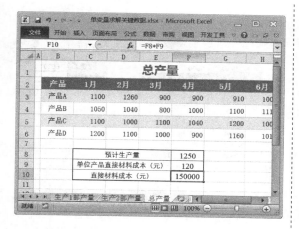

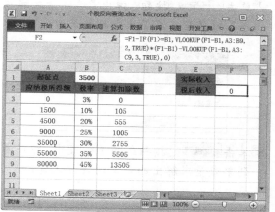

技巧 33　个税反向查询

公司员工工资中有一项为个人所得税，根据国家 2011 年 9 月 1 日起个人所得税起征点变为 3500 元，扣除所税七级税率表如下表所示。

级数	全月应纳所得税额	税率	速算扣除数
1	不超过 1500 元的	3%	0
2	超过 1500 元至 4500 元的部分	10%	105
3	超过 4500 元至 9000 元的部分	20%	555
4	超过 9000 元至 35000 元的部分	25%	1005
5	超过 35000 元至 55000 元的部分	30%	2755
6	超过 55000 元至 80000 元的部分	35%	5505
7	超过 80000 元的	45%	13505

本实例的原始文件和最终效果所在位置如下。	
原始文件	素材\原始文件\09\个税反向查询.xlsx
最终效果	素材\最终效果\09\个税反向查询.xlsx

利用单变量求解功能可以通过员工税后工资反向查询员工的实际工资。

❶ 打开本实例的原始文件，选中单元格 F2，输入公式"=F1-IF(F1>=B1,VLOOKUP(F1-B1,A3:B9,2,TRUE)*(F1-B1)-VLOOKUP(F1-B1,A3:C9,3,TRUE),0)"，输入完毕单击编辑栏中的【输入】按钮✔。

❷ 选中单元格 F2，切换到【数据】选项卡，单击【数据工具】组中的【模拟分析】按钮，从弹出的下拉列表中选择【单变量求解】选项。

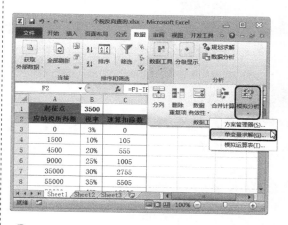

❸ 弹出【单变量求解】对话框，当前选中的单元格 F2 显示在【目标单元格】文本框中，在【目标值】文本框中输入税后工资，例如输入"6413"，在【可变单元格】文本框中输入"$F$1"。

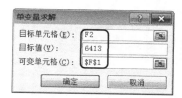

④单击 [确定] 按钮，弹出【单变量求解状态】对话框，显示出求解结果。

⑤单击 [确定] 按钮返回工作表中，即可看到单变量求解出的员工的实际工资。

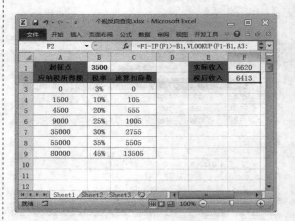

第 10 章
数据透视表和透视图

数据透视表是一个强大的数据分析工具,利用它可以快速分类汇总大量的数据,并可以从不同的层次和角度对数据进行分析。使用数据透视表或透视图可以使许多复杂的问题简单化,从而极大地提高工作效率。本章将介绍有关数据透视表与透视图的技巧。

要 点 导 航

- 用二维表创建数据透视表
- 重命名字段标题
- 数据透视表的合并标志
- 快速统计重复项目
- 数据透视表的切片器功能
- 利用透视表创建透视图

技巧 1　用二维表创建数据透视表

在实际工作中，用户使用较多的工作表通常为二维表，以这类二维表作为数据源创建数据透视表会有很多局限。如果将二维表转换成一维表作为数据源创建数据透视表，才能更加灵活地对数据透视表进行布局。

本实例的原始文件和最终效果所在位置如下。	
原始文件	素材\原始文件\10\用二维表创建数据透视表.xlsx
最终效果	素材\最终效果\10\用二维表创建数据透视表.xlsx

	A	B	C	D	E	F	G
1	组别	1月份	2月份	3月份	4月份	5月份	6月份
2	A组	40,537	46,475	54,354	46,477	40,231	45,402
3	B组	47,351	54,276	42,200	47,731	37,243	41,573
4	C组	41,733	53,077	37,552	43,360	53,571	41,777
5	D组	53,333	52,306	46,717	33,767	47,336	42,575
6	E组	41,357	46,403	45,373	43,750	51,762	50,343
7	F组	40,231	43,046	44,355	47,756	44,470	50,003
8	G组	44,041	54,767	44,052	41,737	40,400	44,137
9	H组	47,433	45,577	37,544	45,614	53,530	54,063
10							

❶打开本实例的原始文件，切换到工作表Sheet1 中，依次按下【Alt】键、【D】键、【P】键，即可弹出【数据透视表和数据透视图向导--步骤1（共3步）】对话框，在【请指定待分析数据的数据源类型】组合框中选中【多重合并计算数据区域】单选钮，在【所需创建的报表类型】组合框中选中【数据透视表】单选钮。

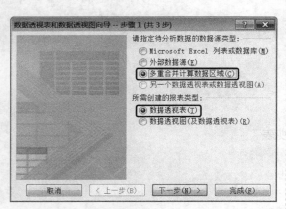

❷单击 下一步(N) > 按钮，弹出【数据透视表和数据透视图向导--步骤2a（共3步）】

对话框，在【请指定所需的页字段数目】组合框中选中【创建单页字段】单选钮。

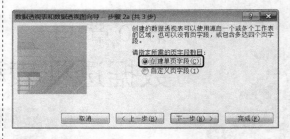

❸单击 下一步(N) > 按钮，弹出【数据透视表和数据透视图向导--步骤2b（共3步）】对话框，在【选定区域】文本框中输入"Sheet1!$A$1:$G$9"，单击 添加(A) 按钮。

❹即可将选定的区域添加到【所有区域】列表框中。

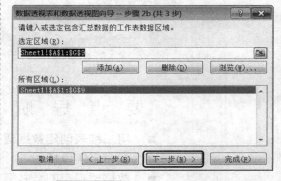

❺单击 下一步(N) > 按钮，弹出【数据透视表和数据透视图向导--步骤3（共3步）】对话框，在【数据透视表显示位置】组合框中选中【新工作表】单选钮。

6 单击 **完成(F)** 按钮，即可在工作表中创建一个名为 Sheet4 的空白数据透视表，同时弹出【数据透视表字段列表】任务窗格。

7 在【数据透视表字段列表】任务窗格中将【选择要添加到报表的字段】列表框中选中【行】选项，单击鼠标右键，从弹出的快捷菜单中选择【添加到行标签】菜单项。

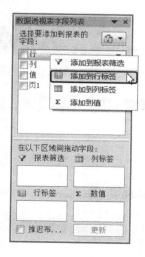

8 即可将其添加到【在以下区域间拖动字段】组合框中的【行标签】列表框中，按照相同的方法将【列】字段添加到【列标签】列表框中，将【值】字段添加到【数值】列表框中。

9 添加完毕单击【数据透视表字段列表】任务窗格中的【关闭】按钮 ✕ ，即可看到在空白数据表中创建了一个数据透视表。

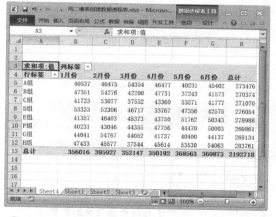

10 双击数据透视表的最后一个单元格 H13，Excel 2010 即可自动创建一个一维数据工作表 Sheet5，该工作表分别以"行"、"列"、"值"和"页 1"字段为标题纵向排列。

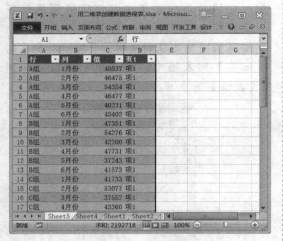

⑪ 以工作表 Sheet5 中的数据为数据源，用户可以创建不同的数据透视表。

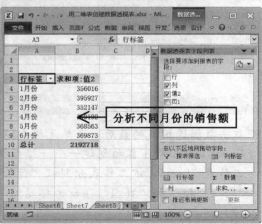

技巧 2　重命名字段标题

在数据区域中添加字段后，字段的名称会发生改变，例如"金额"变成"求和项：金额"。为了使数据透视表更加美观，用户可以对数据透视表中的字段进行重命名。

本实例的原始文件和最终效果所在位置如下。		
	原始文件	素材\原始文件\10\重命名字段标题.xlsx
	最终效果	素材\最终效果\10\重命名字段标题.xlsx

① 打开本实例的原始文件，切换到工作表 Sheet4，选中【求和项：值】字段所在的单元格 A3。

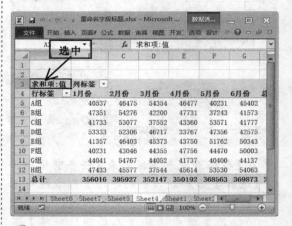

② 输入新标题"销售额"，然后按【Enter】键即可。

技巧 3 自动刷新数据透视表

为了满足工作的需求，用户常常需要更新原工作表中的数据信息，这样就需要刷新数据透视表才能得到最新的透视数据。用户可以手动刷新数据透视表，也可以设置自动刷新。

本实例的原始文件和最终效果所在位置如下。		
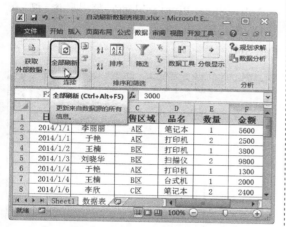	原始文件	素材\原始文件\10\自动刷新数据透视表.xlsx
	最终效果	素材\最终效果\10\自动刷新数据透视表.xlsx

1. 手动刷新

手动刷新数据透视表的具体操作是：切换到【数据】选项卡中，单击【连接】组中的【全部刷新】按钮，可以一次刷新工作簿中的所有数据透视表。

2. 打开工作簿时刷新

如果数据源记录的数据信息变化较为频繁，用户还可以使用以下方法设置数据透视表自动更新。

❶ 打开本实例的原始文件，切换到数据透视表 Sheet1，在任意单元格上单击鼠标右键，从弹出的快捷菜单中选中【数据透视表选项】菜单项。

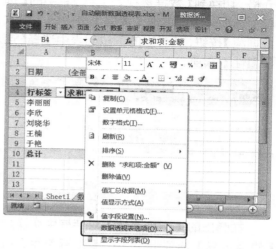

❷ 弹出【数据透视表选项】对话框，切换到【数据】选项卡中，在【数据透视表数据】组合框中选中【打开文件时刷新数据】复选框，然后单击 确定 按钮，即设置 Excel 在每次打开工作表时都进行数据透视表的刷新。

3. 定时刷新

如果数据透视表的数据源为外部数据，还可以设定固定的时间间隔来刷新数据透视表，用户可以选中数据透视表中的一个单元格,切换到【数据透视表工具】栏中的【选项】选项卡中,单击【数据】组中的【更改数据源】按钮,从弹出的下拉列表中选择【连接属性】选项。

在弹出的【连接属性】对话框中切换到【使用状况】选项卡中,在【刷新控件】组合框中选中【允许后台刷新】和【刷新频率】复选框,并设置【刷新频率】右侧的时间间隔。

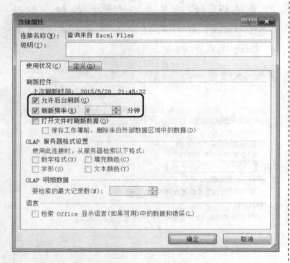

4. 使用 VBA 代码设置自动刷新

❶ 在数据透视表所在的工作表标签 Sheet1 上单击鼠标右键,从弹出的快捷菜单中选择【查看代码】菜单项。

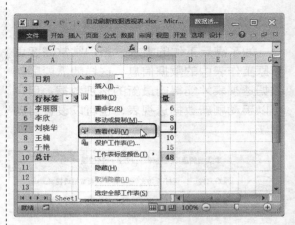

❷ 打开【Microsoft Visual Basic for Applications-自动刷新数据透视表.xlsm-[Sheet1(代码)]】VBA 编辑窗口,在代码区域输入以下代码。

```
Private Sub Worksheet_Activate()
    ActiveSheet.PivotTables("数据透视表1").PivotCache.Refresh
End Sub
```

❸ 关闭代码编辑窗口,将工作表保存为"Excel 启用宏的工作簿(*.xlsm)"即可。

这样只要打开该工作簿,切换到该数据透视表中,数据透视表就会自动刷新数据。

输入的 VBA 代码中的数据透视表名称可以根据实际情况进行修改,如果用户不知道目标数据透视表的名称,可以打开【数据透视表选项】对话框,查看在【名称】文本框中显示的数据透视表的名称。

技巧 4　数据透视表的合并标志

数据透视表的报表布局有时以表格形式显示出来，这时处于汇总状态的字段就靠上对齐，影响表格美观，如下图所示。

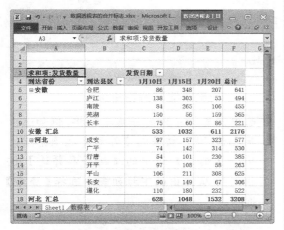

为了让合并单元格中的内容能显示居中的效果，使透视表根据可读性，可以设置数据透视表的合并标志。

本实例的原始文件和最终效果所在位置如下。	
原始文件	素材\原始文件\10\数据透视表的合并标志.xlsx
最终效果	素材\最终效果\10\数据透视表的合并标志.xlsx

① 打开本实例的原始文件，切换到数据透视表 Sheet1 中，在任意单元格上单击鼠标右键，从弹出的快捷菜单中选择【数据透视表选项】菜单项。

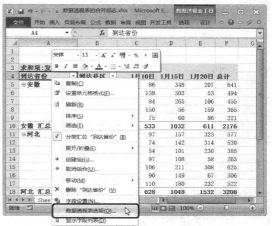

② 弹出【数据透视表选项】对话框，切换到【布局和格式】选项卡中，在【布局】组合框中选中【合并且居中排列带标签的单元格】复选框。

③ 单击 确定 按钮返回数据透视表中，即可看到设置后的效果。

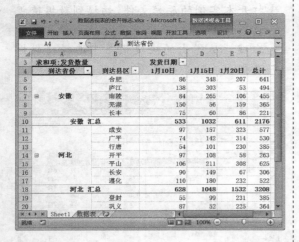

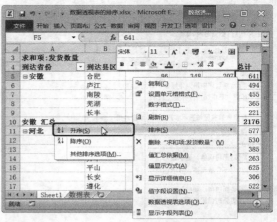

② 即可完成对该列的升序排序。

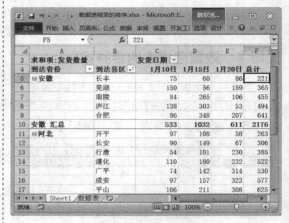

提示

本技巧仅适用于报表布局为"以表格形式显示"的数据透视表，而对于"以压缩形式显示"和"以大纲形式显示"的数据透视表的设置效果不明显。

技巧 5　数据透视表的排序

数据透视表创建完成之后，有些字段的排列顺序并不是用户所希望的结果，这时可以使用 Excel 中的排序功能对数据透视表中的某个字段进行排序。

1.　利用鼠标右键排序

使用鼠标右键排序的方法很简单，具体操作步骤如下。

本实例的原始文件和最终效果所在位置如下。	
原始文件	素材\原始文件\10\数据透视表的排序.xlsx
最终效果	素材\最终效果\10\数据透视表的排序.xlsx

① 打开本实例的原始文件，切换到数据透视表 Sheet1 中，选中需要排序列的任意单元格，例如选中单元格 F5，单击鼠标右键，从弹出的快捷菜单中选择【排序】▶【升序】菜单项。

2.　利用功能区按钮排序

① 选中需要排序列的任意单元格，例如选中单元格 F8，切换到【开始】选项卡中，单击【编辑】组中的【排序和筛选】按钮，从弹出的下拉列表中选择【降序】选项。

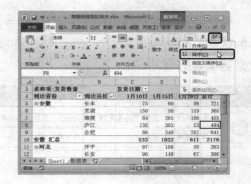

❷即可完成对该列的降序排序。

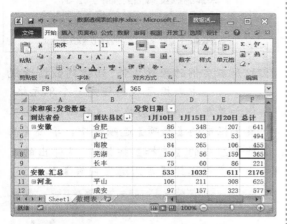

此外，利用【数据】选项卡中的【升序】按钮、【降序】按钮和【排序】按钮都可以对数据透视表进行排序。

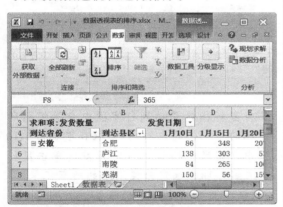

选中数据透视表之后，用户还可以切换到【数据透视表工具】栏中的【选项】选项卡中，利用【排序和筛选】组中的【升序】按钮、【降序】按钮和【排序】按钮，对数据透视表进行排序。

技巧 6　快速统计重复项目

使用 Excel 函数公式可以统计数据列表中某个字段的重复次数，但更为快捷的方法是使用数据透视表功能。

本实例的原始文件和最终效果所在位置如下。	
原始文件	素材\原始文件\10\快速统计重复项目.xlsx
最终效果	素材\最终效果\10\快速统计重复项目.xlsx

❶打开本实例的原始文件，切换到工作表"数据表"中，选中数据区域的任意一个单元格，例如单元格 A1，切换到【插入】选项卡中，单击【表格】组中的【数据透视表】按钮的下半部分按钮，从弹出的下拉列表中选择【数据透视表】选项。

❷弹出【创建数据透视表】对话框，在【请选择要分析的数据】组合框中显示出选择的单元格区域。

3 单击 确定 按钮，即可插入一个空白数据透视表，同时弹出【数据透视表字段列表】任务窗格，将【选择要添加到报表的字段】列表框中的【姓名】字段拖动到【数值】列表框中，将【部门】字段拖动到【行标签】列表框中。

4 关闭【数据透视表字段列表】任务窗格，即可看到对各部门人数的统计结果。

技巧 7　批量设置汇总行格式

为了使数据透视表中的汇总行的数据更加直观醒目，可以对汇总行的单元格进行填充背景颜色或加粗字体等设置，利用数据透视表的启用选定内容功能可以快速地对汇总行进行批量设置，而不需要逐行设置，具体操作步骤如下。

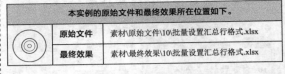

◎	原始文件	素材\原始文件\10\批量设置汇总行格式.xlsx
	最终效果	素材\最终效果\10\批量设置汇总行格式.xlsx

本实例的原始文件和最终效果所在位置如下。

1 打开本实例的原始文件，切换到数据透视表中，选中数据区域的任意一个单元格，例如单元格 A1，切换到【数据透视表工具】栏中的【选项】选项卡中，单击【操作】组中的【选择】按钮，从弹出的下拉列表中选择【启用选定内容】选项。

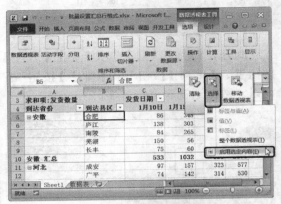

2 将鼠标指针移动到行字段中分类汇总所在的单元格的左侧，例如放在单元格 A10 中，当鼠标指针变为 ➡ 形状时单击鼠标左键，即可选定分类汇总的所有记录。

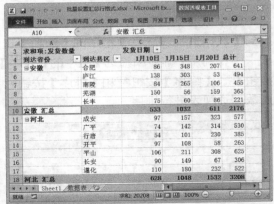

3 将字体颜色设置为"水绿色，强调文字颜色 5，淡色 40%"并加粗，效果如图所示。

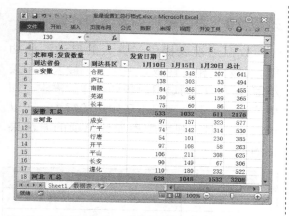

技巧8 使用数据透视表拆分工作表

Excel 2010 数据透视表提供了显示报表筛选页功能，用户可以使用该功能创建一系列链接在一起的数据透视表，每个工作表显示报表筛选字段中的一项。

	本实例的原始文件和最终效果所在位置如下。	
	原始文件	素材\原始文件\10\使用数据透视表拆分工作表.xlsx
	最终效果	素材\最终效果\10\使用数据透视表拆分工作表.xlsx

①打开本实例的原始文件，切换到数据透视表中，选中数据区域的任意一个单元格，例如单元格 A4，切换到【数据透视表工具】栏中的【选项】选项卡中，单击【数据透视表】组中的【选项】按钮 右侧的下箭头按钮，从弹出的下拉列表中选择【显示报表筛选页】选项。

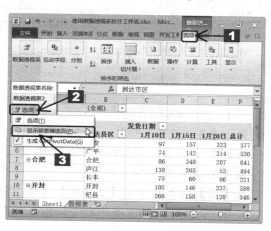

②弹出【显示报表筛选页】对话框，在【选定要显示的报表筛选页字段】列表框中选中【到达省份】选项。

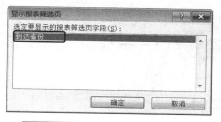

③单击 确定 按钮，即可看到【到达省份】字段中的每一项都生成了单独的工作表并以字段项的名称命名工作表。

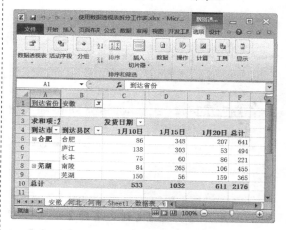

技巧9 设置数据透视表字段

数据透视表中的字段中的数据太多，不方便用户查看数据，此时用户可以通过折叠或展开数据透视表字段来进行查看。

	本实例的原始文件和最终效果所在位置如下。	
	原始文件	素材\原始文件\10\设置数据透视表字段.xlsx
	最终效果	素材\最终效果\10\设置数据透视表字段.xlsx

①打开本实例的原始文件，切换到数据透视表 Sheet1 中，选中【到达省份】字段所在的单元格 A4，切换到【数据透视表工具】栏中的【选项】选项卡中，单击【活动字段】组中的 折叠整个字段 按钮。

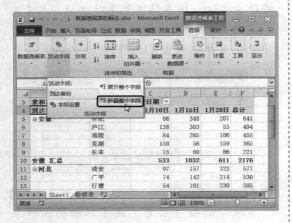

❷即可将【到达省份】字段折叠起来。

❸如果用户想要查看【到达省份】为"河北"的数据情况，可以单击字段【河北】左侧的田按钮，即可看到【河北】字段下的数据都显示出来了。

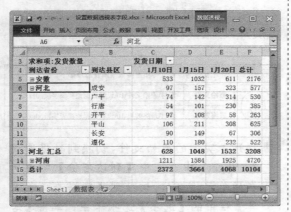

技巧 10　为数据透视表添加计算项

数据透视表提供了强大的自动汇总功能，例如求和、计数、平均值、最大值和最小值等，可以满足用户多种多样的需求。如果这些功能仍然满足不了用户的需求，可以通过在数据透视表中添加计算项的方法来达到目标。

本实例的原始文件和最终效果所在位置如下。	
原始文件	素材\原始文件\10\为数据透视表添加计算项.xlsx
最终效果	素材\最终效果\10\为数据透视表添加计算项.xlsx

本实例假设已知某公司销售部业务员2014年1月份和2月份的销售额，计算业务员2月份销售额与1月份销售额增减情况。

具体操作步骤如下。

❶打开本实例的原始文件，切换到数据透视表 Sheet2 中，选中数据透视表列标签所在单元格 B1，切换到【数据透视表工具】栏中的【选项】选项卡中，单击【计算】组中的【域、项目和集】按钮，从弹出的下拉列表中选择【计算项】选项。

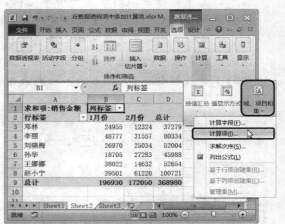

❷弹出【在"月份"中插入计算字段】对话框，在【名称】文本框中输入"增减"，在【公式】文本框中输入"="，然后双击【项】列表框中的【2月份】选项，即可将"2月份"字段添加到【公式】文本框中。

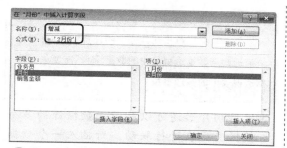

❸ 在【公式】文本框中输入 "-"，双击【项】列表框中的【1 月份】选项，即可看到【公式】文本框中输入的公式。

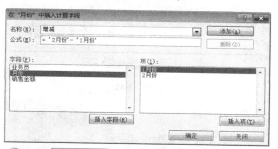

❹ 单击 确定 按钮，即可看到数据透视表中新增加了一列 "增减" 字段。

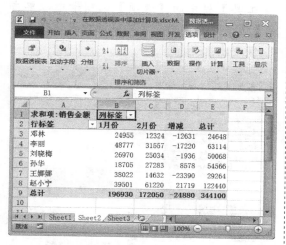

添加 "增减" 字段之后，数据透视表中的 "总计" 字段就包含了 "增减" 字段的数据，因此 "总计" 字段就没有任何意义了，可以选中 "总计" 字段所在的单元格 E2，单击鼠标右键，从弹出的快捷菜单中选择【删除总计】菜单项，即可删除 "总计" 字段。

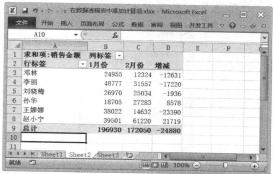

技巧 11　数据透视表的切片器功能

在 Excel 2007 以及之前的版本中，用户在对多个项目进行筛选时，很难看到当前的筛选状态。为了解决这一问题，Excel 2010 新添加了 "切片器" 功能，用户可以使用该功能快速地进行筛选，而且可以显示当前筛选状态。

本实例的原始文件和最终效果所在位置如下。		
	原始文件	素材\原始文件\10\数据透视表的切片器功能.xlsx
	最终效果	素材\最终效果\10\数据透视表的切片器功能.xlsx

❶ 打开本实例的原始文件，切换到数据透视表 Sheet1 中，选中数据透视表中的任意单元格，切换到【数据透视表工具】栏中的【选项】选项卡中，单击【排序和筛选】组中的【插入切片器】按钮 的上半部分按钮 。

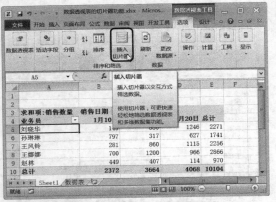

② 弹出【插入切片器】对话框，选中需要进行筛选字段的复选框。

③ 单击 确定 按钮，即可在数据透视表中插入切片器，调整切片器的大小和位置，效果如图所示。

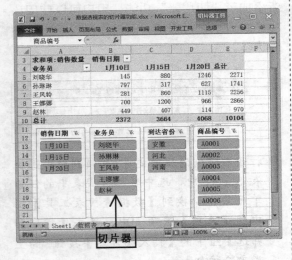

用户只需要单击切片器中的任意字段项，即可快速地筛选数据透视表中的数据，而不需要单击数据透视表中的筛选下拉列表来进行筛选。

④ 使用切片器还可以对同一数据源的多个数据透视表进行联动。新插入一个数据透视表 Sheet2，在该数据透视表中创建 3 个不同的数据透视表，然后调整切片器的大小和位置。

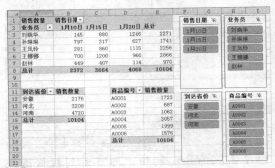

⑤ 选中【业务员】切片器，切换到【切片器工具】栏中的【选项】选项卡中，单击【切片器】组中的【数据透视表连接】按钮。

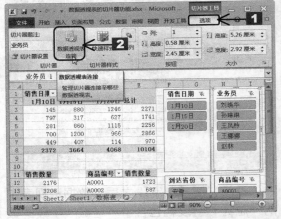

⑥ 弹出【数据透视表连接（业务员）】对话框，在【选择连接至此切片器的数据透视表】列表框中选中需要连接的数据透视表复选框。

7 单击 确定 按钮即可完成【业务员】切片器与数据透视表之间的连接，按照相同的方法把其他切片器分别与需要连接的数据透视表进行连接。

8 设置完毕后，单击任意一个切片器中的字段项，所有的数据透视表将同时进行筛选。例如分别单击【业务员】切片器中的【王娜娜】字段和【销售日期】切片器中的【1 月 10 日】字段，工作表中的3 个数据透视表将同时显示"王娜娜""1月 10 日"不同分析角度的数据结果，且被筛选的字段项在切片器中高亮显示。

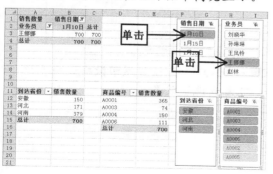

如果用户想要清除当前切片器的筛选，可以单击切片器右上角的【清除筛选器】按钮 。

提示

如果要进行多个字段的筛选，可以按住【Ctrl】键不放，用鼠标单击要筛选的项目，还可以按住【Shift】键，然后选中连续多个字段进行筛选。

技巧 12　快速设置空白数据

用户创建数据透视表之后，由于数据源中存在空白单元格，创建的数据透视表中就会出现空白单元格，会影响数据透视表的美观，也不利于用户查看数据。

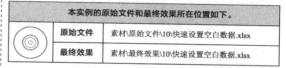

本实例的原始文件和最终效果所在位置如下。	
原始文件	素材\原始文件\10\快速设置空白数据.xlsx
最终效果	素材\最终效果\10\快速设置空白数据.xlsx

1 打开本实例的原始文件，切换到数据透视表 Sheet1 中，选中数据透视表中的任意一个空白单元格，例如选中单元格 C5，单击鼠标右键，从弹出的快捷菜单中选择【数据透视表选项】菜单项。

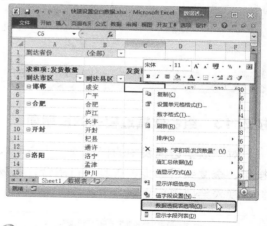

2 弹出【数据透视表选项】对话框，切换到【布局和格式】选项卡中，在【格式】组合框中选中【对于空单元格，显示】复选框，然后在右侧的文本框中输入"0"。

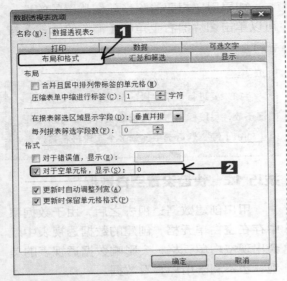

③单击 确定 按钮返回工作表中，即可看到数据透视表中的空白单元格中快速设置为"0"。

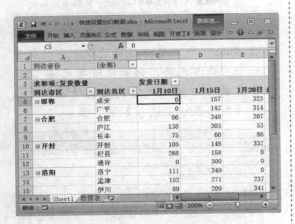

技巧 13　组合数据透视表的日期项

对于数据透视表中的日期项，用户可以按年、季度或月等步长对其进行组合，使数据透视表结果更加直观。

本实例的原始文件和最终效果所在位置如下。	
原始文件	素材\原始文件\10\组合数据透视表的日期项.xlsx
最终效果	素材\最终效果\10\组合数据透视表的日期项.xlsx

❶ 打开本实例的原始文件，切换到数据透视表 Sheet1 中，选中数据透视表日期字段中的任意一个单元格，例如选中单元格 A3，单击鼠标右键，从弹出的快捷菜单中选择【创建组】菜单项。

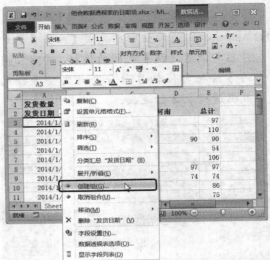

❷ 弹出【分组】对话框，在【自动】组合框中选中【起始于】和【终止于】复选框，在右侧的文本框中分别输入"2014/1/1"和"2014/2/28"，在【步长】列表框中选中【月】选项。

❸ 单击 确定 按钮返回数据透视表中，即可看到设置效果。

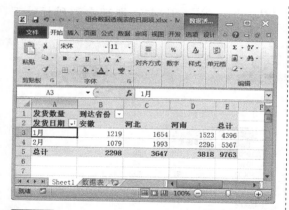

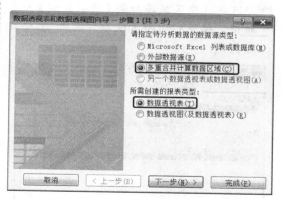

提示

　　数据源中的日期格式必须是系统可以识别的日期格式，否则在组合日期项时会弹出【Microsoft Excel】提示对话框，提示用户选定区域不能分组。

技巧 14　创建多重数据表

　　默认情况下，Excel 2010 功能区中没有【数据透视表和数据透视图向导】按钮，如果用户需要创建多重合并计算数据区域的数据透视表，可以依次按下【Alt】、【D】、【P】键，即可弹出【数据透视表和数据透视图向导】对话框，通过此向导创建多重数据透视表。

本实例的原始文件和最终效果所在位置如下。	
原始文件	素材\原始文件\10\创建多重数据表.xlsx
最终效果	素材\最终效果\10\创建多重数据表.xlsx

1．创建单页字段

❶打开本实例的原始文件，依次按下【Alt】、【D】、【P】键，弹出【数据透视表和数据透视图向导--步骤 1（共 3 步）】对话框，在【请指定待分析数据的数据源类型】组合框中选中【多重合并计算数据区域】单选钮，在【所需创建的报表类型】组合框中选中【数据透视表】单选钮。

❷单击 下一步(N) 按钮，弹出【数据透视表和数据透视图向导--步骤 2a（共 3 步）】对话框，在【请指定所需的页字段数目】组合框中选中【创建单页字段】单选钮。

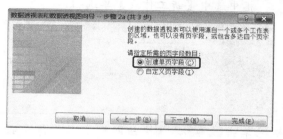

❸单击 下一步(N) 按钮，弹出【数据透视表和数据透视图向导--步骤 2b（共 3 步）】对话框，将光标定位在【选定区域】文本框中，选中工作表"2014 年 1 月"中的单元格区域 A1:F45，然后单击 添加(A) 按钮。

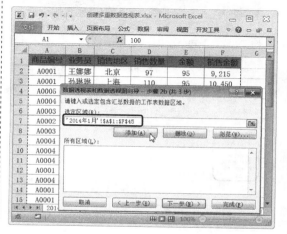

④即可将选中区域添加到【所有区域】列表框中，按照相同的方法添加其余 2 个数据区域。

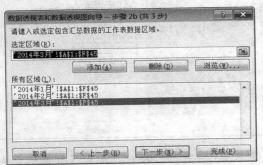

⑤单击 下一步(N) > 按钮，弹出【数据透视表和数据透视图向导--步骤 3（共 3 步）】对话框，在【数据透视表显示位置】组合框中选中【新工作表】单选钮。

⑥单击 完成(F) 按钮即可在工作簿中插入一个数据透视表 Sheet5，单击【列标签】字段右侧的下箭头按钮 ▾ ，从弹出的下拉列表中撤选【(全选)】复选框，然后选中【销售数量】和【销售金额】复选框。

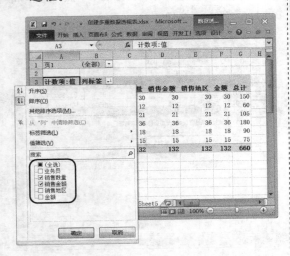

⑦单击 确定 按钮，即可看到列标签下的字段设置。

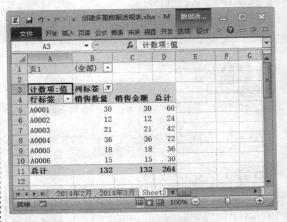

⑧选中"计数项:值"所在的单元格 A3，单击鼠标右键，从弹出的快捷菜单中选择【值汇总依据】▶【求和】菜单项。

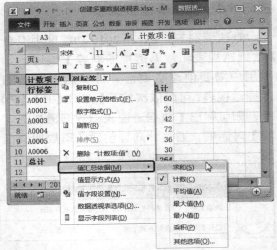

⑨即可将"计数项:值"改为"求和项:值"，"销售金额"、"销售数量"和"总计"字段中的数据也发生相应的变化。

⑩ "合计"字段为"销售金额"和"销售数量"之和，因此没有任何意义，选中"总计"字段所在的单元格 D4，单击鼠标右键，从弹出的快捷菜单中选择【删除总计】菜单项。

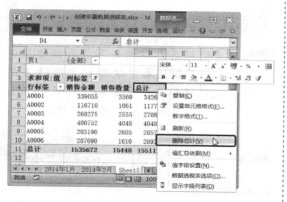

⑪ 即可删除"总计"字段。

2. 自定义页字段

自定义字段是以事先定义的名称为待合并的各个数据源提前命名，创建数据透视表之后，自定义的页字段名称将出现在报表筛选字段的下拉列表中。

① 依次按下【Alt】、【D】、【P】键，弹出【数据透视表和数据透视图向导--步骤 1（共 3 步）】对话框，在【请指定待分析数据的数据源类型】组合框中选中【多重合并计算区域】单选钮，在【所需创建的报表类型】组合框中选中【数据透视表】单选钮。

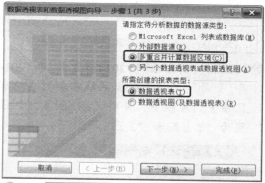

② 单击 下一步(N) > 按钮，弹出【数据透视表和数据透视图向导--步骤 2a（共 3 步）】对话框，在【请指定所需的页字段数目】组合框中选中【自定义页字段】单选钮。

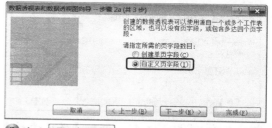

③ 单击 下一步(N) > 按钮，弹出【数据透视表和数据透视图向导--步骤 2b（共 3 步）】对话框，在【选定区域】文本框中输入"'2014 年 1 月'!$A$1:$F$45"，然后单击 添加(A) 按钮，即可将选中区域添加到【所有区域】列表框中，在【请先指定要

建立在数据透视表中的页字段数目】组合框中选中【1】单选钮，在【字段 1】文本框中输入 "1 月"。

④按照相同的方法将 "2014 年 2 月" 和 "2014 年 3 月" 工作表数据区域添加到【所有区域】列表框中，并将【字段 1】分别设置为 "2 月" 和 "3 月"。

⑤单击 下一步(N) 按钮，弹出【数据透视表和数据透视图向导--步骤 3（共 3 步）】对话框，在【数据透视表显示位置】组合框中选中【新工作表】单选钮。

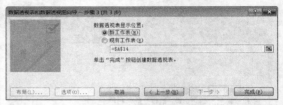

⑥单击 完成(F) 按钮即可在工作簿中插入一个数据透视表 Sheet6。

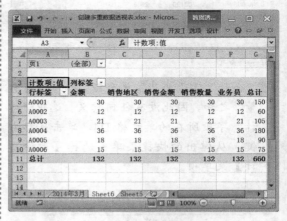

⑦单击【列标签】右侧的下箭头按钮 ，从弹出的下拉列表中撤选【(全选)】复选框，选中【销售数量】和【销售金额】复选框，即可取消多余的字段显示。

⑧按照前面介绍的方法更改数据透视表的计算类型并删除"总计"字段。

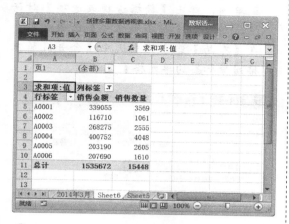

⑨切换到【数据透视表工具】栏中的【选项】选项卡中，单击【显示】组中的 字段列表 按钮，打开【数据透视表字段列表】任务窗格，将【报表筛选】列表框中的【页1】字段移动到【列标签】列表框中。

⑩即可看到数据透视表的布局发生改变。

提示

创建多重合并计算数据区域的数据透视表，数据源可以是同一个工作簿的多个工作表，也可以是其他工作簿的多个工作表，但待合并的数据源工作表结构必须完全一致。

创建多重合并计算数据区域的数据透视表时，如果数据源有多个标题列，Excel 总是以各个数据源区域最左列作为合并的基准。

技巧 15　保留格式设置

用户可以在数据透视表中更改单元格的格式，例如单元格列宽、字体、背景色和对齐方式，其操作方法与操作其他的工作表单元格一样。但如果进行数据刷新或更改布局操作后，就可能发生格式丢失的现象。为了避免格式丢失，可进行如下设置。

	本实例的原始文件和最终效果所在位置如下。	
	原始文件	素材\原始文件\10\保留格式设置.xlsx
	最终效果	素材\最终效果\10\保留格式设置.xlsx

①打开本实例的原始文件，切换到数据透视表 Sheet1 中，在数据透视表中的任意单元格上单击鼠标右键，从弹出的快捷菜单中选择【数据透视表选项】菜单项。

❷ 弹出【数据透视表选项】对话框，切换到【布局和格式】选项卡中，在【格式】组合框中选中【更新时保留单元格格式】复选框，然后单击 确定 按钮即可。

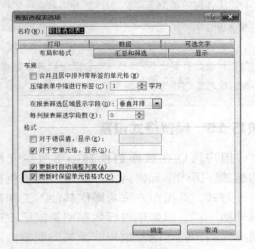

技巧 16　使标题项居中显示

默认情况下，行或列字段的标题项的对齐方式为靠左显示，如果想要其水平和垂直居中显示，可以进行如下设置。

本实例的原始文件和最终效果所在位置如下。	
原始文件	素材\原始文件\10\使标题项居中显示.xlsx
最终效果	素材\最终效果\10\使标题项居中显示.xlsx

❶ 打开本实例的原始文件，切换到数据透视表 Sheet1 中，可以看到"销售人员"、"销售区域"和"品名"字段中的数据等内容均靠左对齐。

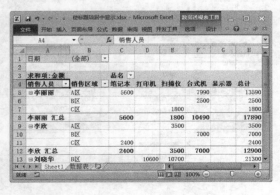

❷ 在数据透视表中单击鼠标右键，从弹出的快捷菜单中选择【数据透视表选项】菜单项，弹出【数据透视表选项】对话框，切换到【布局和格式】选项卡中，在【布局】组合框中选中【合并且居中排列带标签的单元格】复选框。

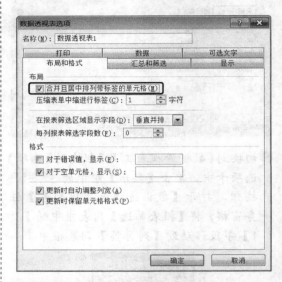

❸ 单击 确定 按钮返回工作表中，即可看到"销售人员"字段中的数据和"汇总"行自动进行合并并居中显示，其他不需要合并的标题项也会居中显示。

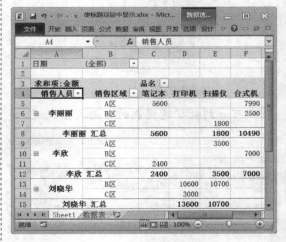

技巧 17　在每项后面插入空白行

对于行字段，可以在每个项或其汇总行之后插入一个空白行，具体操作步骤如下。

本实例的原始文件和最终效果所在位置如下。		
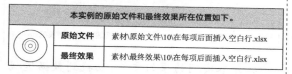	原始文件	素材\原始文件\10\在每项后面插入空白行.xlsx
	最终效果	素材\最终效果\10\在每项后面插入空白行.xlsx

❶打开本实例的原始文件，切换到数据透视表 Sheet1 中，选中"销售人员"字段所在的单元格 A4，单击鼠标右键，从弹出的快捷菜单中选择【字段设置】菜单项。

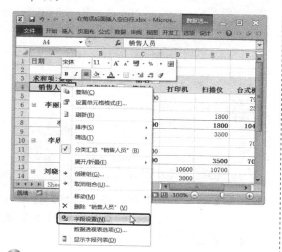

❷弹出【字段设置】对话框，切换到【布局和打印】选项卡中，选中【在每个项目标签后插入空行】复选框。

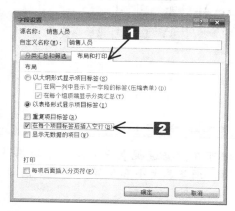

❸单击 确定 按钮返回工作表中，即可看到在每个汇总行的下面会插入一个空白行。

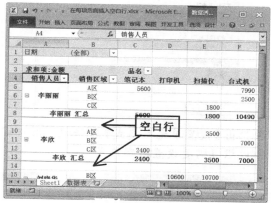

技巧 18　设置数据字段的数字格式

在数据透视表中可以设置数据字段中单元格的数字格式。

本实例的原始文件和最终效果所在位置如下。		
	原始文件	素材\原始文件\10\设置数据字段的数字格式.xlsx
	最终效果	素材\最终效果\10\设置数据字段的数字格式.xlsx

❶打开本实例的原始文件，切换到数据透视表中，在"求和项：金额"字段所在的单元格 A3 上单击鼠标右键，从弹出的快捷菜单中选择【值字段设置】菜单项。

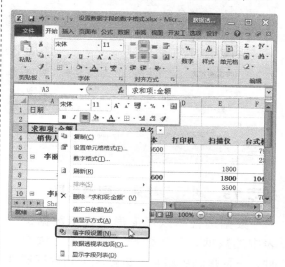

❷ 弹出【值字段设置】对话框，单击
数字格式(N) 按钮。

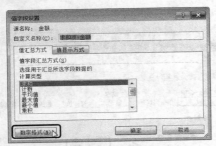

❸ 弹出【设置单元格格式】对话框，用户可
以根据需要设置数字格式。

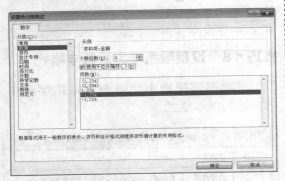

❹ 单击 确定 按钮返回工作表中，即可
看到数字格式的设置效果。

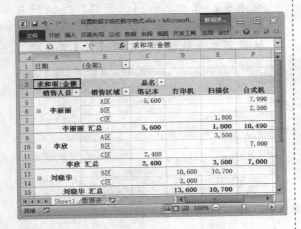

技巧 19 利用透视表创建透视图

　　数据透视图以图形形式表示数据透视
表中的数据。创建数据透视图的方法有两
种，一种是利用原有的数据源创建数据透视

图，另一种是在数据透视表的基础上创建数
据透视图。下面介绍如何在数据透视表的基
础上创建数据透视图。

本实例的原始文件和最终效果所在位置如下。		
	原始文件	素材\原始文件\10\利用透视表创建透视图.xlsx
	最终效果	素材\最终效果\10\利用透视表创建透视图.xlsx

❶ 打开本实例的原始文件，切换到数据透视
表中，单击数据区域的任意单元格，然
后切换到【数据透视表工具】栏中的【选
项】选项卡中，单击【工具】组中【数
据透视图】按钮。

❷ 弹出【插入图表】对话框，切换到【柱形
图】选项卡中，选择【簇状柱形图】选
项，单击 确定 按钮。

❸ 即可在数据透视表中创建一个数据透视
图，调整其大小和位置，效果如图所示。

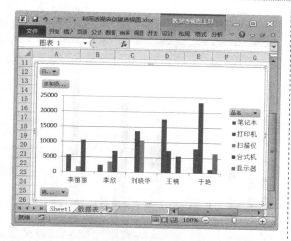

技巧 20 移动数据透视图的位置

对于已经创建在工作表中的数据透视图,用户也可以将其移动到其他的工作表中。

本实例的原始文件和最终效果所在位置如下。	
原始文件	素材\原始文件\10\移动数据透视图的位置.xlsx
最终效果	素材\最终效果\10\移动数据透视图的位置.xlsx

❶打开本实例的原始文件,切换到数据透视表 Sheet1,选中数据透视图,单击鼠标右键,从弹出的快捷菜单中选择【移动图表】菜单项。

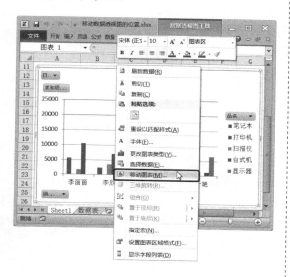

❷弹出【移动图表】对话框,在【选择放置图表的位置】组合框中选中【新工作表】单选钮,在右侧的文本框中显示了要插入的新工作表的名称"Chart1"。

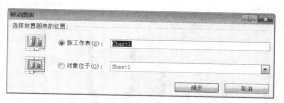

❸单击 确定 按钮,即可将数据透视图移动到新建的工作表"Chart1"中。

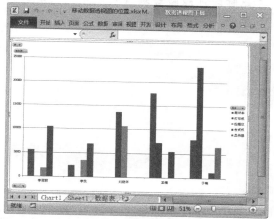

技巧 21 隐藏数据透视图中的字段按钮

如果不希望显示数据透视图中的字段按钮,可以将其隐藏。

本实例的原始文件和最终效果所在位置如下。	
原始文件	素材\原始文件\10\隐藏数据透视图字段按钮.xlsx
最终效果	素材\最终效果\10\隐藏数据透视图字段按钮.xlsx

❶打开本实例的原始文件,切换到工作表 Chart1 中,选中数据透视图,切换到【数据透视图工具】栏中的【分析】选项卡中,单击【显示/隐藏】组中的【字段按钮】按钮的下半部分按钮,从弹出的下拉列表中选择【全部隐藏】选项。

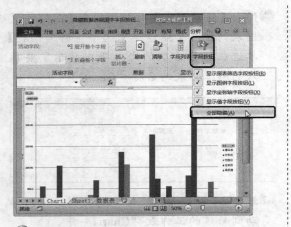

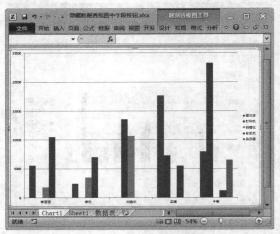

2 此时即可隐藏数据透视图中的所有字段
按钮。

若要显示字段按钮，再次单击【字段按
钮】按钮 的下半部分按钮 ，从弹出的下
拉列表中再次选择【全部隐藏】选项即可。

第 11 章
公式与函数

　　Excel 2010 不仅能够存储数据，而且具有很强的计算功能，利用 Excel 2010 可以对报表数据进行各种复杂的运算。同时 Excel 2010 提供了丰富的函数种类，用户可以直接在公式中使用系统预设的函数。本章介绍有关公式和函数的使用技巧和方法。

要 点 导 航

- 单元格引用
- 批量创建名称
- 输入数组公式
- 合并字符串
- 使用函数格式化数值
- 复杂公式分步看

技巧 1　公式输入方法介绍

公式是对工作表数据进行运算的方程式。公式由运算符、常量、单元格地址和函数等元素构成。在 Excel 中公式必须以 "=" 号开头。

函数是系统预设的特殊公式，可直接在公式中使用。Excel 中的函数由 3 部分组成。例如函数 SUM(A1:F1) 表示对单元格区域 A1:F1 内的数据进行求和，其组成部分如下。

函数名：函数的标识，通常以函数的功能命名，例如 SUM、AVERAGE、MAX 等。

括号：函数名后有一对圆括号，包含函数的参数。

参数：表示函数中使用的值或单元格（区域），例如 "A1:F1"。有些函数没有参数。

要输入函数公式，可根据需要选择以下 3 种方法。

本实例的原始文件和最终效果所在位置如下。	
原始文件	素材\原始文件\11\公式输入方法介绍.xlsx
最终效果	素材\最终效果\11\公式输入方法介绍.xlsx

手工输入

如果需要输入的公式很简单，或者用户对函数很了解，那么就可以直接在单元格中输入函数公式。在输入的时候要注意：公式中的各种标点符号应该在英文输入法状态下输入。

❶ 打开本实例的原始文件，切换到工作表 Sheet1 中，选中单元格 K2，输入公式 "=SUM("。

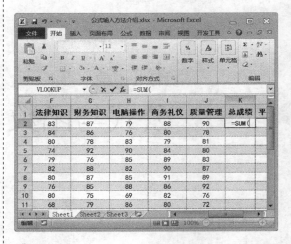

❷ 拖动鼠标选中单元格区域 D2:J2，即可将该区域引用到公式中，省去了手工输入的麻烦。

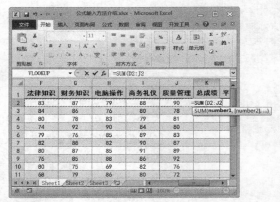

❸ 输入右括号 ")"。

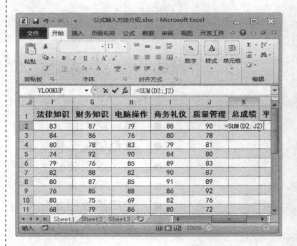

④按【Enter】键即可求出合计值。

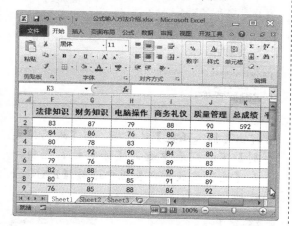

● **使用选项卡按钮**

　　对于一些常用的函数，用户可以使用【开始】选项卡中的【求和】按钮 Σ，及其右侧下拉列表中的函数选项来快速地进行输入。

① 选中单元格 K3，切换到【开始】选项卡中，单击【编辑】组中的【求和】按钮 Σ。

② 即可在单元格 K3 中自动输入公式"=SUM(D3:J3)"。

③按【Enter】键，即可显示出求和结果。

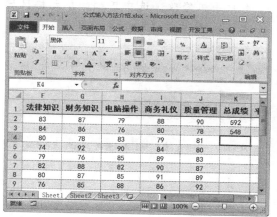

④选中单元格 L2，单击【编辑】组中的【求和】按钮 Σ 右侧的下箭头按钮，从弹出的下拉列表中选择【平均值】选项。

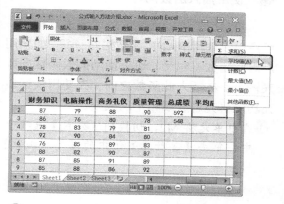

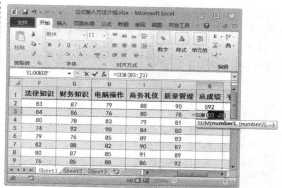

⑤ 即可在单元格 L2 中自动输入公式"=AVERAGE(D2:K2)"。

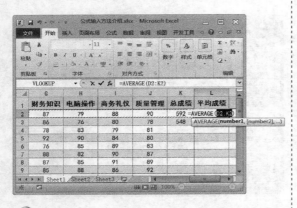

6 系统自动选择的参数区域并不正确，需要用户手工修改。选中正确的单元格区域 D2:J2，然后按【Enter】键即可。

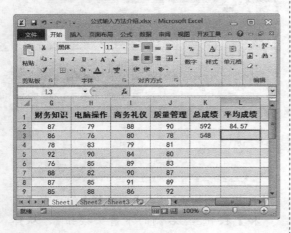

使用插入函数向导

要对员工培训成绩的总成绩进行排名，用户可以使用 RANK 函数进行计算，如果用户对此函数不熟悉，可以使用插入函数向导来输入。在插入此函数之前，先使用快速填充功能填充总成绩和平均成绩。

1 选中单元格 M2，切换到【公式】选项卡中，单击【函数库】组中的【插入函数】按钮。

2 弹出【插入函数】对话框，在【或选择类别】下拉列表中选择【兼容性】选项，在【选择函数】列表框中选择【RANK】选项。

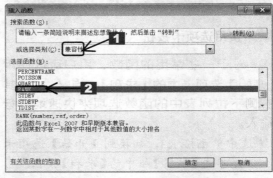

3 单击 确定 按钮，弹出【函数参数】对话框，在【Number】文本框中输入"K2"，在【Ref】文本框中输入"$K$2:$K$24"。

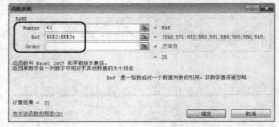

4 单击 确定 按钮返回工作表中，即可看到计算结果。

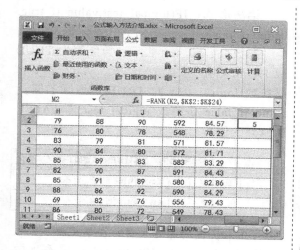

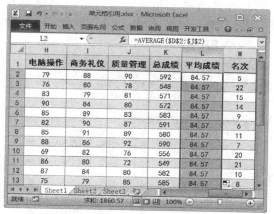

技巧2　单元格引用

公式中对单元格的引用分为3种：相对引用、绝对引用和混合引用。当复制公式时，引用方式不同，Excel 的处理方式也不同。

本实例的原始文件和最终效果所在位置如下。		
	原始文件	素材\原始文件\11\单元格引用.xlsx
	最终效果	素材\最终效果\11\单元格引用.xlsx

● 绝对引用

绝对引用是指引用某特定位置的单元格。绝对引用要在行号和列号前面都加上一个"$"符号。如果公式中的引用是绝对引用，那么复制后的公式引用不会因为位置改变而变化。

打开本实例的原始文件，在单元格 L2 中输入公式"=AVERAGE($D$2:$J$2)"，然后拖动复制到单元格 L23，由于复制后的公式引用没有变化，所以得到的计算结果是相同的，都是计算单元格区域 D2:J2 的平均值。

● 相对引用

相对引用是指单元格引用会随公式所在单元格的位置的变化而变化。在复制包含相对引用的公式时，Excel 将自动调整复制公式中的引用，以便引用相对于当前公式位置的其他单元格。

① 将单元格区域 L2:L23 中的公式删除，选中单元格 L2，输入公式"=AVERAGE (D2:J2)"，然后选中单元格 L2，将鼠标指针移至该单元格右下角，当鼠标指针变成 ＋ 形状时，按住鼠标左键并拖动到单元格 L23 后，释放鼠标左键即可完成公式的自动填充。

❷此时其他单元格中的公式会自动进行调整，例如单元格 L3 中的公式为"=AVERAGE(D3:J3)"。

混合引用

除了相对引用和绝对引用之外，还有混合引用。混合引用是相对引用和绝对引用的混合使用。当用户需要固定某行引用而改变列的引用，或者固定列的引用而改变行的引用时，就可以使用混合引用。

例如 A\$3 表示对列 A 是相对引用，对行 3 是绝对引用，而 \$B1 表示对列 B 是绝对引用，对行 1 是相对引用。当复制包含混合引用的公式时，其中的绝对引用保持不变，而相对引用则发生变化。

技巧 3 使用嵌套函数

当函数的参数也是函数时，可以称为函数的嵌套。

下面以评定员工的培训成绩为例，介绍嵌套函数的使用方法。假设平均分数大于等于 85 为"优秀"，大于等于 70 小于 85 为"良好"，大于等于 60 分小于 70 为"及格"，小于 60 分为"不及格"。

可以使用 IF 函数的嵌套来实现上述成绩的评定。IF 函数是逻辑函数，其功能是根据逻辑计算的真假值，返回不同结果。

语法形式：IF(logical_test,value_if_true, value_if_false)

参数 logical_test 表示计算结果为 TRUE 或 FALSE 的任意值或表达式，value_if_true 是参数 logical_test 为 TRUE 时返回的值，value_if_false 是参数 logical_test 为 FALSE 时返回的值。

	本实例的原始文件和最终效果所在位置如下。
原始文件	素材\原始文件\11\使用嵌套函数.xlsx
最终效果	素材\最终效果\11\使用嵌套函数.xlsx

❶打开本实例的原始文件，在单元格 N2 中输入公式 " =IF(L2>=85," 优秀 ",IF(L2>=70,"良好",IF(L2>=60,"及格","不及格")))"，单击编辑栏中的【输入】按钮✓，得到评价结果为"良好"。

❷将单元格 N2 中的公式向下复制填充，即可得到员工的培训成绩评价结果。

技巧4 批量创建名称

用户可以根据所选内容批量创建名称。

本实例的原始文件和最终效果所在位置如下。	
原始文件	素材\原始文件\11\批量创建名称.xlsx
最终效果	素材\最终效果\11\批量创建名称.xlsx

● 返回多个结果

❶ 打开本实例的原始文件,选中单元格区域A1:F13,切换到【公式】选项卡中,单击【定义的名称】组中的 根据所选内容创建 按钮。

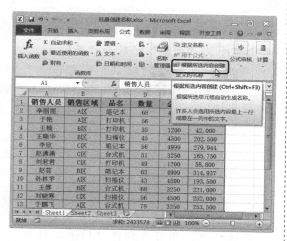

❷ 弹出【以选定区域创建名称】对话框,在【以下列选定区域的值创建名称】组合框中选中【首行】复选框。

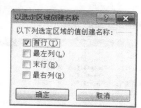

❸ 单击 确定 按钮,即可在工作表中一次性创建6个名称,这些名称自动以区域中的标题行内容来命名。用户可以按【Ctrl】+【F3】组合键打开【名称管理器】对话框来查看。

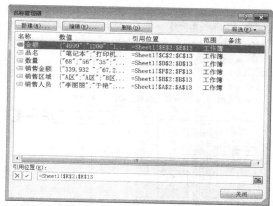

提示

已经创建的名称,如果希望进行修改或删除,可以打开【名称管理器】进行操作。

技巧5 查看和修改名称

对工作表中区域创建名称之后,用户可以通过【名称管理器】对其进行查看和修改等操作。

本实例的原始文件和最终效果所在位置如下。	
原始文件	素材\原始文件\11\查看和修改名称.xlsx
最终效果	素材\最终效果\11\查看和修改名称.xlsx

1. 导出名称列表

在【名称管理器】对话框中可以查看当前工作簿中所包含的所有名称,如果定义的名称非常多,不便于查看,也可以将名称列表导出在该工作表中显示。

❶ 打开本实例的原始文件,在工作表Sheet1中选中任意空白单元格,切换到【公式】选项卡中,单击【定义的名称】组中的 用于公式 按钮,从弹出的下拉列表中选择【粘贴名称】选项。

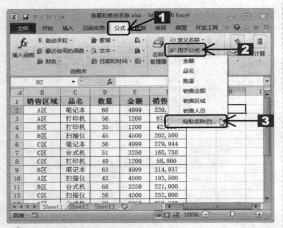

② 弹出【粘贴名称】对话框,在【粘贴名称】列表框中显示出需要粘贴的所有名称,单击 粘贴列表(L) 按钮。

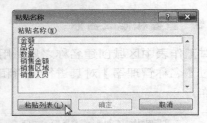

③ 即可将名称列表导出到工作表中。

2. 编辑修改名称

如果要修改工作簿中已定义的名称,可以使用【名称管理器】对话框来进行操作。

① 按【Ctrl】+【F3】组合键,弹出【名称管理器】对话框,选中需要编辑的名称,单击 编辑(E)... 按钮。

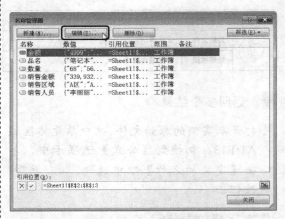

② 弹出【编辑名称】对话框,在【名称】文本框中将"金额"修改为"单价"。

③ 单击 确定 按钮返回【名称管理器】对话框中,即可看到修改结果,设置完毕单击 关闭 按钮关闭【名称管理器】对话框。

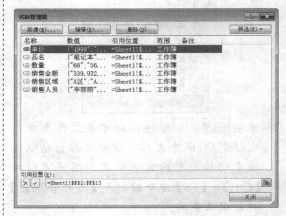

提示

原有名称的作用范围无法更改，如果希望在【名称管理器】对话框的【引用位置】文本框中修改使用左右方向键来移动光标位置，需要先按下【F2】键切换到编辑模式，否则在默认状态下此编辑框处于点选模式，使用方向键将会在其中插入单元格的引用。

3. 删除名称

如果定义的名称没有作用，可以删除这些名称，打开【名称管理器】对话框，在其中选中需要删除的名称，单击 删除(D) 按钮即可将名称删除。

技巧6 输入数组公式

使用数组公式可以执行多个计算并返回多个或单个结果。

本实例的原始文件和最终效果所在位置如下		
	原始文件	素材\原始文件\11\输入数组公式.xlsx
	最终效果	素材\最终效果\11\输入数组公式.xlsx

● 返回多个结果

❶ 打开本实例的原始文件，选中单元格区域D3:D8，输入"="，然后选中单元格区域B3:B8。

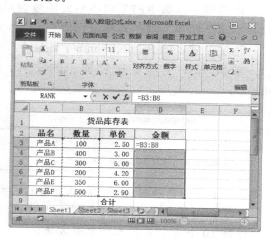

❷ 输入"*"，然后选中单元格区域C3:C8。

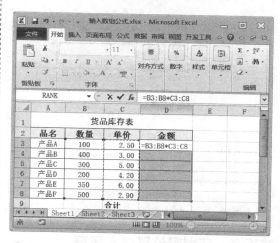

❸ 按下【Ctrl】+【Shift】+【Enter】组合键，完成数组公式的输入，此时可同时得到多个计算结果。

● 返回单个结果

选中单元格D9，输入公式"=SUM(B3:B8*C3:C8)"，然后按下【Ctrl】+【Shift】+【Enter】组合键，即可得到金额的合计值。

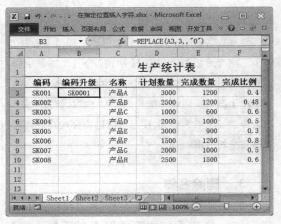

❷将单元格 B3 中的公式向下复制填充，即可得到其他产品编码升级后的编码。

技巧 7 在指定位置插入字符

使用 REPLACE 函数可以在字符串的指定位置插入字符。REPLACE 函数的功能是使用其他文本字符串并根据所指定的字符数替换某文本字符串中的部分文本。

语法形式：REPLACE(old_text,start_num,num_chars,new_text)

参数 old_text 是要替换其部分字符的文本，start_num 是要用 new_text 替换的 old_text 中字符的位置，num_chars 是希望 REPLACE 使用 new_text 替换 old_text 中字符的个数，new_text 是要用于替换 old_text 中字符的文本。

本实例的原始文件和最终效果所在位置如下。	
原始文件	素材\原始文件\11\在指定位置插入字符.xlsx
最终效果	素材\最终效果\11\在指定位置插入字符.xlsx

❶打开本实例的原始文件，选中单元格 B3，输入公式"=REPLACE(A3,3,,"0")"，即可将原编码"SK001"升级为"SK0001"。

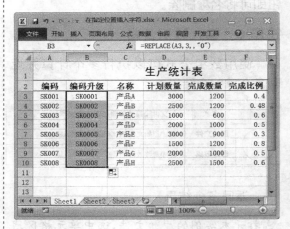

技巧 8 重复字符串

可以通过函数 REPT 来不断地重复显示某一文本字符串，对单元格进行填充。

语法形式：REPT(text,number_times)

参数 text 为需要重复显示的文本，number_times 是指定文本重复次数的整数。

本实例的原始文件和最终效果所在位置如下。	
原始文件	素材\原始文件\11\重复字符串.xlsx
最终效果	素材\最终效果\11\重复字符串.xlsx

❶打开本实例的原始文件，在单元格 G3 中输入公式"=REPT($H$2,INT(F3*10))"，即每 10 个百分点插入一个小方块。

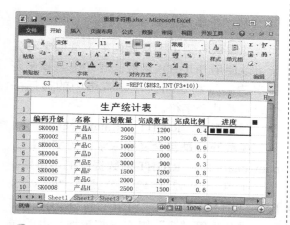

❷ 将单元格 G3 中的公式向下填充，然后设置单元格区域 G3:G10 的字体颜色设置为浅蓝。

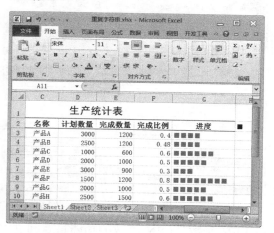

技巧 9　合并字符串

使用文本合并符"&"或 CONCATENATE 可以将需要合并的字符串进行合并。

CONCATENATE 函数的语法形式：
CONCATENATE(text1,text2,...)

参数 text1,text2,……为 1 到 30 个将要合并成单个文本项的文本项。这些文本项可以是文本字符串、数字或对单个单元格的引用。

使用文本合并符"&"可以将符号两边的内容作为文本进行连接，使用该方法比较灵活简便。

本实例的原始文件和最终效果所在位置如下。	
原始文件	素材\原始文件\11\合并字符串.xlsx
最终效果	素材\最终效果\11\合并字符串.xlsx

❶ 打开本实例的原始文件，在单元格 C2 中输入公式"=A2&B2"，单击编辑栏中的【输入】按钮☑，即可将"姓"和"名"连接为一个文本。

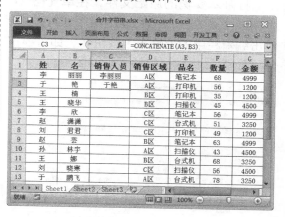

❷ 也可以使用 CONCATENATE 函数，选中单元格 C3，输入公式"=CONCATENATE (A3,B3)"，单击编辑栏中的【输入】按钮☑，得到的结果如图所示。

技巧 10　根据标识符截取字符串

常用的文本提取函数有 LEFT 函数、MID 函数和 RIGHT 函数。如果结合 FIND 函数使用就可以实现根据标识符截取字符串的目的。FIND 函数可以返回某一字符在一个字符串中出现的位置。

语法形式：FIND(find_text,within_text, start_num)

参数 find_text 为要查找的文本，within_text 为包含要查找文本的文本，start_num 指定要从其开始搜索的字符。within_text 中的首字符是编号为 1 的字符。如果省略 start_num，则假设其值为 1。

本实例的原始文件和最终效果所在位置如下	
原始文件	素材\原始文件\11\根据标识符截取字符串.xlsx
最终效果	素材\最终效果\11\根据标识符截取字符串.xlsx

从字符串左侧截取字符

如果从左侧（即从前向后）截取字符，就可以使用 LEFT 函数。其功能是基于所指定的字符数返回文本字符串中的第一个或前几个字符。

语法形式：LEFT(text,num_chars)

参数 text 是包含要提取字符的文本串，num_chars 指定要由 LEFT 所提取的字符数。

打开本实例的原始文件，在单元格 G2 中输入公式"=LEFT(F2,FIND("-",F2) – 1)"，单击编辑栏中的【输入】按钮，即可根据分隔符"-"提取出电话号码的区号。

从字符串右侧截取字符

如果从右侧（即从后向前）截取字符，就可以使用 RIGHT 函数。其功能是基于所指定的字符数返回文本字符串中的最后一个或者多几个字符。

语法形式：RIGHT(text,num_chars)

参数 text 是包含要提取字符的文本串，num_chars 为由 RIGHT 函数提取的字符数。

在单元格 I2 中输入公式"="www."&RIGHT(H2,LEN(H2) – FIND("@",H2))"，即可根据分隔符"@"提取出邮箱地址中的域名，并加上前缀"www."。

在此公式中使用到了文本合并符"&"和 LEN 函数。LEN 函数的功能是返回文本字符串中的字符数。

技巧 11　从身份证号码中提取信息

身份证号码中包含个人的重要信息，从身份证号码中可以解读出籍贯地区信息、出生日期和性别信息。

对于 18 位身份证号码来说，其中 1～6 位为地区代码；7～14 位为出生年月日；15～17 位为顺序码，用于判断性别，奇数为男，偶数为女；18 位为校验位。

知道了身份证号码的含义，就可以使用相关的文本函数从中提取有效信息了。

MID 函数的功能是返回文本字符串中从指定位置开始的特定数目的字符。

语法形式：MID(text,start_num,num_chars)

参数 text 是包含要提取字符的文本字符串，start_num 是文本中要提取的第一个字符的位置，num_chars 指定由 MID 函数从文本字符串中返回的字符的个数。

本实例的原始文件和最终效果所在位置如下。	
原始文件	素材\原始文件\11\从身份证号码中提取信息.xlsx
最终效果	素材\最终效果\11\从身份证号码中提取信息.xls

● 提取出生日期信息

打开本实例的原始文件，在单元格 D2 中输入公式"=DATE(MID(B2,7,4),MID(B2,11,2),MID(B2,13,2))"，即可从身份证号码中得到生日信息。

在此公式中首先通过 MID 函数分别得到年、月、日 3 个字符串，然后使用 DATE 函数返回日期序列。

● 提取性别信息

在单元格 C2 中输入公式"=IF(MOD(MID(B2,17,1),2)=0,"女","男")"，即可得到性别信息。

此公式使用 MID 函数从身份证号码的第 17 位提取 1 个字符，然后利用 MOD 函数返回字符与 2 相除的余数，最后使用 IF 函数判断余数为 0，就返回"女"，否则返回"男"。

技巧 12　使用函数格式化数值

使用 TEXT 函数可以将数值转换为按指定数字格式表示的文本。

语法形式：TEXT(value,format_text)

使用 TEXT 函数会将数值转换为带格式的文本，而结果将不再作为数字参与计算。

本实例的原始文件和最终效果所在位置如下。	
原始文件	素材\原始文件\11\使用函数格式化数值.xlsx
最终效果	素材\最终效果\11\使用函数格式化数值.xlsx

● 中文日期转换

下面介绍如何使用 TEXT 函数将以数字表示的日期，转换为中文小写或大写本文。

❶ 打开本实例的原始文件，在单元格 B2 中输入公式"=TEXT(A2,"[DBNUM1]")"，在单元格 C2 中输入公式"=TEXT(A2,"[DBNUM2]")"。

② 在单元格 B3 中输入公式 "=TEXT(A3, "[DBNUM1]0")"，在单元格 C3 中输入公式 "=TEXT(A4,"[DBNUM2]0")"。这里在 [DBNUM1]和[DBNUM2]后加 0 的目的是让数字逐位转换。

	A	B	C	D
1	数据	中文小写	中文大写	说明
2	2014	二千〇一十四	贰仟零壹拾肆	常规转换
3	2014	二〇一四	贰零壹肆	逐位转换
4	2014			中文年份
5	2014/1/1			中文年月日

③ 在单元格 B4 中输入公式 "=TEXT(A4, "[DBNUM1]0 年")"，在单元格 C4 中输入公式 "=TEXT(A4,"[DBNUM2]0 年")"。

	A	B	C	D
1	数据	中文小写	中文大写	说明
2	2014	二千〇一十四	贰仟零壹拾肆	常规转换
3	2014	二〇一四	贰零壹肆	逐位转换
4	2014	二〇一四年	贰零壹肆年	中文年份
5	2014/1/1			中文年月日

④ 在单元格 B5 中输入公式 "=TEXT(A5, "[DBNUM1]yyyy 年 m 月 d 日")"，在单元格 C5 中输入公式 "=TEXT(A5, "[DBNUM2]yyyy 年 m 月 d 日")"，可分别得到中文日期的小写和大写形式。

	A	B	C	D
1	数据	中文小写	中文大写	说明
2	2014	二千〇一十四	贰仟零壹拾肆	常规转换
3	2014	二〇一四	贰零壹肆	逐位转换
4	2014	二〇一四年	贰零壹肆年	中文年份
5	2014/1/1	二〇一四年一月一日	贰零壹肆年壹月壹日	中文年月日

货币金额转换

下面介绍如何使用 TEXT 函数将数字转换为指定的货币格式。

① 切换到工作表"货币金额"中，在单元格 B2 中输入公式 "=TEXT(A2,"¥#,##0.00")"，可将单元格 A2 中的数值转换为人民币货币格式。

	A	B	C	D
1	数据	转换后	说明	
2	2014.8	¥2,014.80	人民币货币格式	
3	2000		美元货币格式	
4	425		使用RMB函数	
5	15.5		中文金额大写	

② 在单元格 B3 中输入公式 "=TEXT(A3, "$#,##0.00")"，可将单元格 A3 中的数值转换为美元货币格式。

	A	B	C	D	E
1	数据	转换后	说明		
2	2014.8	¥2,014.80	人民币货币格式		
3	2000	$2,000.00	美元货币格式		
4	425		使用RMB函数		
5	15.5		中文金额大写		

③ 还可以使用 RMB 函数将数字转化为人民币货币格式，例如在单元格 B4 中输入公式 "=RMB(A4,3)"，其中参数 3 表示保留 3 位小数。

	A	B	C	D
1	数据	转换后	说明	
2	2014.8	¥2,014.80	人民币货币格式	
3	2000	$2,000.00	美元货币格式	
4	425	¥425.000	使用RMB函数	
5	15.5		中文金额大写	

④ 在单元格 B5 中输入公式 "=TEXT(A5*100, "[DBNUM2]0佰 0 拾 0 元 0 角 0 分")"，可将单元格 A5 中的数值转换为中文大写金额。

	A	B	C	D
1	数据	转换后	说明	
2	2014.8	¥2,014.80	人民币货币格式	
3	2000	$2,000.00	美元货币格式	
4	425	¥425.000	使用RMB函数	
5	15.5	零佰壹拾伍元伍角零分	中文金额大写	
6				

技巧 13　员工生日提醒

为了创建一种和谐的工作氛围，许多公司都会在员工过生日时送上一份生日礼物，为了避免员工的生日遗漏，可以使用相关函数来"提醒"。

	本实例的原始文件和最终效果所在位置如下。	
◎	原始文件	素材\原始文件\11\员工生日提醒.xlsx
	最终效果	素材\最终效果\11\员工生日提醒.xlsx

① 打开本实例的原始文件，选中单元格 B17，输入公式 "=TODAY()"，单击编辑栏中的【输入】按钮☑，即可显示出当前日期。

❷选中单元格 E2，输入公式"=IF(DATEDIF(D2-7,TODAY(),"Yd")<=7,"提醒","")"，单击编辑栏中的【输入】按钮✓。

❸将该公式向下复制填充，如果存在 7 天内即将过生日的员工，就会在相应的单元格中显示"提醒"。

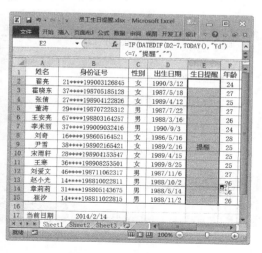

技巧 14 计算员工的工龄

本技巧介绍如何使用 TODAY 函数和 ROUNDDOWN 函数计算员工的工龄。

ROUNDDOWN 函数的功能是向下舍入数字。

语法形式：ROUNDDOWN(number, num_digits)

参数 number 为需要向下舍入的任意实数。num_digits 为需要保留的小数位数或四舍五入后的数字的位数；如果 num_digits 大于 0，则向下舍入到指定的小数位，如果 num_digits 等于 0，则向下舍入到最接近的整数；如果 num_digits 小于 0，则在小数点左侧向下进行舍入。

本实例的原始文件和最终效果所在位置如下。	
原始文件	素材\原始文件\11\计算员工的工龄.xlsx
最终效果	素材\最终效果\11\计算员工的工龄.xlsx

假设从入职日期开始计算工龄，其中工龄每满 1 年计 1 年工龄，满 1 年未满 2 年按 1 年计算，满 2 年未满 3 年按 2 年计算，依次类推。

打开本实例的原始文件，选中单元格 G2，输入公式"=ROUNDDOWN((TODAY()-F2)/365,0)"，单击编辑栏中的【输入】按钮✓，计算出该员工工龄并使用快速填充功能向下填充公式。

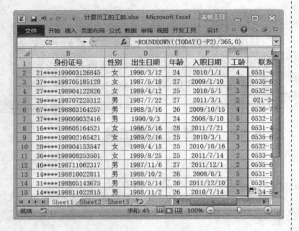

技巧 15 轻松调用表数据

查找与引用函数可以用来在数据清单或表格的指定单元格区域内查找特定内容。

INDIRECT 函数是根据第一参数的文本字符串返回字符串所代表的单元格引用。

语法形式：INDIRECT(ref_text,a1)

ref_text 可以是 a1 引用样式的字符串，也可以是已定义的名称。

本实例的原始文件和最终效果所在位置如下。	
原始文件	素材\原始文件\11\轻松调用表数据.xlsx
最终效果	素材\最终效果\11\轻松调用表数据.xlsx

❶打开本实例的原始文件,选中单元格区域 B2:B8,切换到【公式】选项卡,单击【定义的名称】组中的 定义名称 按钮。

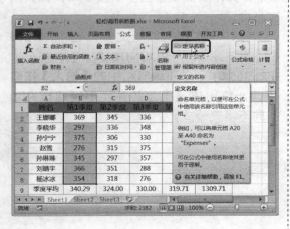

❷弹出【新建名称】对话框,在【名称】文本框中输入"第1季度"。

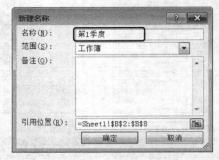

❸单击 确定 按钮,按照相同的方法分别定义其他 3 个季度的名称。

❹选中单元格 B13,输入公式"=AVERAGE (INDIRECT(B12))",单击编辑栏中的【输入】按钮 ✓,即可查找出第 3 季度的平均销售额。

INDIRECT 函数是易失性函数，因此如果在较多公式中使用，会使工作簿运行变慢。

如果 INDIRECT 函数创建对另一个工作簿的引用，被引用工作簿必须打开，否则公式的结果为 #REF!错误。

技巧 16 返回指定时间段的销售额

用户可以用 INDIRECT 函数来查找与引用指定时间段的数据。

本实例的原始文件和最终效果所在位置如下。	
原始文件	素材\原始文件\11\返回指定时间段的销售额.xlsx
最终效果	素材\最终效果\11\返回指定时间段的销售额.xlsx

打开本实例的原始文件，选中单元格 B14，输入公式"=SUM(INDIRECT("R"&MA-TCH(B12,A:A,)&"C"&B13+1&":C5",0))"，单击编辑栏中的【输入】按钮 ✔，即可查找出员工"刘靖宇"从第 2 季度到第 4 季度的销售额。

技巧 17 员工基本信息查询

VLOOKUP 函数是使用频率最高的查找函数之一，本技巧将介绍如何使用该函数实现员工信息的查询功能。

VLOOKUP 函数的功能是搜索表区域首列满足条件的元素，确定待检索单元格在区域中的行序号，再进一步返回选定单元格的值。

语法形式： VLOOKUP(lookup_value, table_array,col_index_num,range_lookup)

参数 lookup_value 为需要在表格数组中第一列中查找的数值，table_array 为需要从中查找数据的数据区域，col_index_num 为 table_array 中待返回的匹配值的序列号，range_lookup 为逻辑值，指明函数 VLOOKUP 返回时是精确匹配还是近似匹配。如果 range_value 为 FALSE，返回精确匹配值并支持无序查找；如果 range_value 为 TRUE，则进行近似匹配查找，同时要求第 1 列数据按升序排列。

本实例的原始文件和最终效果所在位置如下。	
原始文件	素材\原始文件\11\员工基本信息查询.xlsx
最终效果	素材\最终效果\11\员工基本信息查询.xlsx

❶ 打开本实例的原始文件，选中单元格 B2，单击编辑栏中的【插入函数】按钮 ƒx。

❷ 弹出【插入函数】对话框，在【或选择类别】下拉列表中选择【查找与引用】选项，在【选择函数】列表框中选择【VLOOKUP】选项，然后单击 确定 按钮。

3 在【Lookup_value】文本框中输入"A2"，在【Table_array】文本框中输入"A5:I18"，【Col_index_num】文本框中输入"6"。

4 单击 确定 按钮返回工作表中，即可看到单元格 B2 中的公式为"=VLOOKUP(A2,A5:I18,6)"。

5 在单元格 C2 中输入公式"=VLOOKUP(A2,A5:I18,7)"，根据员工的姓名查找员工的工龄。

6 选中单元格 A2，输入想要查询员工的姓名，例如"王寒"，按【Enter】键，即可看到显示的查询结果。

技巧 18　批量制作工资条

如果用户对函数比较了解，那么还可以使用函数来快速制作工资条。

首先了解一下制作工资条将使用到的 CHOOSE 函数和 ROW 函数。

CHOOSE 函数的功能是使用 index_num 返回数值参数列表中的数值。其语法形式如下：

CHOOSE(index_num,value1,value2,...)

参数 index_num 用以指明待选参数序号的参数值，index_num 必须为 1 到 29 之间的数字，或者是包含数字 1 到 29 的公式或单元格引用，如果 index_num 为 1，函数 CHOOSE 返回 value1，如果为 2，函数 CHOOSE 返回 value2，依次类推。参数 value1，value2……为 1 到 29 个数值参数。

ROW 函数的功能是返回引用的行号。
语法形式：ROW(reference)

参数 reference 为需要得到其行号的单元格或单元格区域。

本实例的原始文件和最终效果所在位置如下。	
原始文件	素材\原始文件\11\批量制作工资条.xlsx
最终效果	素材\最终效果\11\批量制作工资条.xlsx

❶ 打开本实例的原始文件，切换到工作表 Sheet1 中，即可看到各员工的工资情况。

❷ 切换到工作表 Sheet2 中，选中单元格 A1，输入公式 "=OFFSET(Sheet1!A$1,CHOOSE(MOD(ROW(1:1),3)+1,2^19,0,(ROW(1:1)-1)/3+1),)&""""，单击编辑栏中的【输入】按钮✓，即可将工作表 Sheet1 中单元格 A1 中的内容返回到当前工作表的单元格 A1 中。

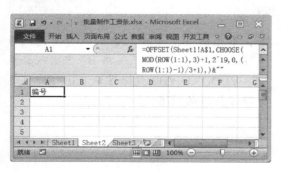

❸ 将单元格 A1 中的公式向右填充至 E 列，然后向下复制填充，得到的工资条如图所示。

技巧 19　逆向查询员工信息

一般情况下，VLOOKUP 函数无法处理从右向左的查询方向，如果被查找数据不在数据表的首列时，可以先将目标数据进行特殊的转换，再使用 VLOOKUP 函数来实现此类查询。

本实例的原始文件和最终效果所在位置如下。	
原始文件	素材\原始文件\11\逆向查询员工信息.xlsx
最终效果	素材\最终效果\11\逆向查询员工信息.xlsx

打开本实例的原始文件，选中单元格 B2，输入公式 "=VLOOKUP($A$2,IF({1,0},$B$5:$B$18,$A$5:$A$18),2,0)"，输入完毕单击编辑栏中的【输入】按钮✓，即可看到查询结果。

该公式中的"IF({1,0},$B$5:$B$18,$A$5:$A$18)"运用了 IF 函数改变列的顺序。当 IF 函数返回第 1 个参数为 1 时，返回第 2 个参数；第 1 个参数为 0 时，返回第 3 个参数。所以 {1,0} 对应的是第 2 个参数 $B$5:$B$18，0 对应的是第 3 个参数 $A$5:$A$18。

用户还可以使用公式"=VLOOKUP(A2,CHOOSE({1,2},$B$5:$B$18,$A$5:$A$18),2,0)"和"=INDEX($A$5:$A$18,MATCH(A2,$B$5:$B$18,0))"来逆向查询员工信息。

技巧 20 建立动态数据区域名称

统计函数中有 3 个基本的计数函数，分别是 COUNT 函数、COUNTA 函数和 COUNTBLANK 函数。其中 COUNT 函数可以统计数据表中包含数值的单元格个数，即空单元格、逻辑值、文本和错误值都将被忽略；COUNTA 函数可以统计指定单元格区域中非空单元格的个数；COUNTBLANK 函数则用于统计数据表中空单元格的个数。

本技巧介绍如何使用 OFFSET 函数和 COUNTA 函数建立动态区域名称。

本实例的原始文件和最终效果所在位置如下。		
	原始文件	素材\原始文件\11\建立动态数据区域名称.xlsx
	最终效果	素材\最终效果\11\建立动态数据区域名称.xlsx

①打开本实例的原始文件，切换到【公式】选项卡中，单击【定义的名称】组中的 定义名称 按钮。

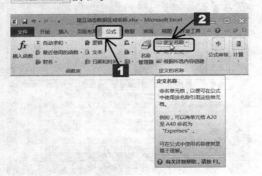

②弹出【新建名称】对话框，在【在当前工作簿中的名称】列表框中输入"数据区域"，在【引用位置】文本框中输入公式"=OFFSET(Sheet1!$A$5,0,0,COUNTA(Sheet1!$A$5:$A$100),10)"。

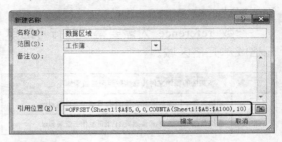

提示

公式"=OFFSET(Sheet1!$A$5,0,0,COUNTA(Sheet1!$A$5:$A$100),10)中的"Sheet1!$A$5:$A$100"是指引用的姓名区域，此处设置为引用至第 100 行，用户可以根据实际数据的多少设置该项。

③单击 确定 按钮返回工作表中，在数据表格下方添加一条员工记录。

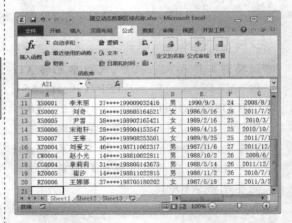

④在单元格 B2 中输入新加入员工的编号"RZ0006"，然后在单元格 B3 中输入公式"=VLOOKUP(B2,数据区域,2,0)"，即可返回该员工的姓名。

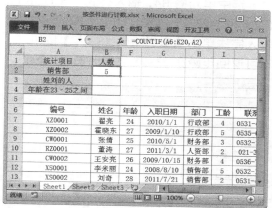

技巧 21　按条件进行计数

如果需要按照条件对数据进行统计，例如统计不同部门的员工人数，统计年龄在 20～30 的人数等，就可以使用统计函数中的 COUNTIF 函数。该函数的功能是用于计算区域中满足给定条件的单元格的个数。

COUNTIF 函数的语法形式：COUNTIF (range,criteria)

参数 range 为一个或多个要计算的单元格，空值和文本值将被忽略；criteria 为确定哪些单元格将被计算在内的条件。

本实例的原始文件和最终效果所在位置如下。	
原始文件	素材\原始文件\11\按条件进行计数.xlsx
最终效果	素材\最终效果\11\按条件进行计数.xlsx

● 单条件计数

打开本实例的原始文件，选中单元格 B2，输入公式"=COUNTIF(A6:K20,A2)"，单击编辑栏中的【输入】按钮 ✔，即可返回销售部的员工人数，用户也可以输入公式"=COUNTIF(A6:K20,"销售部")"，计算结果是一样的。

● 使用通配符

在 COUNTIF 函数的参数中，还可以使用 "*" 和 "?" 等通配符进行模糊统计。其中字符 "*" 表示任意多个字符，字符 "?" 表示单个字符。

在单元格 B3 中输入公式"=COUNTIF (B7:B20,"刘*")"，即可返回姓刘的员工人数。

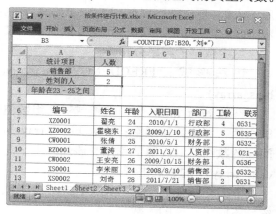

● 两个条件计数

虽然 COUNTIF 函数只能对单个条件进行计数，但对于一些两个条件的计数，也可以通过一定的算法来实现。

例如要统计年龄大于 23 岁且小于 25 岁的员工人数，就可以分别统计出年龄大于 20 岁和 25 岁的人数，然后将两者相减即是要求的结果。

选中单元格 B4，输入公式 "=COUNTIF(F7:F20,">23") − COUNTIF(F7:F20,">25")"，输入完毕单击编辑栏中的【输入】按钮✓，即可返回年龄在 23~25 之间的员工人数。

技巧 22 分段频数统计

如果需要对数据进行分段频数的统计，例如统计不同年龄段的人数或者不同分数段的人数，那么就可以使用 FREQUENCY 函数。该函数的功能是以一列垂直数组返回某个区域中数据的频率分布。

语法形式：FREQUENCY(data_array, bins_array)

参数 data_array 为一数组或对一组数值的引用，用来计算频率；参数 bins_array 为间隔的数组或对间隔的引用，该间隔用于对 data_array 中的数值进行分组。

下面介绍如何使用 FREQUENCY 函数统计不同年龄段的人数。

本实例的原始文件和最终效果所在位置如下。	
原始文件	素材\原始文件\11\分段频数统计.xlsx
最终效果	素材\最终效果\11\分段频数统计.xlsx

❶打开本实例的原始文件，选中单元格区域 B2:B5，然后单击编辑栏中的【插入函数】按钮 *fx*。

❷弹出【插入函数】对话框，在【或选择类别】下拉列表中选择【统计】选项，在【选择函数】列表框中选择【FREQUENCY】选项。

❸单击 [确定] 按钮弹出【函数参数】对话框，在【Data_array】文本框中输入 "F8:F21"，在【Bins_array】文本框中输入 "C2:C5"。

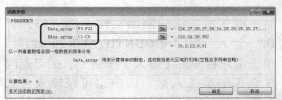

❹按下【Ctrl】+【Shift】组合键的同时单击 [确定] 按钮完成数组公式的输入，返回工作表中即可统计出不同年龄段人数。

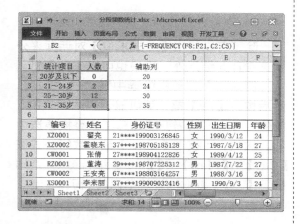

❸ 随即会显示表达式"C5"的求值结果，并以斜体表示。

❹ 继续单击 [求值(E)] 按钮，随即会显示表达式"MID("21****199003126845",7,4)"的结果为"1990"。

技巧 23　复杂公式分步看

为了更好地理解某个公式，可以使用【公式求值】对话框来逐步查看公式的计算过程。

本实例的原始文件和最终效果所在位置如下。	
原始文件	素材\原始文件\11\复杂公式分步看.xlsx
最终效果	素材\最终效果\11\复杂公式分步看.xlsx

❶ 打开本实例的原始文件，选中单元格 E5，切换到【公式】选项卡中，单击【公式审核】组中的 [公式求值] 按钮。

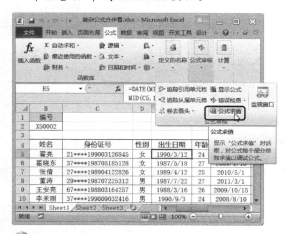

❷ 弹出【公式求值】对话框，此时在【求值】框中，表达式"C5"带有下划线，单击 [求值(E)] 按钮。

❺ 继续单击 [求值(E)] 按钮，可以看到该公式每一步的计算结果，直到求出最终结果，如果想要再次查看求值过程，可以单击 [重新启动(E)] 按钮，如果想要关闭该对话框，单击 [关闭(C)] 按钮即可。

技巧 24　快捷键的妙用

下面分别介绍【F4】键和【F9】键在公式编辑中的使用技巧。

●【F4】键

在 Excel 中，用户可以使用【F4】快捷键，在编辑栏中快速切换单元格的引用类型。

例如，在单元格 B4 中输入公式"=B2+B3"，然后在编辑栏中选中"B2"按下【F4】键，即可使其变成绝对引用形式"$B$2"。如果连续按下【F4】键，可以在相对引用、绝对引用、行绝对引用和列绝对引用之间进行切换。

●【F9】键

除了可以使用【公式求值】对话框来分步查看计算结果外，用户也可以【F9】键。

例如，在编辑栏中选中表达式"B2"，然后按下【F9】键，即可显示表达式"B2"的值为 5。如果需要用计算结果替换原选中的表达式，可按下【Enter】键（数组公式按【Ctrl】+【Shift】+【Enter】组合键），否则按下【Esc】键取消计算结果的显示。

PowerPoint 篇

PowerPoint 2010 是 Office 2010 中的一个幻灯片制作程序，主要用来创建和编辑用于幻灯片播放、会议和网页的演示文稿。PowerPoint 2010 是日常办公中必不可少的幻灯片制作工具，使用 PowerPoint 2010 可以快速制作出精美的演示文稿。

本篇介绍 PowerPoint 2010 在日常办公中的技巧。通过本篇的学习用户能够熟练地掌握幻灯片的编辑、优化等技巧，轻松地提高在日常工作中使用 PowerPoint 2010 的水平。

第 12 章
PPT 编辑技巧

本章内容主要包括演示文稿基本操作、幻灯片基本操作以及演示文稿视图设置等方面的相关技巧。

要 点 导 航

- 巧妙设置演示文稿结构
- 百变幻灯片
- 如何批量插入图片
- 巧把幻灯片变图片
- 合并比较演示文稿

技巧 1　巧妙设置演示文稿结构

　　PowerPoint 2010 为用户提供了"节"功能。使用该功能，用户可以快速为演示文稿分节，使其看起来更逻辑化。

本实例的原始文件和最终效果所在位置如下。	
原始文件	素材\原始文件\12\化妆品推广方案 01.pptx
最终效果	素材\最终效果\12\化妆品推广方案 01.pptx

❶ 打开本实例的原始文件，在演示文稿中选中第 1 张幻灯片，切换到【开始】选项卡，单击【幻灯片】组中的【节】按钮，从弹出的下拉列表中选择【新增节】选项。

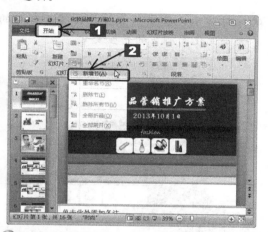

❷ 随即在选中的幻灯片的上方添加了一个无标题节。

❸ 选中无标题节，单击鼠标右键，从弹出的下拉菜单中选择【重命名节】菜单项。

❹ 弹出【重命名节】对话框，在【节名称】文本框中输入"封面"。

❺ 单击 重命名(R) 按钮，即可完成对节的重命名。

❻ 使用同样的方法，选中第 2 张幻灯片，添加节并将其重命名为"正文"。

❼选中最后一张幻灯片，按上述方法设置
"结束语"即可。

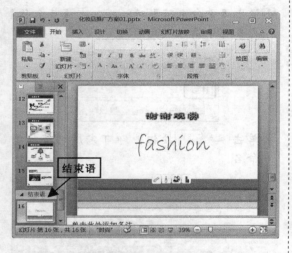

技巧 2 百变幻灯片

在 PowerPoint 2010 中，用户可以通过窗口右下角的"使幻灯片适应当前窗口"按钮，调整幻灯片的大小，使其随着窗口的大小变化而变化。

本实例的原始文件和最终效果所在位置如下。		
	原始文件	素材\原始文件\12\化妆品推广方案 01.pptx
	最终效果	素材\最终效果\12\化妆品推广方案 02.pptx

❶打开本实例的原始文件，在演示文稿窗口中，单击右下角的【使幻灯片适应当前窗口】按钮。

❷此时演示文稿中的幻灯片会随着窗口的大小变化而相应的发生变化。

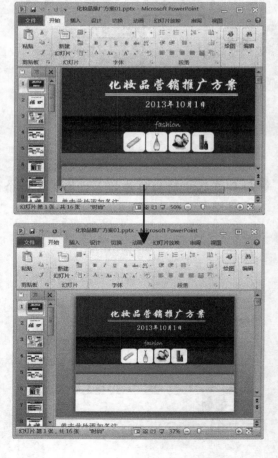

技巧 3　与众不同的项目符号

在编辑演示文稿时，除了使用简单的图形和 "1、2、3" 及 "a、b、c" 等编号作为项目符号外，还可以使用图片文件作为演示文稿的项目符号。

本实例的原始文件和最终效果所在位置如下。		
	原始文件	素材\原始文件\12\化妆品推广方案 03.pptx
	最终效果	素材\最终效果\12\化妆品推广方案 03.pptx

❶打开本实例的原始文件，选中第 2 张幻灯片，选中要插入项目符号的文本，然后单击鼠标右键，从弹出的快捷菜单中选择【项目符号】➢【项目符号和编号】菜单项。

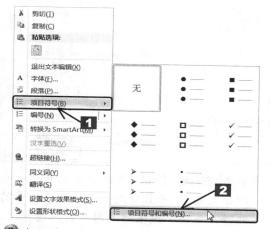

❷随即弹出【项目符号和编号】对话框，然后单击 图片(P)... 按钮。

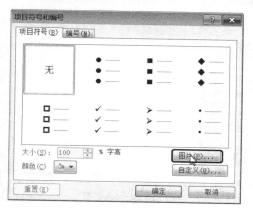

❸弹出【图片项目符号】对话框，从中选择想要作为项目符合的图片文件，然后单击 确定 按钮即可。

❹项目符号添加完毕，返回演示文稿中最终效果如图所示。

技巧 4　如何批量插入图片

如果需要在演示文稿中插入一整批图片，并且每张幻灯片中的图片都是按照一定的顺序进行排列，可以利用 PowerPoint 2010 提供的相册功能制作。

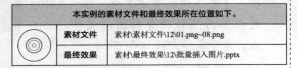

本实例的素材文件和最终效果所在位置如下。	
素材文件	素材\素材文件\12\01.png~08.png
最终效果	素材\最终效果\12\批量插入图片.pptx

批量插入图片的具体步骤如下。

① 启动 PowerPoint 2010，打开一个演示文稿 1，切换到【插入】选项卡，单击【图像】组中的【相册】按钮 相册 右侧的下箭头按钮，从弹出的下拉列表中选择【新建相册】选项。

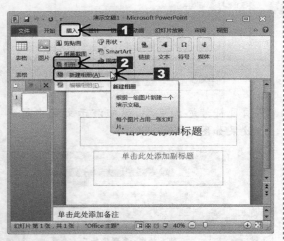

② 弹出【相册】对话框，在【插入图片来自】组合框中单击 文件/磁盘(F)... 按钮。

③ 弹出【插入新图片】对话框，在左侧选择要插入图片的保存位置，然后全部选中 "01.png~08.png"，单击 插入(S) 按钮。

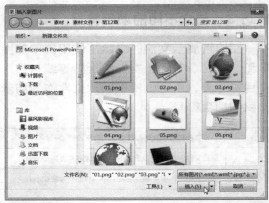

④ 即可返回【相册】对话框中，用户可以对图片的顺序、版式、亮度和对比度等进行调整。

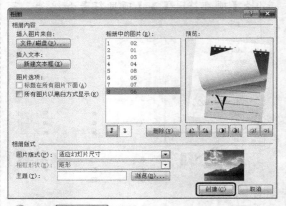

⑤ 单击 创建(C) 按钮，系统会自动新建一个演示文稿 2，并且得到一个纯白色背景的相册，省去了逐张插入图片的麻烦。

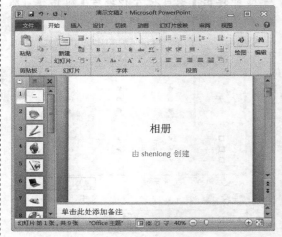

技巧 5　更改演示文稿视图方式

PowerPoint 2010 的视图方式主要包括普通视图、幻灯片浏览视图、阅读视图、幻灯片放映视图等。其中 PowerPoint 2010 的默认视图方式是普通视图，可用于撰写和设计演示文稿。

本实例的原始文件和最终效果所在位置如下。	
原始文件	素材\原始文件\12 更改演示文稿视图方式.pptx
最终效果	素材\最终效果\12\更改演示文稿视图方式.pptx

❶ 打开本实例的原始文件，即可看到默认情况下演示文稿的视图方式是普通视图。

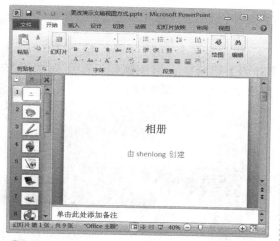

❷ 单击状态栏中的【幻灯片浏览】按钮 ⊞。

❸ 即可切换到幻灯片预览视图状态。

❹ 调整页面比例，即可看到该演示文稿中所有的幻灯片都显示出来，便于查看整个演示文稿的幻灯片效果，轻松进行移动、复制或删除等操作。

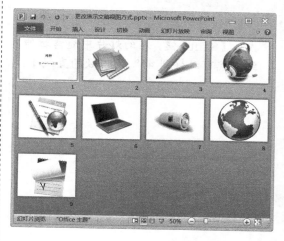

技巧 6　绘制 45°角倍数直线

在 PowerPoint 2010 演示文稿中，用户要在演示文稿中插入 45°角倍数的直线，例如水平线、垂直线等，如果使用插入形状的方法插入不可能保证角度准确，用户可以使用此技巧快速解决此问题。

❶启动 PowerPoint 2010，打开一个演示文稿 1，切换到【插入】选项卡下，单击【插图】组中的 形状 按钮，在弹出的下拉列表中选择【线条】➢【直线】选项。

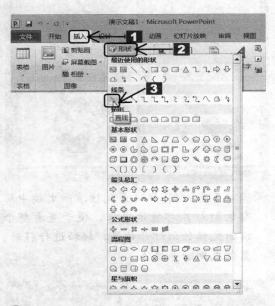

❷按住【Shift】键，在幻灯片中随意拉伸直线，就可以得到 45° 角倍数的直线了。

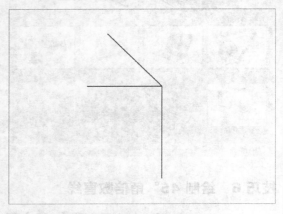

技巧 7　如何快速复制图形

复制图形常用的方法是复制和粘贴两个功能结合使用，在这里介绍使用快捷键和鼠标拖动的方法，更加方便快捷地复制图形。

方法一：

选中需要复制的图形，按下【Ctrl】键，拖动图形至任意位置，即可将图形复制到该位置。

方法二：

选中需要复制的图形，按下【Ctrl】+【Shift】组合键，拖曳鼠标，即可在水平方向或垂直方向复制图形。

技巧 8　巧把幻灯片变图片

PowerPoint 中的有些幻灯片制作地非常美观，用户如果想要对其进行保存，以便日后使用，可以将其转变成图片，方便用户的利用。

本实例的原始文件和最终效果所在位置如下。		
⊚	原始文件	素材\原始文件\12\化妆品推广方案 04.pptx
	最终效果	素材\最终效果\12\化妆品推广方案 04(文件夹)

把幻灯片变图片的具体步骤如下。

1 打开本实例的原始文件,在演示文稿窗口中单击 文件 按钮,然后从弹出的下拉菜单中选择【另存为】菜单项。

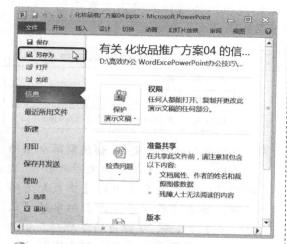

2 随即弹出【另存为】对话框,设置其保存位置,然后从【保存类型】下拉列表中选择【TIFF Tag 图像文件格式(*.tif)】选项。

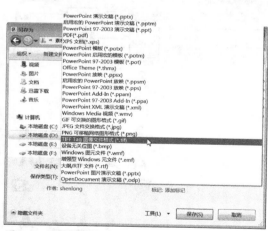

3 单击 保存(S) 按钮,弹出【Microsoft PowerPoint】提示对话框,单击 每张幻灯片(E) 按钮。

4 随即弹出【Microsoft PowerPoint】对话框,提示用户已经将幻灯片转换成图片文件并保存在相应位置。

5 直接单击 确定 按钮,此时即可在相应的位置创建一个名为"化妆品推广方案 04"的文件夹。双击打开该文件夹,即可看到幻灯片转换成的图片文件。

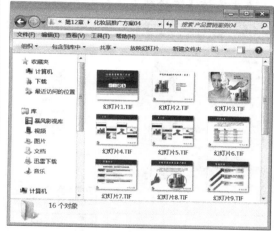

技巧 9 自动更新图像

PowerPoint 2010 中插入的图片,例如产品图片等,随着时间推移,会发生些许变动,用户可以使用图像的自动更新功能解决此问题。

图像的自动更新功能可以在幻灯片中随时反应图像源文件所做的修改。

本实例的素材文件、原始文件和最终效果所在位置如下。		
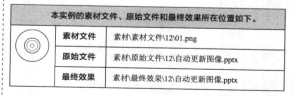	素材文件	素材\素材文件\12\01.png
	原始文件	素材\原始文件\12\自动更新图像.pptx
	最终效果	素材\最终效果\12\自动更新图像.pptx

1 打开本实例的原始文件,选中第 2 张幻灯片,切换到【插入】选项卡中,单击【图像】组中的【图片】按钮。

②弹出【插入图片】对话框，在左侧选择需要插入的图片的存放位置，然后选中图片，例如选择"01.png"，单击 插入(S) 按钮右侧的下箭头按钮，从弹出的下拉列表中选择【链接到文件】选项。

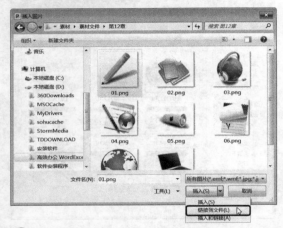

③即可在幻灯片中插入有链接的图片，当磁盘中的文件进行了修改，演示文稿中的图片也会自动更新。

技巧 10　用图片填充笔画

幻灯片中的文本都可以被应用艺术效果，如果文本内容已经存在于幻灯片中，可以通过应用快速样式来为文本添加一些艺术效果。

本实例的原始文件和最终效果所在位置如下。		
	素材文件	素材\素材文件\12\09.jpg
	原始文件	素材\原始文件\12\用图片填充笔画.pptx
	最终效果	素材\最终效果\12\用图片填充笔画.pptx

①打开本实例的原始文件，切换到第 2 张幻灯片中，选中文本框中的文字"水"，切换到【绘图工具】栏中的【格式】选项卡中，单击【艺术字样式】组中的【快速样式】按钮，从弹出的下拉列表框中选择合适的艺术字样式，例如选择【渐变填充-蓝色，强调文字颜色 1，轮廓-白色】选项。

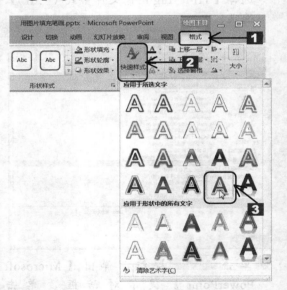

②返回幻灯片中，即可看到文字"水"的设置效果。

❸ 选中文字 "水"，按住鼠标左键不放拖动鼠标至合适位置然后释放，即可看到文字 "水" 被单独移动到指定位置，调整其他文字的位置，效果如图所示。

❺ 切换到【绘图工具】栏中的【格式】选项卡中，单击【艺术字样式】组中的【文本填充】按钮 ，右侧的下箭头按钮 ，从弹出的下拉列表中选择【图片】选项。

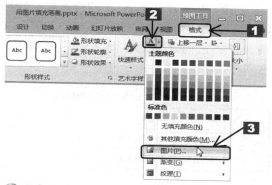

❹ 选中艺术字 "水"，切换到【开始】选项卡中，在【字体】下拉列表中选择【隶书】选项，在【字号】下拉列表中选择【136】选项。

❻ 弹出【插入图片】对话框，在左侧选择要插入图片的保存位置，然后选择图片 "09.jpg"。

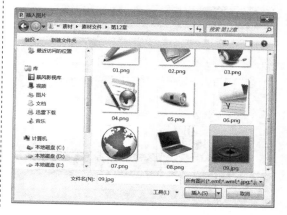

⑦单击 插入(S) ▼ 按钮返回幻灯片中，即可看到艺术字"水"的填充效果。

技巧 11　合并比较演示文稿

使用 PowerPoint 2010 的合并和比较功能，可以比较当前演示文稿和其他的演示文稿，了解它们之间的不同之处，或者合并它们。

本实例的素材文件、原始文件和最终效果所在位置如下。	
素材文件	素材\素材文件\12\产品营销案例-审阅稿.pptx
原始文件	素材\原始文件\12\产品营销案例 01.pptx
最终效果	素材\最终效果\12\产品营销案例 01.pptx

①打开本实例的原始文件，切换到【审阅】选项卡中，单击【比较】组中的 ⏏比较 按钮。

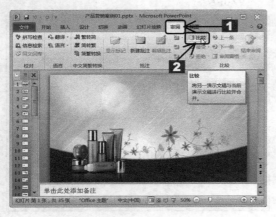

②弹出【选择要与当前演示文稿合并的文件】对话框，在【查找范围】下拉列表中选择要合并文稿的存放位置，然后在其中选择要合并的演示文稿，例如选择"产品营销案例-审阅稿.pptx"。

③单击 合并(M) 按钮，此时会在演示文稿中显示出修改标记 ⏏，并且打开【修订】任务窗格。

④单击修改标记 ⏏，弹出【插入 TextBox2（shenlong）】复选框，选中该复选框应用这个修改。

5 即可看到在演示文稿中应用了此修改，添加了标题文本框。

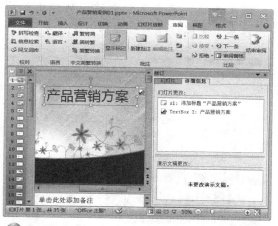

6 审阅完毕后，单击【比较】组中的【结束审阅】按钮。

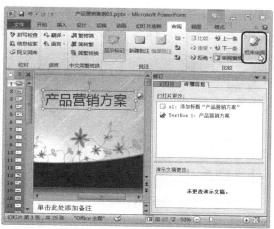

7 弹出【Microsoft PowerPoint】提示对话框，提示用户所有未被接受的修改在结束审阅后都将被删除。

8 单击 是(Y) 按钮关闭提示对话框，即可看到合并演示文稿后的效果。

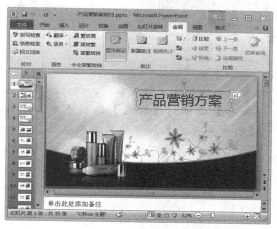

技巧 12　在图片上添加镂空字

在幻灯片中添加镂空字其实很简单。如果对字体没有要求，可以将其设置为华文彩云，这样你将发现其笔画内为透明，即为镂空字；如果对字体有要求，就不能使用此方法设置镂空字了。此时可以利用将对象另存为图片的方法来实现镂空字。

本实例的原始文件和最终效果所在位置如下。		
	原始文件	素材\原始文件\12\产品营销案例 02.pptx
	最终效果	素材\最终效果\12\产品营销案例 02.pptx

具体操作步骤如下。

1 打开本实例的原始文件，选中第 1 张幻灯片中的"产品营销案例"文本框，即可看到其字体为"华文彩云"。

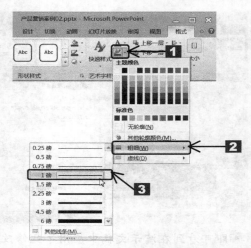

② 选中"神龙妆园"文本框,切换到【绘图工具】栏中的【格式】选项卡中,单击【艺术字样式】组中的【文本填充】按钮 ,从弹出的下拉列表中选择一种合适的颜色,例如选择"绿色"。

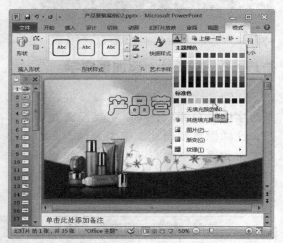

③ 单击【艺术字样式】组中的【文本轮廓】按钮 ,从弹出的下拉列表中设置轮廓颜色,例如选择"浅蓝",并选择【粗细】➤【1磅】选项,调整轮廓线的粗细。

④ 返回幻灯片中即可看到其设置效果,选中该文本框,单击鼠标右键,从弹出的快捷菜单中选择【另存为图片】菜单项。

⑤ 弹出【另存为图片】对话框,在左侧选择图片要保存的位置,然后单击 保存(S) 按钮。

⑥ 返回第 1 张幻灯片中，将"神龙妆园"文本框删除，然后切换到【插入】选项卡中，单击【图像】组中的【图片】按钮，弹出【插入图片】对话框，选择刚刚另存为的图片"图片 1.png"。

⑦ 单击 插入(S) 按钮，即可将该图片插入到幻灯片中，调整其大小和位置。

⑧ 切换到【图片工具】栏中的【格式】选项卡中，单击【调整】组中的 颜色 按钮，从弹出的下拉列表中选择【设置透明色】选项。

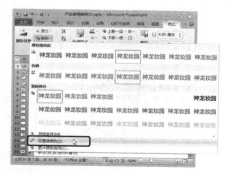

⑨ 此时鼠标指针变为形状，单击文本的填充处，即可将其设置为透明色，只留下轮廓颜色，实现镂空效果。

技巧 13　图形的快速对齐

在幻灯片中为了使版面看起来更整齐，用户可以对图形进行对齐。

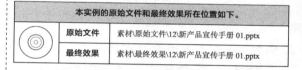

本实例的原始文件和最终效果所在位置如下。	
原始文件	素材\原始文件\12\新产品宣传手册 01.pptx
最终效果	素材\最终效果\12\新产品宣传手册 01.pptx

1．使用对齐命令

具体操作步骤如下。

① 打开本实例的原始文件，按下【Ctrl】键的同时，依次选中第 2 张幻灯片中的"蓝色桃心"图形，切换到【格式】选项卡中，单击【排列】组中的【对齐】按钮，从弹出的下拉列表中选择【横向分布】选项。

②即可将选中的图形横向分布。

③再次单击【对齐】按钮。从弹出的下拉列表中选择【纵向分布】选项。

④即可看到图片纵向分布效果。

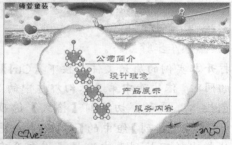

2. 使用网格线

用户还可以使用网格线来辅助精确定位图形，然后使用鼠标左键随意拖动图形。

①切换到【视图】选项卡中，选中【显示】组中的【网格线】复选框。

②即可在幻灯片中显示出网格线,用户可以利用这些网格线精确地进行对齐操作。

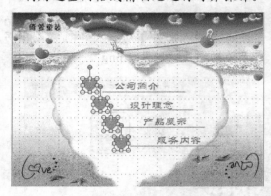

技巧 14　设置网格大小

利用网格来对齐图形对象是非常方便的，显示网格越小排列越密，对齐时的参考价值就越大。

①切换到【视图】选项卡中，选中【显示】组中右下角的【对话框启动器】按钮。

②弹出【网格线和参考线】对话框，在【网格设置】组合框中的【间距】下拉列表中选择【每厘米 8 个网格】选项，单击 确定 按钮即可。

技巧 15　对幻灯片进行拼写检查

通常情况下一个演示文稿完成以后，要对其进行语法检查、添加批注等后期的操作后才真正完成了整个演示文稿的制作过程。

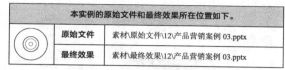

本实例的原始文件和最终效果所在位置如下。	
原始文件	素材\原始文件\12\产品营销案例 03.pptx
最终效果	素材\最终效果\12\产品营销案例 03.pptx

1 打开本实例的原始文件，切换到【审阅】选项卡，单击【校对】组的 拼写检查 按钮。

2 弹出【拼写检查】对话框，此时就会检测出演示文稿中的拼写错误。

3 如果用户确认自动校正检查出的词是正确的，可以单击 忽略(I) 按钮。

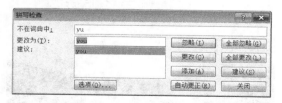

提示

此时如果用户切换到其他窗口，【拼写检查】对话框中的各选项按钮会变为不可用状态， 忽略(I) 按钮变为 继续(S) 按钮，用户需要单击此按钮才能返回原来的对话框窗口。

4 如果用户确认自动校正检查出的词是错误的，可以单击 自动更正(R) 按钮，此处单击 自动更正(R) 按钮。

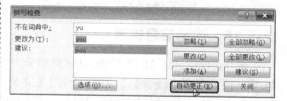

5 弹出【Microsoft PowerPoint】提示对话框，可以看到拼写错误的单词已经被自动更正，单击 确定 按钮即可。

6 在拼写错误的单词 "YU" 下面有红色的错误提示线，用户还可以在该单词上单击鼠标右键，从弹出的快捷菜单中选择【拼写检查】菜单项，也可以弹出【拼写检查】对话框，进行相应的设置。

技巧 16 演示信息检索

在 PowerPoint 2010 中利用信息检索功能可以很方便地搜索相关信息，例如在同义词库中查找字词、翻译文字以及使用英语助手查找单词等。

本实例的原始文件和最终效果所在位置如下。		
	原始文件	素材\原始文件\12\产品营销案例 04.pptx
	最终效果	素材\最终效果\12\产品营销案例 04.pptx

① 打开本实例的原始文件，选中第 1 张幻灯片，切换到【审阅】选项卡，在【校对】组中单击 信息检索 按钮。

② 打开【信息检索】任务窗格，在【搜索】文本框中输入"产品营销"，单击其下方的下箭头按钮 ，在下拉列表中选择【翻译】选项，系统会将搜索的翻译结果显示在【搜索】列表框中。

③ 在【搜索】列表框中找到合适的"产品营销"的汉译英的相关翻译，将其添加到第 1 张幻灯片中。

④ 按照相同的方法检索"案例"，然后将符合的翻译添加到第 1 张幻灯片中，根据需要设置英文字体格式，使其与幻灯片整体风格相协调。